民机飞行控制技术系列

主编 李 明

民机供电系统

Electric Power Systems of Civil Aircraft

周元钧 王 永 董慧芬 编著

内容提要

本书根据作者多年来的教学和科研经验成果总结而成，系统论述了传统民用飞机和多电民用飞机的供电系统的原理、结构、供电方法，以及飞控系统用电设备的供电方式。本书的主要特点是纳入了世界上目前最先进的供配电技术，同时在供电系统和供电方式的描述中大量地采用真实的民机供电系统的例子，以提升本书的工程实践价值。

本书的主要阅读对象为从事机载系统研究的科技人员，也可作为高等院校研究生的参考教材。

图书在版编目(CIP)数据

民机供电系统/周元钧，王永，董慧芬编著.—上海：
上海交通大学出版社，2015
(大飞机出版工程)
ISBN 978-7-313-14177-4

Ⅰ.①民… Ⅱ.①周…②王…③董… Ⅲ.①民用
飞机—供电系统 Ⅳ.①V242

中国版本图书馆 CIP 数据核字(2015)第 288823 号

民机供电系统

编　　著：周元钧　王　永　董慧芬
出版发行：上海交通大学出版社　　地　　址：上海市番禺路 951 号
邮政编码：200030　　电　　话：021-64071208
出 版 人：韩建民
印　　制：上海天地海设计印刷有限公司　　经　　销：全国新华书店
开　　本：787mm×1092mm　1/16　　印　　张：16.25
字　　数：311 千字
版　　次：2015 年 12 月第 1 版　　印　　次：2015 年 12 月第 1 次印刷
书　　号：ISBN 978-7-313-14177-4/V
定　　价：69.00 元

大飞机出版工程

丛书编委会

民机飞行控制技术系列

编　委　会

总　　序

国务院在2007年2月底批准了大型飞机研制重大科技专项正式立项，得到全国上下各方面的关注。“大型飞机”工程项目作为创新型国家的标志工程重新燃起我们国家和人民共同承载着“航空报国梦”的巨大热情。对于所有从事航空事业的工作者，这是历史赋予的使命和挑战。

1903年12月17日，美国莱特兄弟制作的世界第一架有动力、可操纵、比重大于空气的载人飞行器试飞成功，标志着人类飞行的梦想变成了现实。飞机作为20世纪最重大的科技成果之一，是人类科技创新能力与工业化生产形式相结合的产物，也是现代科学技术的集大成者。军事和民生对飞机的需求促进了飞机迅速而不间断的发展和应用，体现了当代科学技术的最新成果；而航空领域的持续探索和不断创新，为诸多学科的发展和相关技术的突破提供了强劲动力。航空工业已经成为知识密集、技术密集、高附加值、低消耗的产业。

从大型飞机工程项目开始论证到确定为《国家中长期科学和技术发展规划纲要》的十六个重大专项之一，直至立项通过，不仅使全国上下重视起我国自主航空事业，而且使我们的人民、政府理解了我国航空事业半个世纪发展的艰辛和成绩。大型飞机重大专项正式立项和启动使我们的民用航空进入新纪元。经过50多年的风雨历程，当今中国的航空工业已经步入了科学、理性的发展轨道。大型客机项目其产业链长、辐射面宽、对国家综合实力带动性强，在国民经济发展和科学技术进步中发挥着重要作用，我国的航空工业迎来了新的发展机遇。

大型飞机的研制承载着中国几代航空人的梦想，在2016年造出与波音B737和空客 A320 改进型一样先进的“国产大飞机”已经成为每个航空人心中奋斗的目标。然而，大型飞机覆盖了机械、电子、材料、冶金、仪器仪表、化工等几乎所有工业门类，集成了数学、空气动力学、材料学、人机工程学、自动控制学等多种学科，是一个复杂的科技创新系统。为了迎接新形势下理论、技术和工程等方面的严峻挑战，迫切需要引入、借鉴国外的优秀出版物和数据资料，总结、巩固我们的经验和成果，编著一套以“大飞机”为主题的丛书，借以推动服务“大型飞机”作为推动服务整个航空科学的切入点，同时对于促进我国航空事业的发展和加快航空紧缺人才的培养，具有十分重要的现实意义和深远的历史意义。

2008 年 5 月，中国商用飞机有限公司成立之初，上海交通大学出版社就开始酝酿“大飞机出版工程”，这是一项非常适合“大飞机”研制工作时宜的事业。新中国第一位飞机设计宗师——徐舜寿同志在领导我们研制中国第一架喷气式歼击教练机——歼教 1 时，亲自撰写了《飞机性能及算法》，及时编译了第一部《英汉航空工程名词字典》，翻译出版了《飞机构造学》《飞机强度学》，从理论上保证了我们飞机研制工作。我本人作为航空事业发展 50 年的见证人，欣然接受了上海交通大学出版社的邀请担任该丛书的主编，希望为我国的“大型飞机”研制发展出一份力。出版社同时也邀请了王礼恒院士、金德琨研究员、吴光辉总设计师、陈迎春副总设计师等航空领域专家撰写专著、精选书目，承担翻译、审校等工作，以确保这套“大飞机”丛书具有高品质和重大的社会价值，为我国的大飞机研制以及学科发展提供参考和智力支持。

编著这套丛书，一是总结整理 50 多年来航空科学技术的重要成果及宝贵经验；二是优化航空专业技术教材体系，为飞机设计技术人员培养提供一套系统、全面的教科书，满足人才培养对教材的迫切需求；三是为大飞机研制提供有力的技术保障；四是将许多专家、教授、学者广博的学识见解和丰富的实践经验总结继承下来，旨在从系统性、完整性和实用性角度出发，把丰富的实践经验进一步理论化、科学化，形成具有我国特色的“大飞机”理论与实践相结合的知识体系。

“大飞机”丛书主要涵盖了总体气动、航空发动机、结构强度、航电、制造等专业方向，知识领域覆盖我国国产大飞机的关键技术。图书类别分为译著、专著、教材、工具书等几个模块；其内容既包括领域内专家们最先进的理论方法和技术成果，也包括来自飞机设计第一线的理论和实践成果。如:2009年出版的荷兰原福克飞机公司总师撰写的 *Aerodynamic Design of Transport Aircraft*(《运输类飞机的空气动力设计》),由美国堪萨斯大学2008年出版的 *Aircraft Propulsion*(《飞机推进》)等国外最新科技的结晶;国内《民用飞机总体设计》等总体阐述之作和《涡量动力学》《民用飞机气动设计》等专业细分的著作;也有《民机设计1000问》《英汉航空双向词典》等工具类图书。

该套图书得到国家出版基金资助,体现了国家对"大型飞机项目"以及"大飞机出版工程"这套丛书的高度重视。这套丛书承担着记载与弘扬科技成就、积累和传播科技知识的使命,凝结了国内外航空领域专业人士的智慧和成果,具有较强的系统性、完整性、实用性和技术前瞻性,既可作为实际工作指导用书,亦可作为相关专业人员的学习参考用书。期望这套丛书能够有益于航空领域里人才的培养,有益于航空工业的发展,有益于大飞机的成功研制。同时,希望能为大飞机工程吸引更多的读者来关心航空、支持航空和热爱航空,并投身于中国航空事业做出一点贡献。

顾诵芬

2009年12月15日

序

大飞机工程是我国推进创新型国家建设的重要标志性工程。为了配合大飞机的研制，在国家出版基金的资助下，上海交通大学出版社成功策划出版了"大飞机出版工程"，旨在为大飞机研制提供智力支持。"民机飞行控制技术系列"是"大飞机出版工程"系列图书之一。

现代飞行控制技术是现代军机、民机的主要关键技术之一。以电传操纵技术为核心的现代飞行控制系统是现代飞机的飞行安全关键系统，是现代飞机上体现信息化与机械化深度融合的典型标志。飞行控制技术也是大型民机确保安全性、突出经济性、提高可靠性、改善舒适性和强调环保性的重要技术。

1903年，莱特兄弟在前人研究的基础上，重点解决了飞机三轴可控问题，实现了动力飞机的首次飞行。此后的60年，驾驶员利用机械操纵系统来控制稳定飞机飞行，形成了经典的飞行控制系统。飞机机械操纵系统在自动控制技术的辅助下，解决了对飞机性能和任务能力需求不断增长所遇到的一些重大问题——稳定性，稳定性与操纵性的矛盾，精确、安全的航迹控制，以及驾驶员工作负荷等问题。20世纪60年代至70年代初发展起来的主动控制技术和电传飞行控制系统对飞机发展具有划时代的意义，改变了传统的飞机设计理念和方法论，使飞机的性能和执行任务的能力上了一个新台阶。这两项技术已成为第三代军机和先进民机的典型标志，同时也为第四代军机控制功能综合以及控制与管理综合建立了支撑平台。在人们对飞机飞行性能的不断追求和实现的过程中，飞行控制系统发挥着越来越重要的作用，飞行控制系统的创新研究、优化设计和有效工程实现对现代飞机的功能和性能的提高起着至关重要的作用。

我国的军机飞行控制系统经过五十多年的研究、设计、试验、试飞、生产和使用的实践，已积累了丰富的经验，并取得了大量的成果，在各型军机上得到了广泛的应用，但民机飞行控制系统的研发经验仍相对薄弱。总结现代军机飞行控制系统研发经验，分析和借鉴世界先进民机飞行控制系统新技术，对助力我国大型民机的自主研发是十分必要且意义重大的。

本系列丛书编著目标是：总结我国军/民领域的飞行控制技术的理论研究成果和工程经验，介绍国外最先进的民机飞行控制技术的理念、理论和方法，助力我国科研人员以国际先进水平为起点，开展我国民机飞行控制技术的自主研究、开发和原始创新。本系列丛书编著的指导思想和原则是：内容应覆盖民机飞行控制技术的各重要专业；要介绍当今重要的、成功的型号项目，如波音系列和空客系列的飞行控制技术，也要重视方向性的探索和研究；要简明介绍技术与方法的理论依据，以便读者知其然，也知其所以然；要概述民机飞行控制技术的各主要专业领域的基本情况，使读者有全面的、清晰的了解；要重视编著的准确性以及全系列丛书的一致性。

本系列丛书包括《飞行控制系统设计和实现中的问题》《民机液压系统》《民机飞行控制系统设计的理论与方法》《民机传感器系统》等专著。其中王少萍教授的专著《民机液压系统》(英文版)，已经输出版权至爱思唯尔(Elsevier)出版集团，增强了我国民机飞控技术的国际影响力。

在我国飞行控制领域的资深专家李明院士、陈宗基教授和张汝麟研究员的主持下，这套丛书的编委会由北京航空航天大学、清华大学、西北工业大学、南京航空航天大学、中航工业西安飞行自动控制研究所、中航工业沈阳飞机设计研究所、中航工业成都飞机设计研究所、中航第一飞机设计研究院、中航工业航空动力控制系统研究所、中国航空工业集团公司、中国商用飞机有限责任公司等航空院所和公司的飞控专家、学者组建而成。他们在飞行控制领域有着突出的贡献、渊博的学识和丰富的实践经验，他们对于本系列图书内容的确定和把关、大纲的审定和完善都发挥了不可替代的重要作用。

上海交通大学出版社“大飞机出版工程”项目组以他们成熟的管理制度和保障体系，组织和调动了丛书编委会和丛书作者的积极性和创作热情。在大家的不懈努力下，这套图书终于完整地呈现在读者的面前。

本系列图书得到国家出版基金的资助，充分体现了国家对“大飞机工程”的高度重视，希望该套图书的出版能够达到本系列丛书预期的编著目标。我们衷心感谢参与本系列图书编撰工作的所有编著者，以及所有直接或间接参与本系列图书审校工作的专家、学者的辛勤工作，希望本系列图书能为民机飞行控制技术现代化和国产化发展做出应有的贡献！

民机飞行控制技术系列编委会
2015年3月

作者简介

周元钧，北京航空航天大学电气工程专业教授，电机与电器学科博士生导师。主要从事飞机供电系统、交流调速与电力传动系统、飞机多余度机电作动系统等领域的科研与教学工作。1997 年获航空工业总公司科技进步三等奖，2004 年获国防科工委进步三等奖。主编并已出版的著作有《交流调速控制系统》《电力传动与自动控制系统》等。

王　永，北京航空航天大学博士，现为北京航空航天大学自动化科学与电气工程学院副教授，电气工程学科硕士生导师。主讲航空航天器供电系统、现代电力电子技术等专业主干课程。主要从事飞机供电系统、电力电子装置、电力传动与控制系统领域的科研工作。

董慧芬，北京航空航天大学博士，现为中国民航大学航空自动化学院副教授，导航制导与控制学科硕士生导师。主讲飞机电源系统、飞机电传操纵系统等专业主干课程。主要从事飞机电气系统、智能检测与机器人智能控制等领域的科研工作。参加编写并已出版的著作有《飞机电源系统》等。

前　言

本书属于“大飞机出版工程”中的“民机飞行控制技术系列”丛书。近年来，民用飞机机载系统不断地向电气化、自动化、数字化的方向发展，与此同时对供电系统也提出了更多的功率和性能上的要求。因为飞控系统在飞机安全上的重要地位，对供电系统的电能质量、供电可靠性、容错供电能力等方面有着更高的要求，一直是供电系统设计中需要特别考虑的问题。本书针对从事民机机载设备研究的科技人员需要了解的供电系统的原理、结构、供电方法而编写，其中特别描述了飞控系统用电设备的供电方式。

2002年，国外启动了功率优化飞机(POA)项目，即所谓多电飞机(MEA)计划。该计划预计的目标是在整机上可以减少25%的非推力功率消耗和5%的燃料消耗，还可以使设备重量减轻；同时保证不引起可维护性和可靠性的下降。该计划使机载设备会逐步采用电能来取代其他形式的液压能、气压能和机械能，这种能源变换给飞机供电系统在电源容量、电能质量的保证上带来了新的挑战，导致电能的形式、供电系统结构、供电管理方法发生了重大的变化。因此，本书在介绍民用飞机供电系统的一般问题的同时，将大量篇幅放在了多电飞机的电源形式、供电系统结构和采用的新供电技术上。虽然多电飞机涉及的子系统包含飞控系统、液压系统、环控系统、防冰系统等，但飞控系统是多电技术的应用和发展最快的机载系统，而电力作动器在A380和B787飞机上均得到应用。因此本书在多电飞机供电系统的阐述中，也将飞控系统电力作动器作为典型的用电设备来讨论。

本书分7章，各章的内容为：第1章为民机供电系统发展的综述，主要内容有飞机供电系统的基本结构、民机主要电源的类型和多电飞机供电系统的发展趋势等；第2章为传统民机交流供电系统，包括主电源的恒频电源系统、直流电源系统和应急电源系统，并且以 A320 飞机和 B777 飞机为例，讨论了传统飞机供电系统的结构与供电方式；第 3 章为民用多电飞机供电系统，内容包括多电飞机二次能源的变化趋势和电功率需求，多电飞机的新型电源系统并以验证机 A320ME 为例讨论了多电飞机供电系统的结构以及多电飞机飞控系统的供电方式；第 4 章为民机配电与管理系统，主要介绍民机配电与管理的相关技术与理论，重点介绍了先进的自动配电技术和自动配电管理系统；第 5 章为民机用电设备的负载特性，针对用电设备常用电能变换器 ATRU 和 PWM 整流器的非线性负载特性，闭环设备的恒功率负载特性，变频电源供电时的异步电动机负载特性；第 6 章为飞机供电系统特性及其技术要求，介绍了在国外标准 ISO1540，MIL-STD-704F 中和在国内标准 GJB181B 和 HB7745 中，交直流电源、用电设备的技术要求以及不同用电设备对飞机供电的要求；第 7 章为民机供电系统举例，介绍了比较典型的 B737NG 飞机、典型的宽体客机 B747 飞机、先进的多电飞机的 A380 和 B787 飞机的供电系统。

本书由周元钧担任主编，其中第 2 章和第 4 章由王永编写，第 6 章和第 7 章由董慧芬编写，其余部分由周元钧编写。本书的作者在编写中查阅了大量的国内外文献和资料，使本书的内容具有两大特点：一是在供电系统结构和供电方式的描述中大量地采用真实的民机供电系统的例子，二是纳入了世界上目前最先进民机的供配电技术，即民机 A380 和 B787 供电系统的内容。

由于作者水平所限，书中存在的缺点和错误，敬请广大读者批评指正。

目　　录

1 概 述

1.1 飞机供电系统的基本结构

飞机供电系统包括电源系统和配电系统，电源系统的主要功能是产生或存储机载用电设备所需的电能，以保证机上各种用电设备工作时电能的供应，而配电系统是将飞机电源系统的电能传输并分配至机载用电设备，同时在传送与分配中出现故障时进行控制与保护，防止故障蔓延扩散。

1.1.1 民用飞机电源系统

飞机电源系统由主电源(main generator, MGEN)、辅助电源(auxiliary power unit generator, APU GEN)、应急电源(emergency generator, EM GEN)、二次电源及外部(地面)电源供电插座等电源与设备组成。

1) 主电源(MGEN)

飞机主电源是飞机正常工作状态时，为各种机载用电设备提供电能的系统，一般都是由航空发动机直接或间接传动的发电系统，民用飞机一台发动机通常传动一台或两台发电机。对于多发动机的飞机，各发动机传动的发电机台数相同。由多发电机构成的飞机主电源，其工作可靠性较高。

2) 辅助电源(APU GEN)

飞机在机场进行地面检查或航空发动机不工作时，飞机主电源不工作，需要工作的机载用电设备则由辅助电源来提供电能。民机辅助电源一般采用辅助动力装置(APU)，由小型机载发动机、发电机、液压泵或空气压缩机等设备组成。APU 工作时，起动小型的 APU 发动机，带动发电机发电或使液压泵提供增压油，给用电设备、液压气压设备供电、供油。

民机的 APU 发电机还可以实现容错供电，即在空中飞机主发电机故障时，起动 APU 发动机，使发电机工作来代替故障的主发电机提供电能。

3) 地面电源

飞机在机场进行地面检查时，或者航空发动机起动时，可以由外部(机场地面)电源通过供电插座为机载用电设备所需的电能。外部电源和机上主电源不允许同时投入飞机电网。

4）应急电源（EM GEN）

应急电源是当飞机飞行中主电源发生故障时，为机载用电设备提供电能的供电电源。常用的应急电源有航空蓄电池和冲压空气涡轮（RAT）发电机。冲压空气涡轮发电机不工作时，收放于飞机机体或机翼内；工作时，则打开放出，靠迎面气流吹动涡轮，带动发电机或应急液压泵。应急电源容量较小，仅能保证飞机紧急返回基地或紧急着陆时重要机载用电设备工作所需的电能。

5）二次电源

二次电源是将飞机主电源的电能转变为另一种或多种形式电能的装置，以满足机载用电设备对电能形式的不同需求。二次电源有集中供电和分散供电两种供电方式。集中供电的二次电源，其一台或两台二次电源给机上全部或一部分需要相同形式电能的用电设备供电，其中一台为主二次电源，另一台为备份二次电源。分散供电的二次电源，则是每个用电设备自己配备所需二次电源，有时，二次电源设置于设备内部，称为设备内部电源或机内电源。

有的飞机还配备备份电源，以增加电源余度。

1.1.2 民用飞机配电系统

飞机配电系统的主要功能有两方面：①将飞机电源系统的电能传输并分配至机载用电设备；②在配电系统出现故障时，防止故障蔓延扩散的控制与保护。飞机配电系统由输电线路、供配电管理装置、保护设备和检测仪表等设施组成。

1）汇流条（bus）

飞机上的电能传输线路称为飞机电网，电网中电能的汇集处称为汇流条（bus），它是输电线路的一部分。交流电源供电的民用飞机上一般设有主交流汇流条、重要交流汇流条、直流汇流条、重要直流汇流条和蓄电池汇流条等。

主交流汇流条、重要交流汇流条以及之间的输电线路构成飞机的交流电网，为采用交流电源的用电设备供电，其中关键负载被连接在重要交流汇流条上，而一般负载接在主交流汇流条上。同样，直流汇流条、重要直流汇流条以及之间的输电线路构成飞机的直流电网，为采用直流电源的用电设备供电，同样关键负载被连接在重要直流汇流条上，一般负载接在普通的直流汇流条上。

2）供配电管理装置

输电线路中还设有控制电源和用电设备供电或断电，以及控制供电线路切换的功率开关设备，如常规的断路器、接触器或现代的固态功率控制器等。

供配电管理装置是确定飞机配电系统输电线路中功率开关设备正确闭合或断开的控制管理中心。在正常状态下，它能实现供电电源的正常转换，如外部电源与飞机主电源间转换、辅助电源与主电源间转换、外部电源与辅助电源间转换、主电源间的相互转换等功能。当主电源出现故障时，它能实现电源与汇流条间的切换，将故障主电源隔离，并保证机载重要用电设备的供电。

3) 配电系统结构

按输电线路的电网结构形式，飞机配电系统可分为集中、混合、分散和独立四类配电方式。

集中配电系统中所有电源的电能均汇集于中心配电装置，并联于唯一的公共电源汇流条上，用电设备也将由此获得所需电能。

混合配电系统则除设置有中心配电装置外，还分区设置多个分配电装置，大功率用电设备直接由中心配电装置供电，其他用电设备所需电能，从就近的分配电装置获取。

分散配电系统设置有相互连接的多个中心配电装置，系统中每个电源的电能传送至最近的中心配电装置，大功率用电设备由中心配电装置供电，并与就近的中心配电装置连接；同时设置有分配电装置给其他用电设备供电，每个分配电装置的电能由就近的中心配电装置提供。此种配电方式下，用电设备的电能可由多个通路获取。

独立配电是指供电系统中，每个电源各自设置配电装置和相应用电设备相连接，往往由多个集中配电子系统或混合配电子系统组成。正常情况下，各配电子系统互不相通，而当系统中某个配电子系统故障时，其用电设备的供电路径将被切换，改由其他子系统或几个其他子系统提供电能。

4) 配电系统管理

按配电的控制管理方式，飞机配电系统又可分为常规、遥控和固态三种类型。常规配电，配电盘置于飞机座舱内，需将功率输配电线路引入座舱，仅小型飞机采用。遥控配电，其配电盘置于飞机座舱外，配电系统中的功率开关设备，其通断控制由遥控方式实现，仅控制信号线路引入座舱，对现代大、中型飞机适用。固态配电是应用计算机多路传输技术来实现对配电系统中功率开关设备的通断控制，与遥控配电相比，它不需要众多控制线，提高了配电系统的自动化程度和可靠性。固态配电自 20 世纪 80 年代以来得到较大发展，现已逐步应用到先进飞机供电系统中。

根据不同的场合和技术要求，飞机供电电网有开式(辐射式)、闭式和混合式三种供电形式。开式供电形式，用电设备汇流条仅能从一个方向获得电能；闭式供电形式，用电设备汇流条能从两个或两个以上方向获得电能；混合式供电形式，则有仅能从一个方向获得电能的用电设备汇流条，也有能从多个方向获得电能的用电设备汇流条。

1.2 飞机主要电源的类型

随着飞机的不断发展，机载电子设备和电力传动装置不断增加，机上用电量大幅度增加，而且对供电质量要求有所提高，低压直流电源系统已不能满足飞机的用电需要，从而促进了飞机交流电源系统的发展。

民用飞机主电源经历了 28 V 低压直流电源、115 V/400 Hz 恒频交流电源、

115 V(230 V)/360～800 Hz 变频交流电源、270 V 高压直流电源几个阶段。其中 28 V 低压直流电源已不再作为主电源使用,而是作为二次电源为一些小功率用电设备供电。

1.2.1　恒速恒频电源系统(CSCF)

长期以来,民航客机的主要电源一直是 115 V/400 Hz 的三相交流电。传统的恒频是通过以恒定的转速驱动发电机的转子而产生的,因此需要一台恒速传动装置(CSD),将发动机主齿轮箱的变速输出稳定为一个恒定转速,称为恒速恒频(CSCF)电源系统,原理如图 1-1 所示。

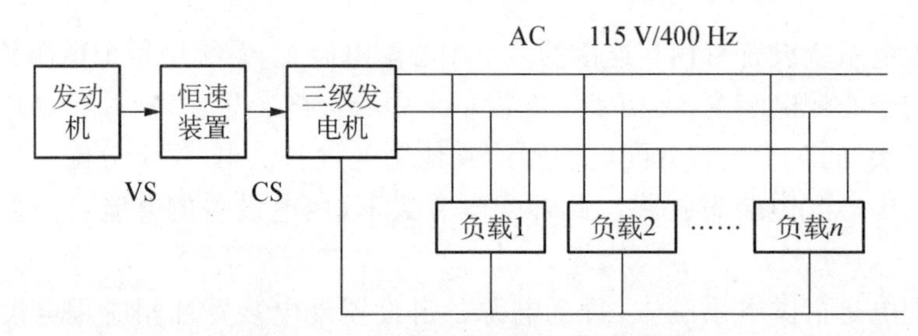

图 1-1　组合传动发电机(IDG)结构

目前产生恒频电源的最佳装置是组合驱动发电机(IDG),它把恒速传动装置(CSD)和发电机合二为一,构成一个整体。与恒速传动装置和发电机分开使用的系统比较,组合驱动发电机的体积较小、重量较轻,且维护较为简单。

虽然恒速恒频电源系统目前仍广泛用于各种军、民用飞机,而且经过几十年的发展,有了很大的改进,但它在可靠性、维修性、重量、费用、战损生存能力等方面一直存在着不同程度的缺陷。

表 1-1 为目前使用恒速恒频电源的一部分客机。

表 1-1　使用恒速恒频电源的部分客机

序号	飞机名称	生产国家	主发电机容量	飞机航程
1	A300	欧洲	90×2	宽体
2	A310	欧洲	75/90×2	中短程
3	A320	欧洲	75/90×2	中短程
	B737NG	美国	90×2	中短程
4	B747	美国	60×4	远程宽机身
5	B767	美国	75/90×2	中远程半宽机身
6	B777	美国	120×2	远程半宽机身
	ARJ21	中国	60×2	支线客机

1.2.2　变速恒频电源系统(VSCF)

在过去 20 年中,在若干民用飞机上试验并使用过一种产生恒频电源的替代方法,即试图通过电力电子装置把由变速发动机附件齿轮箱直接驱动的发电机产生的变频电源转换为恒频电源。这就是所谓的变速恒频(VSCF)技术。

一种功率电子装置采用交直交变换的变速恒频电源结构如图 1-2 所示。

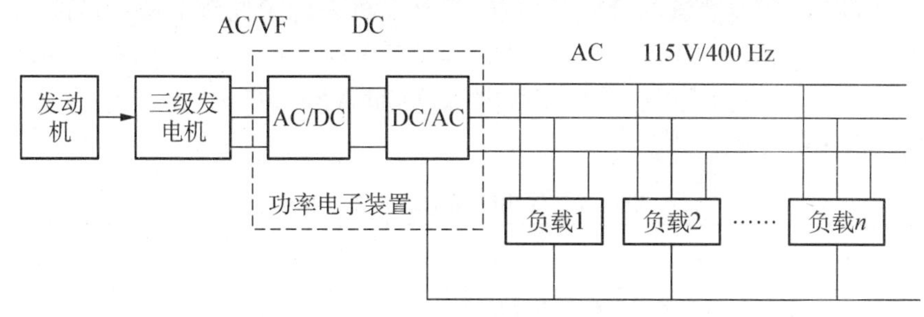

图 1-2 变速恒频发电机结构

变速恒频交流电源系统与恒速恒频交流电源系统相比,具有电气性能好、效率高、可靠性高、维护费用低等优点,因此曾一度受到很高的重视。

但大功率变速恒频电源系统主要受到功率器件的限制。另一方面,变速恒频电源与功率因数较低、非线性的负载之间的兼容性较差。并且经过实践发现,这一技术没有能够达到预期的可靠性要求。

现在已经不把变速恒频技术视为民用飞机领域中恒频电源的替代技术,只是在部分飞机上作为备份电源、专用电源使用。

1.2.3 变频交流电源系统(VF)

变频交流电源系统由交流发电机和控制器构成,交流发电机直接由发动机附件传动机匣驱动,因为没有恒速传动装置和电力电子变换装置,输出电能的频率无法控制,形成频率随着发动机转速变化的变频电源,原理如图 1-3 所示。

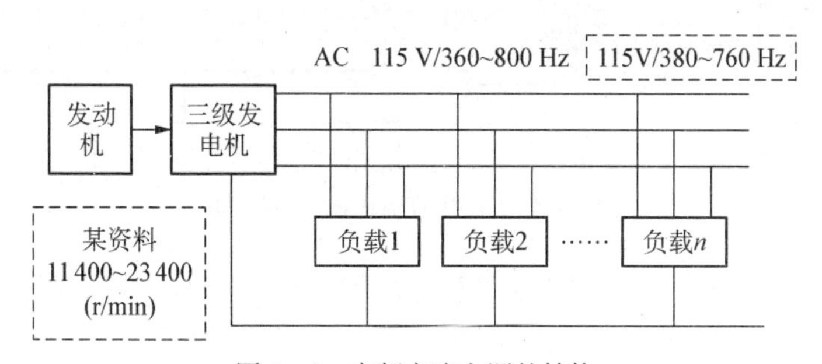

图 1-3 变频交流电源的结构

变频交流电源系统只有一次变换过程,具有结构简单、重量轻、体积小、功率密度高,可靠性高、费用低,能量转换效率高等优点,易于构成起动发电系统。因此单从电源系统本身来讲而不考虑配电系统、用电设备等因素,在各种电源系统方案中,变频交流发电系统被认为是综合性能最佳的电源系统。

但由于其输出频率取决于发动机减速器输出转速,尤其是多数飞机均采用涡喷发动机或涡扇发动机,发动机转速变化范围大,因此这种变频交流电源系统具有频率变化大的缺点。该缺点需要一部分用电设备做出较大的改进,并且可能使得这部分用电设备结构变复杂、体积重量增大、可靠性降低。

在早期因为恒速装置的价格等问题,部分飞机采用了变频电源。目前,变频交流电源已经越来越多地使用在民用飞机上,除了多电飞机 A380, B787 使用了变频电源外,许多非多电的飞机也使用变频电源,例如 A350, C919 等。表 1-2 为部分使用变频电源的飞机。

表 1-2 使用变频电源的部分客机

序号	飞机名称	生产国家	主发电机容量/kVA	频率范围/Hz
1	贝尔法斯特	英国	8×50	334～485
2	SF340 支线	瑞典	2×26	
3	ATP 支线运输	英国	2×30	
4	全球快车	加拿大	4×40	324～596
5	新舟 60	中国	2×20	325～528
6	B787	美国	4×250	360～800
7	A380	欧洲	4×150	360～800

1.2.4 高压直流电源系统

目前发展的 270 V 直流电源系统有两种结构:一是由开关磁阻起动/发电机;二是绕线式发电机与整流器构成。其中绕线式发电机与整流器的高压直流电源系统的结构如图 1-4 所示,可以看作变速恒频(VSCF)电源系统中取消了逆变(DC/AC)部分。

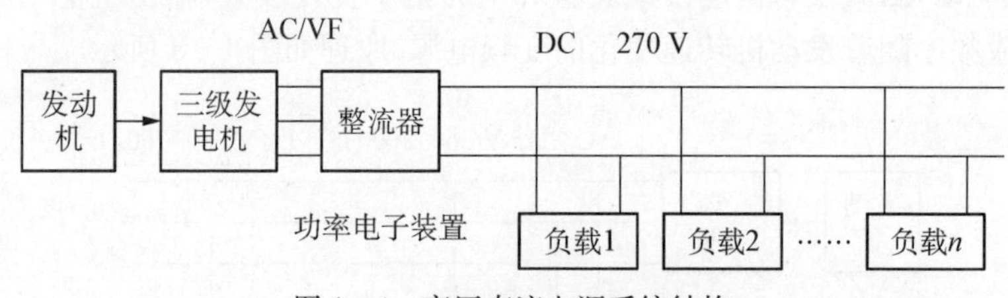

图 1-4 高压直流电源系统结构

直流电源供电系统的最大优势是在电能的传送上,交流电传送需要三相四线结构,而直流电传送只需要两根线,大大地减轻了传输线的体积重量。270 V 高压直流电源系统具有结构简单、能量转换效率高、功率密度高、易实现不中断供电以及使用安全等优点。恒速恒频交流电源效率在 68%左右,而高压直流电源的效率可达到 85%以上。

直流电源供电的缺点是控制开关上,要求接触器、继电器和断路器等设备做出重大的改进,例如采用固态功率技术等。

目前,270 V 直流电源系统主要使用在战斗机上,由发电机和控制器构成,美国的 F-14A 战斗机、S-3A 和 P-3C 反潜机等局部采用了高压直流供电技术,而 F-

22 战斗机上已采用了 65 kW 的 270 V 高压直流电源系统，F-35 战斗机则采用了 250 kW，270 V 高压直流起动发电系统。

270 V 直流电源供电有着很大的优势，在民用飞机上也将是今后飞机电源的发展方向之一。例如在 B787 飞机上，虽然主电源采用的是 VF 交流电源，但是相当大的部分被变换为±270 V 直流电源，来为电动机控制器等设备供电。

1.3 民机供电状态与供电要求

美军标 MIL-STD-704 对于飞机供电系统定义了 6 种工作状态：①正常工作；②转换工作；③非正常工作；④应急工作；⑤发动机起动；⑥供电故障。并且针对这 6 种工作状态，提出了不同级别的用电设备的供电要求。

1.3.1 用电设备的供电要求

MIL-STD-704 给出的用电设备性能规范，应包括供电系统的 6 种工作状态，用电设备在其输入供电特性下应达到的性能要求。在飞机供电系统的 6 种工作状态下用电设备的性能指标的确定，需要综合考虑飞行安全、任务需求、成本、重量和可靠性等诸多因素。

MIL-HDBK-704-1 以 4 种用电设备作为例子，作为不同用电设备供电性能的规范示例：

(1) 关键飞行计算机和飞行显示器。

(2) 任务数据存储器和任务显示器。

(3) 循环风扇。

(4) 咖啡壶。

针对 4 种典型用电设备的供电性能如表 1-3 所示。由表可知，飞控计算机和飞行显示器作为供电等级最高的用电设备的供电要求以及与其他设备的供电要求的差异。该内容将在第 6 章做详细叙述。

表 1-3 4 种典型用电设备的性能

典型用电设备	飞控计算机和显示器	任务数据存储器和显示器	循环风扇	咖啡壶
供电系统正常	100%功能，不中断、错码和数据丢失	100%功能，不中断、错码和数据丢失	连续工作，气流量达标	100%功能
供电系统转换	转换前、转换中 100%功能	可暂时中断，正常后 5 s 内恢复 100%功能	可中断，正常后 30 s 内自动恢复	可停止，不恢复
供电系统非正常	100%功能	可暂时中断，正常后 5 s 内恢复 100%功能	连续工作，150%至 50%气流量	可停止，不恢复
应急供电	100%功能	存储器 100%功能，显示器性能可下降	连续工作，150%至 50%气流量	可停止，不恢复

（续表）

典型用电设备	飞控计算机和显示器	任务数据存储器和显示器	循环风扇	咖啡壶
发动机起动	100%功能	可暂时中断，正常后5s内恢复100%功能	可停止，正常后30s内自动恢复	可停止，不恢复
供电系统故障	持续>50ms时可关闭，<7s时恢复，恢复后1s内自动恢复100%功能	持续>50ms时可关闭，<7s时恢复，恢复后5s内启动，2min内自动恢复100%功能	持续>50ms时可停止，<7s时恢复，恢复后30s内自动恢复	可停止，不恢复

1.3.2 民机供电容量与容错要求

在现代飞机上，几乎所有机载系统都实现了数字化控制，使得电能成为机载所有控制系统的能源，这就使得供电系统必须有高的容错能力，即在故障的情况下保证一定的供电要求。

1）重要负载的容错供电要求

如果将客机上用电设备粗略地分为两类，即可以分为重要负载（essential load）和一般负载（utility load），其中上述表1－3中的四种典型负载，前三种均属于重要负载，只有第四种负载（咖啡壶）属于一般负载。

这里以B767飞机为例，其负载功率和电源容量的关系如图1－5所示。由图可见，即使在起飞爬升和着陆的过程，即只要有一台发电机正常发电，其功率就足以承担重要负载的用电功率。

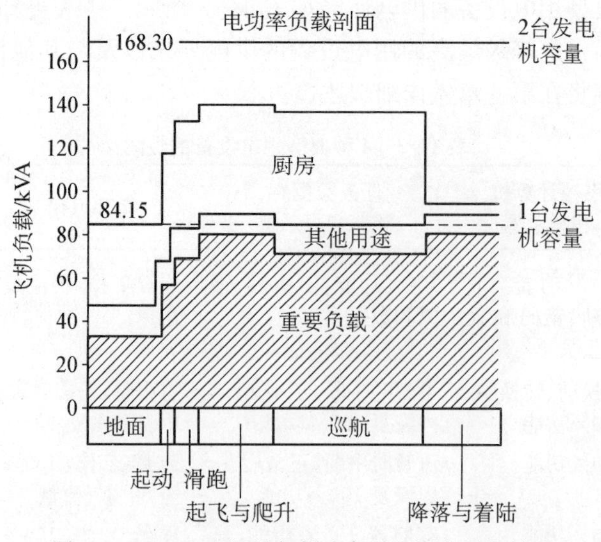

图1－5 B767飞机的负载功率和电源容量的关系

B767 飞机有 2 台独立的主发电机、1 台 APU 发电机，这表明在这 3 台发电机中有一台正常工作，就能够满足重要负载的需求。对于 B737，A320 等飞机都是采用与此相同的电源配置。

2) 飞行重要负载的容错供电

在重要负载中又可以分为飞行重要负载(flight-critical loads)和任务重要负载(mission-critical loads)。其中飞行重要负载要求更高的容错供电能力。

通常飞行重要负载采用四冗余电源，即 2 台独立的主电源、1 套备用电源(APU 电源)、1 套应急电源。若应急电源是蓄电池，则正常工作时，必须保证电池处于充电工作状态，以便蓄电池在应急时有足够的电能容量。即在 2 台主发电机、1 台 APU 发电机都故障时，应急电源必须保证飞行重要负载的供电。

任务重要负载通常采用三冗余电源，即重要负载的供电水平，与飞行重要负载的区别是没有应急供电。

3) 一般负载的供电要求

在图 1-5 中可见，B767 飞机在空中需要 2 台发电机正常供电，才能使厨房等一般负载有充足的供电。即如果两台主发电机正常时，备用的 APU 发电机可以不工作，而如果一台主发电机故障，APU 发电机投入工作，仍然能够满足所有一般负载的供电。

4) 不间断电源供电

有的用电设备要求不中断供电。通常，飞机直流电源系统易于实现不中断供电，因为直流汇流条可以与蓄电池并联，并且在电源采用反向保护二极管与电源汇流条连接时，电源本身的故障不会导致用电设备供电中断。交流电源不中断供电技术则比较复杂。

1.4 多电飞机供电系统的发展

传统飞机上存在多种二次能源，多电飞机以电能逐步取代液压能、气压能等其他不同形式的二次能源，以提高飞机的可靠性、维护性、经济性，提高了飞机的总体性能。

1.4.1 民机二次能源结构的变化趋势

1) 传统民机的能源结构

在传统民机的能源体系结构中，燃油被发动机转化的动力，大多数作为飞机前进的推力，其余的功率如图 1-6 所示，通过以下 4 种途径转化为其他非推力功率：

(1) 由发动机的压缩机引气，用于耗能设备的冷却，维持座舱压力和空气的调节，以及为机翼除冰系统提供热空气。由发动机引气的缺点是效率低，调节性能差，例如飞机降落阶段发动机吸入空气减少时，对于引气量无法实现理想的调节。

(2) 由机械附件齿轮箱将发动机轴上的机械功率传送到中央液压泵、发动机设备用的本地泵、主发电机以及其他机械驱动子系统。

(3) 中央液压泵将发动机轴上的机械功率变换为液压功率，传递到飞控作动系统，起落架收放和刹车系统，发动机起动系统，推力反向装置，以及其他作动系统中。

在飞机上大功率的作动系统广泛使用液压能源，因为它具有很大的功率密度和鲁棒性。其不利之处是装置笨重、管路布置灵活性差、有泄漏的可能和液体有腐蚀性。

（4）主发电机将发动机轴上的机械功率变换为电功率，向航电设备、机舱照明设备、座舱娱乐设备等提供能量。电力能源只需要较轻的电缆并且具有极大灵活性。但是相对液压能源的主要缺陷是能量密度较低，更易引发火灾（由于短路）。

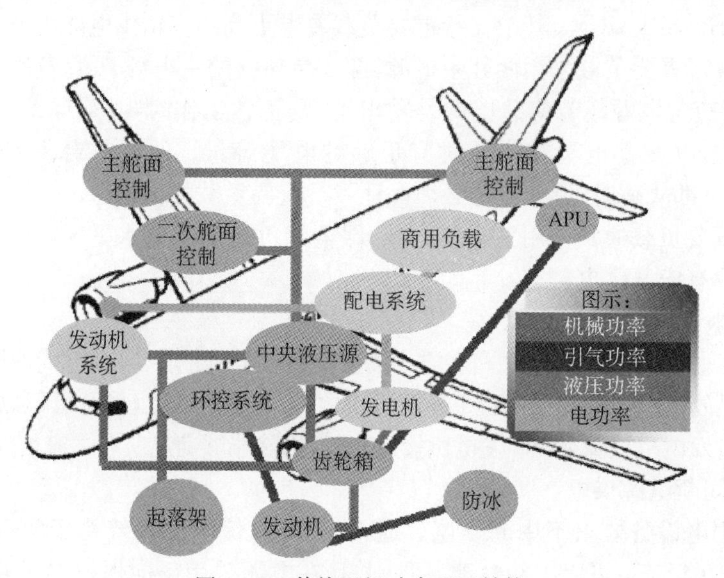

图1-6　传统民机功率配置结构

上述的是传统飞机的能源结构，完全反映了当今主要民机的能源状况。近年来，一个能源优化飞机（EOA），或者功率优化飞机（POA）的概念被提出，使得这种结构被打破。

2）多电民机的能源结构

2002年1月功率优化飞机（POA）项目启动，即所谓多电飞机（MEA）计划。因为普遍认为电力设备系统较传统系统更高效，预计在整机级别上考虑，这个项目可以减少25%的非推力功率消耗，5%的燃料消耗，还可以使设备重量的减轻，同时并未导致整体上生产成本、可维护性和可靠性的下降。

该计划不仅要对传统的子系统进行改进，还要从整机能源结构的设计入手，如图1-7所示。

图1-7所示为未来MEA所需的整机级要求和一些可实现的结构，在4个子系统内将采用改进的技术来达到整机级的要求：

（1）在发动机电气系统方面，采用嵌入的起动/发电机，变速电机，直流发电机，高压直流供电系统，燃油和发动机调节系统，磁悬浮轴承系统等，都是要强调的对象。

（2）在飞机电气系统方面，新型的配电体系结构、网络的交互作用、保护、高压直流功率变换技术、线路连接、负载管理都要经受检验。

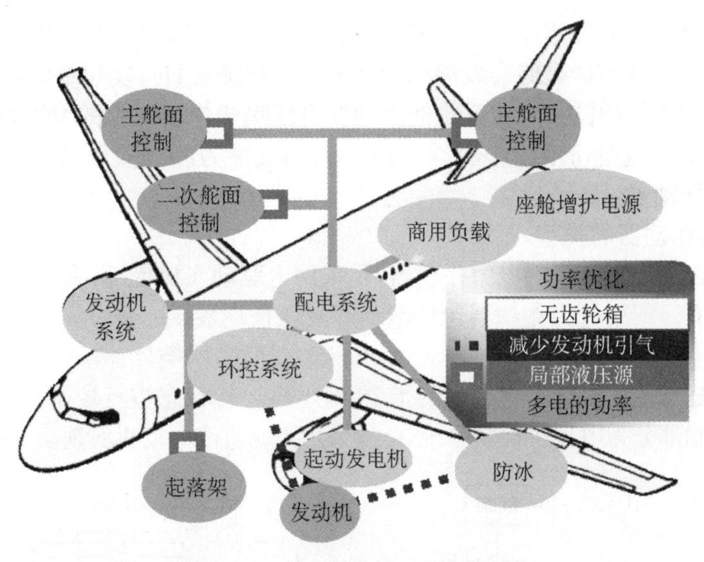

图 1-7 多电飞机的二次能源结构

(3) 在飞控系统的作动方面，正在测试用于主要及次要飞行控制，以及新型起飞着陆装置，刹车、吊舱驱动及水平安定面构架系统的电液、混合和机电驱动结构。

(4) 在气动系统方面，多电环境控制系统(ECS)、机翼除冰保护系统(WIPS)以及在飞行器上使用蒸汽循环冷却、机舱能源再利用和燃料电池(部分属于 ECS)也在人们的考虑之中。

1.4.2 飞控系统的电力作动器的发展

被列为多电的子系统为：飞控系统、液压系统、环控系统、防冰系统等。其中飞控系统是多电技术发展最快的机载系统，在 A380 和 B787 得到正式应用。

1) 飞控系统电作动的发展

图 1-8 为飞行控制系统中的作动器发展的情况和前景。最早的作动器采用机械能和液压能(2M/3H)，逐渐发展为全液压能(3H)，这是目前一般民用飞机的状

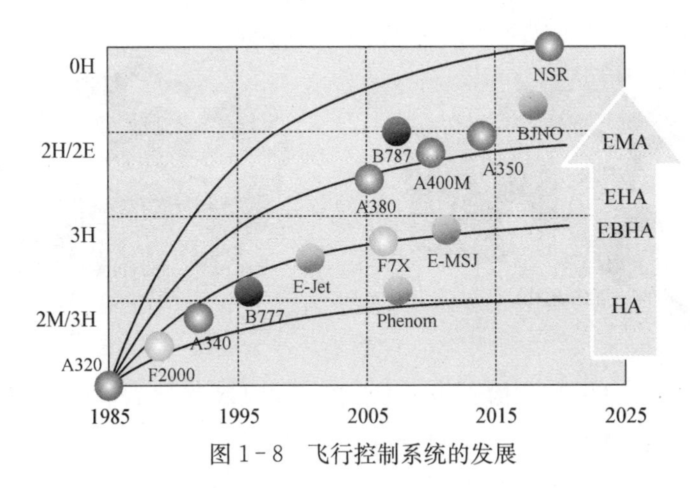

图 1-8 飞行控制系统的发展

态。随着多电技术的应用，产生了液压能和电能共用的阶段（2H/2E），即多电飞机A380的状况，并且预计最终会发展到彻底取消液压能（0H），实现全电能的使用。

由图1-8可以看出，飞控系统能源的变更依赖于作动技术的发展，从液压作动器（HA）、发展为电备份液压作动器（EBHA），再发展为静电液作动器（EHA），最后发展为机电作动器（EMA）。

2）电力作动器的类型

多电飞机飞控系统中的电力作动器，是采用电驱动飞机舵面，来取代常规飞机的液压驱动舵面。新型电力作动器包括电动静液压作动器（electro-hydrostatic actuator，EHA）和机电作动器（electro-mechanical actuator，EMA）两类，结构如图1-9所示。电力作动器根据飞控系统计算机给入的指令，对电机运行状态进行控制，推动飞机舵面运动。其控制部分为电动机控制系统，一般采用无刷直流电动机实现。

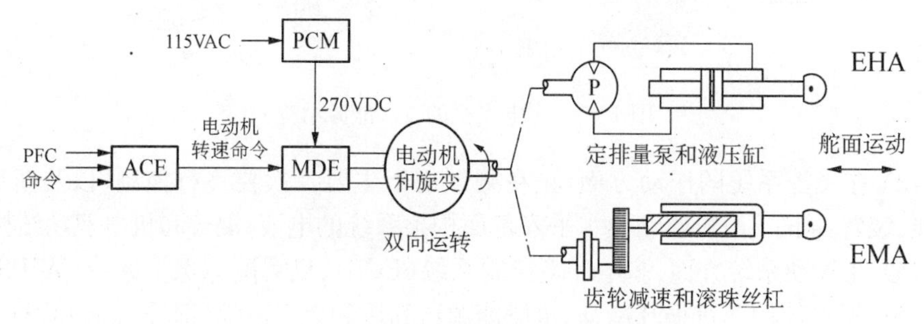

图1-9 电静液作动器和机电作动器结构

由图1-9可以看到，EHA和EMA在结构上的主要区别如下：

（1）在静电液作动器（EHA）中，电动机驱动的是液压泵，再由液压泵控制油缸内活塞运动，推动舵面。

（2）在机电作动器（EMA）中，电动机驱动的是减速器，再由减速器带动滚珠丝杠运动，推动舵面。

图1-10为一种大功率的EMA和一种大功率的EHA的外形结构。

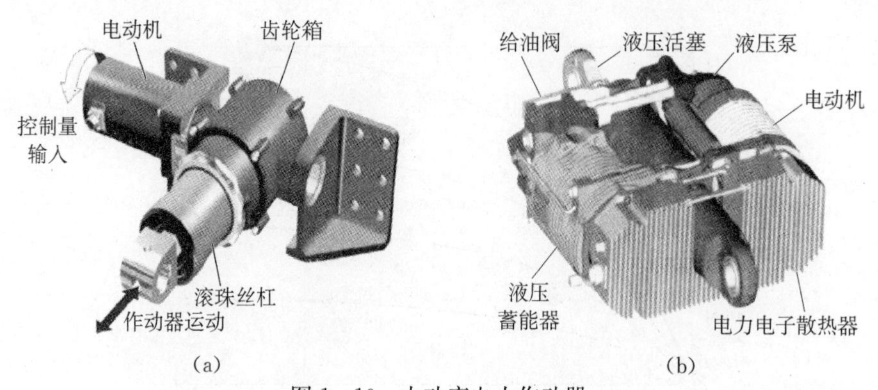

图1-10 大功率电力作动器

(a) EMA (b) EHA

另外还有一种电备份液压作动器(EBHA),其原理如图 1-11 所示,它是 FBW 控制的液压作动器和静电液作动器(EHA)的组合。

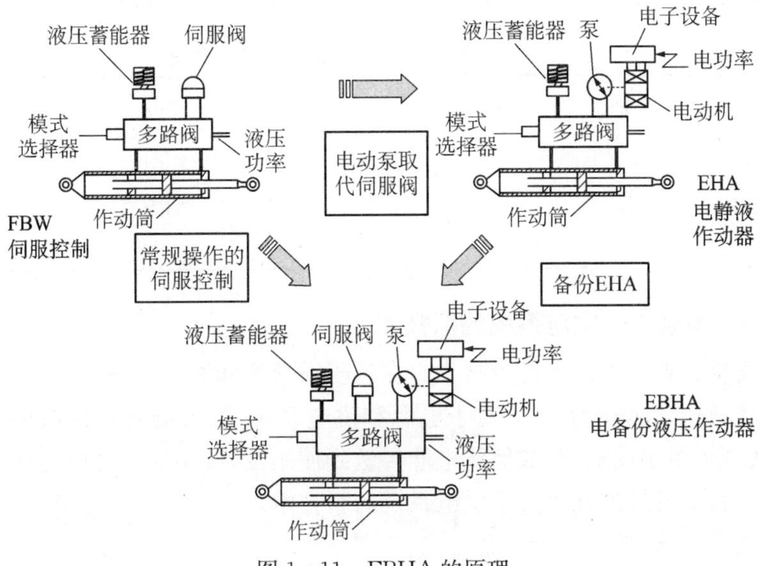

图 1-11 EBHA 的原理

电备份液压作动器(EBHA)能够使用两种能源完成飞行舵面的驱动。在正常时采用液压能源,根据飞控系统控制命令,控制伺服阀来实现对油缸中活塞运动的控制。当液压源失效时,可以将飞控系统控制命令转换为 EHA 电动机的控制命令,再由液压泵完成油缸中活塞运动的控制。

3) 电力作动器在民机上的应用

在民用飞机中被称为“多电飞机”的型号为 A380 和 B787,均在部分位置使用了电力作动器。

在 A380 飞机上,许多电液作动器(EHA)和电备份液压作动器(EBHA)已应用于多个控制舵面,使舵面驱动可以获得更多的冗余能源。A380 使用的电力作动器如表 1-4 所示。

表 1-4 A380 飞机电力作动器的应用情况

名称	EHA	EBHA	液压
方向舵		4	
升降舵	4		4
水平安定面	1		2
缝翼	2		4
副翼	4		8
扰流片		4	12
总计	11	8	30

B787 为中型宽体飞机，其扰流板和水平稳定器飞行控制由电动机完成，目的是使在全液压故障情况下也能确保其控制功能。B787 飞机使用的部分电力作动器如表 1-5 所示。

表 1-5 B787 飞机电力作动器的应用情况

部位	EMA	液压	部位	EMA	液压
增升	2	2	扰流片	4	12
SLATS	2	4	总计	10	18
平尾	2				

1.4.3 多电飞机供电系统的新技术

多电飞机需要探索的大部分技术是在各子系统的能源使用设备上，研究如何采用电能取代液压、气压能源。而对于电源和供电系统，最大的要求是增加电能的容量，即如何产生更多的电能、如何将电能传送到使用设备、如何管理电能的使用等问题。下面为目前发展的几个关于供电系统的新技术。

1）多电发动机技术

推动发电技术进一步变化的是发展中的多电发动机（MEE），其目标是增加效率、降低成本，通过消除发动机附件装置最终减少或消除液压系统。这些目标只能通过在发动机内直接安装大功率、高可靠性的发电机来实现。在不同的发动机轴上安装多台发电机，功率的提取量可以在各轴间分配，使发动机的性能优化。

传统发电机由主发动机轴通过恒速变速箱驱动，因此可以保持 400 Hz 的频率。如果恒速变速箱设计在发电机的内部，则称为集成驱动发电机。图 1-12 为一个变速箱的例子，这是相当复杂和体积庞大的装置。

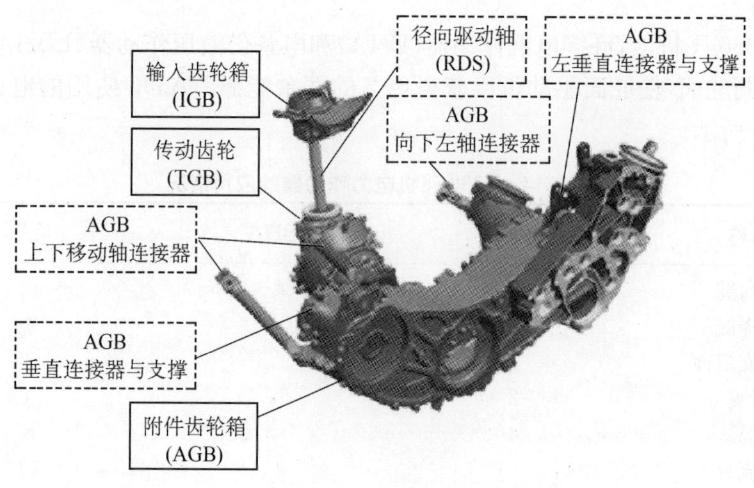

图 1-12 变速箱例子

多电发动机技术的概念是采用新的机电结构，在二次能源生成系统中优化二次能源的变换性能。图 1-13 展示了在多电验证发动机上所研究的关键设计，其主要特点之一是将发电机嵌入到发动机中，形成机电一体化的结构。

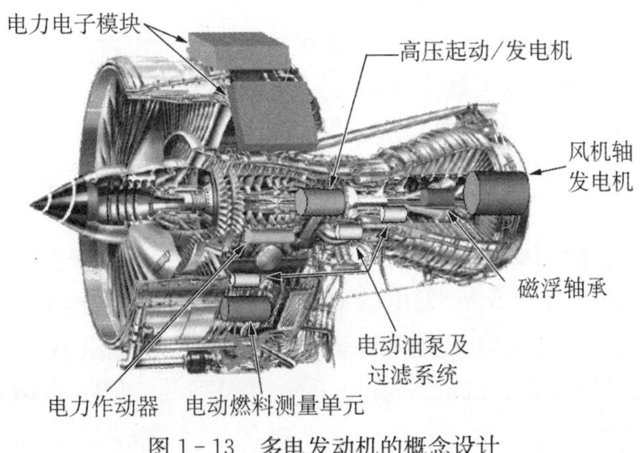

图 1-13 多电发动机的概念设计

(1) 高压轴驱动的起动发电机。

在发动机高压轴上安装的发电机，为永磁式起动发电机(HPSG)，由 Thales 设计。它被嵌入到高压压缩机内，直接固定在高压轴的前面，这使得它能够直接电气起动。高压起动发电机将代替已有的通过齿轮箱固定的气动起动器。在高压起动发电机起动的过程中，能量是通过它的功率电子模块(PEM)从发动机功率汇流条(EPB)上传过来的，而且它使发动机达到起动转速。一旦发动机点火起动，高压起动发电机将恢复到发电机模式，而且功率被回馈到发动机功率汇流条上。高压起动发电机的功率电子模块固定在风扇箱上。

(2) 风扇轴驱动发电机。

风扇轴驱动发电机(FSDG)是一个开关磁阻(SR)电机，由 Goodrich 公司设计。它位于多电发动机尾部的锥体部分，并且通过一个同轴的高速齿轮箱，连接到低压轴的尾部。这个齿轮箱增加了低压驱动的速度，使得发电机的体积最小。开关磁阻发电机有一个坚固的转子，因此这使得快速运动转子上不存在绕组可能出现的问题。功率通过固定在风扇箱上的功率电子模块传递到发动机功率汇流条上。如果发动机熄火，发电机已被设计成风扇轴驱动，可减少为风力发动机的功率。来自于风力发动机的功率能提供冲压空气涡轮(RAT)的应急后备功率。风扇轴驱动发电机和高压起动发电机取消了固定发电机齿轮箱，并能为发动机和飞机负载提供大量的电能。

电机是能够实现能量双向变换的装置，在将机械能变换为电能时为发电状态，而在将电能变换为机械能时为电动状态。起动/发电机就是利用电机的这种双向变换能力，在发动机起动时工作在电动状态，作为发动机起动机的功能，而在发动机起动完成后工作在发电状态，作为电源使用。

在早期以低压直流电源为主电源的飞机上，大多采用了直流起动/发电机，如轻型飞机或涡桨飞机等。交流电机实现起动/发电首先需要发电机装置能够双向传递功率，其次需要交流电机的控制技术。

目前的大型运输机的主电源大都采用恒速恒频交流电源，恒速恒频发电机包含了恒速装置，由于恒速装置很难实现逆向的功率传递，因此无法实现起动/发电的功能。采用恒速恒频发电机的飞机，主发动机的起动一般采用专门的空气起动机，这需要由地面气源车，或 APU 发动机引气，这样既增加了机载设备的重量，又会增大燃油消耗。

从减少机载设备的体积/重量、提高效率等性能方面考虑，交流起动/发电技术一直在研究过程中。由于 APU 发电机不需要恒速装置，在结构上、原理上均能够实现起动/发电的功能。因此对于交流起动/发电机的研究，首先在 APU 上进行。如 B737NG 飞机的 APU 发电机已经采用了交流起动/发电机，以减轻机载设备的重量。

新一代民用飞机、多电飞机的主电源开始采用变频电源，主发电机没有了恒速装置，使采用交流起动/发电系统成为可能。如新一代多电飞机 B787 上，4 台主发电机、2 台 APU 发电机均采用了交流起动/发电机。

总结交流起动/发电技术的发展如表 1 - 6 所示，第一代交流起动/发电技术应用在 B737NG 飞机的 APU 上，起动装置的功率仅 7 kW。第二代起动发电应用在主发动机上，起动装置的功率达到 120 kW。未来将采用 300 kVA 发电机实现起动发动机的控制。

表 1 - 6 交流起动发电技术的发展

	起动系统	发电功率	发电性能	起动装置功率	起动转矩
第一代 B737NG	APU	90 kVA	(115 V/400 Hz) 12 000 r/min	7 kW	33 N · m
第二代	主发动机	150 kVA	115 V/360～753 Hz 10 800～22 600 r/min	120 kW	>271 N · m
第三代	APU	300 kVA	(230 V/400 Hz)	10 kW	
第三代	主发动机	150～200 kVA	230 V/360～753 Hz	50 kW	>190 N · m
未来		300 kVA		75 kW	

2）多种电源的混合电网结构

目前 B787 是采用多电技术最多、供电水平最高的民用飞机，这里不妨将其作为先进多电飞机的发展方向。B787 飞机供电系统如图 1 - 14 所示，有多种二次电源，形成局域性多种电源的混合配电系统。

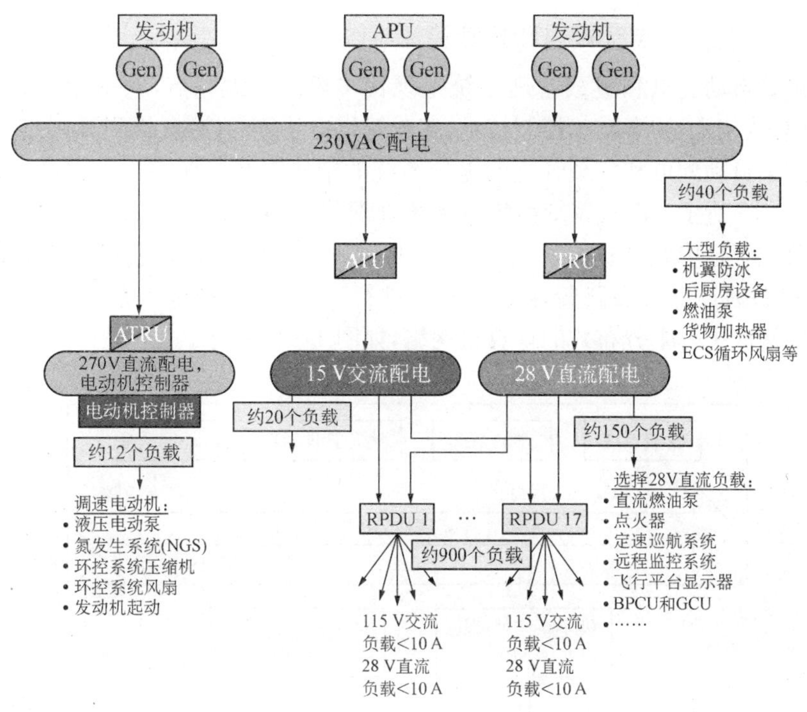

图 1 - 14　B787 飞机供电系统结构 ram

图 1 - 14 所示的 B787 主电源配电系统的电源包括 4 台由发动机驱动的主发电机输出 230 V/360～800 Hz 的变频电源；2 台由 APU 驱动的备份发电机输出230 V/400 Hz 的恒频电源。

另一方面在 B787 供电系统中包括多个大容量的电能变换器，将电能变换为不同形式的二次电源，从而形成多个不同电能体制的供电网络，以适应不同用电设备的需要。

B787 飞机的供电网络为

(1) 高压变频交流供电网络：主交流发电机输出 230 V/360～800 Hz 的变频交流电，经主交流汇流条为部分大功率的用电设备、对于频率不敏感的用电设备提供电能，同时也为各种电能变换器提供电能。

(2) 高压直流供电网络：由自耦变压整流器(ATRU)将 230 V/360～800 Hz 的变频交流电变换为±270 V 直流电，为所有电动机控制器类型的负载供电，即为电力电子装置供电。由于变换功率很大，构成了大规模的±270 V 高压直流供电网络。

(3) 低压变频交流供电网络：由自耦变压器(ATU)将 230 V/360～800 Hz 的变频交流电变换为 115 V/360～800 Hz 的变频交流电，为 115 V 交流负载供电。构成电压较低的 115 V 的交流供电网络。

(4) 低压直流供电网络：由变压整流器(TRU)将 230 V/360～800 Hz 的变频交流电变换为 28 V 的低压直流电，为小功率直流负载供电。构成 28 V 低压直流供电网络。

1.4.4 先进的自动配电和负载管理系统

先进的自动配电和负载管理系统是现代飞机的一大亮点，它采用了计算机技术、数据总线技术、固态功率控制技术，完成对供电系统的控制、检测、保护和管理。

采用了自动配电和负载管理的电气系统的结构以及与航空电子系统之间的结构如图1-15所示。电气系统由供电系统处理器(PSP)控制，通过1553B数据总线与电气负载管理中心(ELMC)、远程终端(RT)和发电机控制装置(GCU)通信，这些终端与PSP通过电气多路传输数据总线进行通信，以实现电气系统的控制功能。它们共同构成了一个分布式的计算机网络，如图1-15所示。

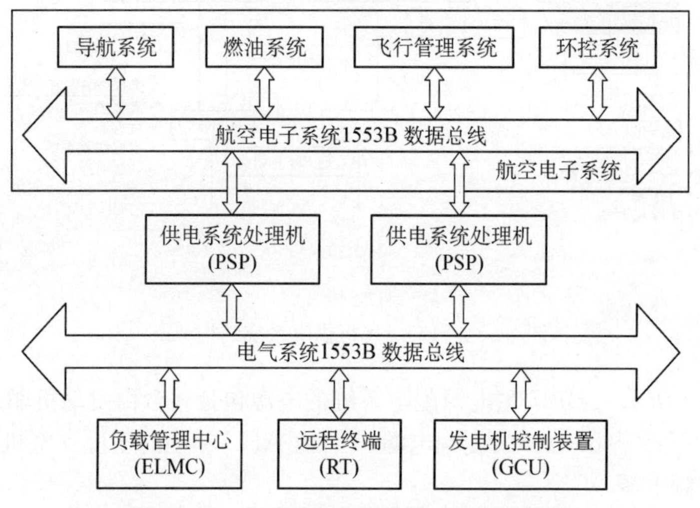

图1-15 自动配电和负载管理系统的结构

在自动配电和负载管理系统中，电气负载管理中心(ELMC)是关键设备，每个ELMC都带有一定数量的固态功率控制器(SSPC)，它根据PSP的控制指令和应急模式选择器的状态来控制SSPC动作，实现对相应负载的供电和保护。同时监测汇流条、ELMC自身及SSPC的状态并向PSP报告，并根据PSP命令切换继电器动作，以保证供电质量。

GCU在功能上具有独立性，它完成对发电机的控制和监测，向PSP报告发电机及其供电通道的状态，并不接受PSP的指令控制。

每个RT都与一定数量的机电式功率控制器(EMPC)相连，并根据系统控制指令控制EMPC动作，实现相应分布式负载的供电和保护。同时监测主配电中心以及EMPC的状态并向PSP报告。

航空电子系统通过1553B数据总线与供电系统处理机PSP进行通信。航空电子系统提供电气系统控制所必需的飞行和任务数据，电气系统向航空电子系统返回本身的状态信息。PSP充当两者之间的接口，担负航空电子系统和电气系统之间的信息传递任务。

2　传统民用飞机供电系统

本章讨论的传统民用飞机供电系统，是指没有采用多电技术的民用飞机，也就是目前广泛运营的民用飞机。本章就传统飞机的电源系统、典型飞机的供电系统和供电方式进行讨论。

本章选择了典型飞机 A320 和 B777 进行飞机供电系统的讨论，其中 A320 采用的是相对比较传统的供电系统，而 B777 飞机属于当前最先进的客机之一，虽然没有采用多电技术，但是机载系统的自动化、电子化都达到较高的程度。

2.1　民机恒频交流发电系统

目前大部分民机交流电源供电系统采用的是额定电压为 115/200 V，额定频率为 400 Hz 的恒频电源，输出采用三相四线制。

由发动机驱动的恒频发电机，需要考虑发动机转速对电源频率的影响，可以采用恒速恒频（CSCF）发电机和变速恒频（VSCF）发电机两种型式，现在民用飞机主电源大部分采用恒速恒频交流电源，变速恒频交流电源被作为专用电源使用。

在民航飞机上广泛使用辅助动力装置（APU），APU 驱动发电机产生辅助电源。辅助动力装置的空气涡轮转速可以控制，因此，由其传动的辅助动力装置发电机的转速一般恒定不变。APU 发电机在空中作为主发电机的备份电源，即在主发电机故障时起动，代替故障的主发电机完成供电任务。

2.1.1　飞机无刷交流发电机

20 世纪 50 年代，为了提高飞机交流电源供电可靠性，旋转整流器式无刷交流发电机研制成功。现在飞机采用的旋转整流器式无刷交流发电机，都由电机本体和控制器（GCU）组成，电子装置的 GCU 完成发电机输出电压的调节、发电机的故障检测与保护、主接触器控制等功能。

1）飞机无刷交流发电机的结构

旋转整流器式无刷交流发电机的电机本体由主发电机、交流励磁机和旋转整流器等构成。交流励磁机的三相电枢在转子上，产生的三相交流电经装在电机转子上的旋转整流器整流为直流电，作为主发电机励磁绕组的励磁。这样主发电机电枢在定子上,可直接引出三相交流电能。

旋转整流器式无刷交流发电机的电路如图 2-1 所示,存在两级式和三级式。两级式电机是在同一壳体内仅装交流励磁机和主发电机,三级式则还有永磁副励磁机,该电机还给发电机控制和保护电路供电,电机的电枢在定子上,转子上为永磁体。

B707, B737 等飞机采用两级式无刷交流发电机,B747, B757, B767, MD82, A320 等飞机均采用三级式无刷交流发电机。

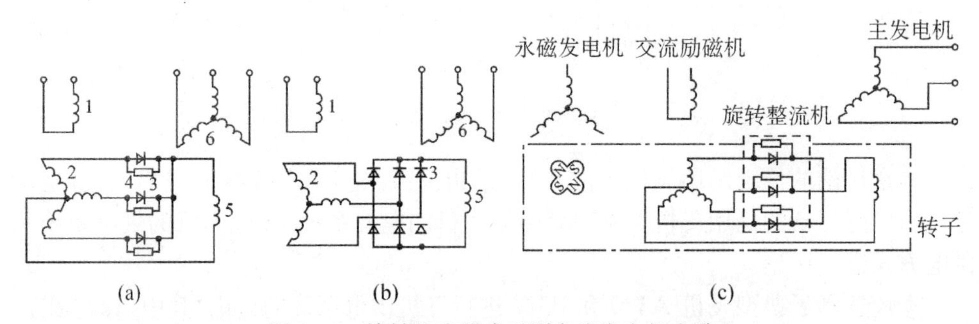

图 2-1 旋转整流器式无刷交流发电机电路

(a) 两级式半波整流 (b) 两级式全波整流 (c) 三级式无刷发电机电路

由图 2-1(a)和(b)的两级式发电机可见,励磁机电枢绕组 2 在转子上,励磁绕组 1 在定子上,励磁机的电枢绕组 2 的交流电经旋转整流器 3 整流为直流电,连接到主发电机的励磁绕组 5,作为主发电机的励磁电流。这样主发电机安装在转子上的励磁绕组,不必通过电刷外接电源,从而形成无刷结构。

主发电机输出电压的调节可以通过控制在定子上的励磁机的励磁绕组 1 的电流,来控制在转子上的励磁机的电枢绕组 2 的电势和电流,从而控制主发电机的励磁绕组 5 的电流,达到控制主发电机输出电压的目的。

图 2-1(c)所示的三级发电机,是增加了一级转子与主发电机同轴的永磁发电机,输出电能供给励磁机的励磁绕组,同时也给发电机控制器(GCU)和保护电路供电,使发电机不需要外接电源。

B707, B737 等飞机采用两级式无刷交流发电机,B747, B757, B767, MD82, A320 等飞机均采用三级式无刷交流发电机。

2) 飞机无刷交流发电机的特性

电磁式同步发电机的特性一般是指发电机电动势、端电压与负载电流和励磁电流间的关系,有空载特性、短路特性、负载特性、外特性和调节特性等 5 种。无刷交流发电机的特性仍用上述 5 种特性曲线来描述,但参变量不是发电机励磁电流,而是励磁机的励磁电流。对于具有线性电流放大器特性的交流励磁系统,发电机励磁电流与励磁机励磁电流间有明确的线性关系,因而用励磁机励磁电流作参变量与发电机励磁电流作参变量对特性没有影响。但对于线性特性较差的交流励磁系统,特别是具有半波整流电路的无刷发电机,讨论它的特性时必须用最低工作转速、最高工作转速和平均工作转速的三种情况来表示，与飞机直流发电机特性的表示方法相同。

图 2－2(a)是某型 30kVA 无刷发电机的空载特性，即发电机空载相电势与励磁机励磁电流间关系，电机转速为额定转速。交流励磁机在磁路的线性段工作，恒频主发电机则在磁路的近饱和段工作，故饱和系数 k_u 反映了主发电机在额定工作点的磁路饱和状态，则有

$$k_u = \frac{I_{f0}}{I_{f\delta}} \tag{2-1}$$

式中：I_{f0} 为发电机电动势等于额定电压 U_N 时的励磁机励磁电流；$I_{f\delta}$ 为电机气隙线上对应点的励磁电流。k_u 大小反映了发电机工作点的饱和状态，通常飞机无刷交流发电机的 k_u 在 1.1 上下，对变速电机，是指最低工作转速时的 k_u 值。

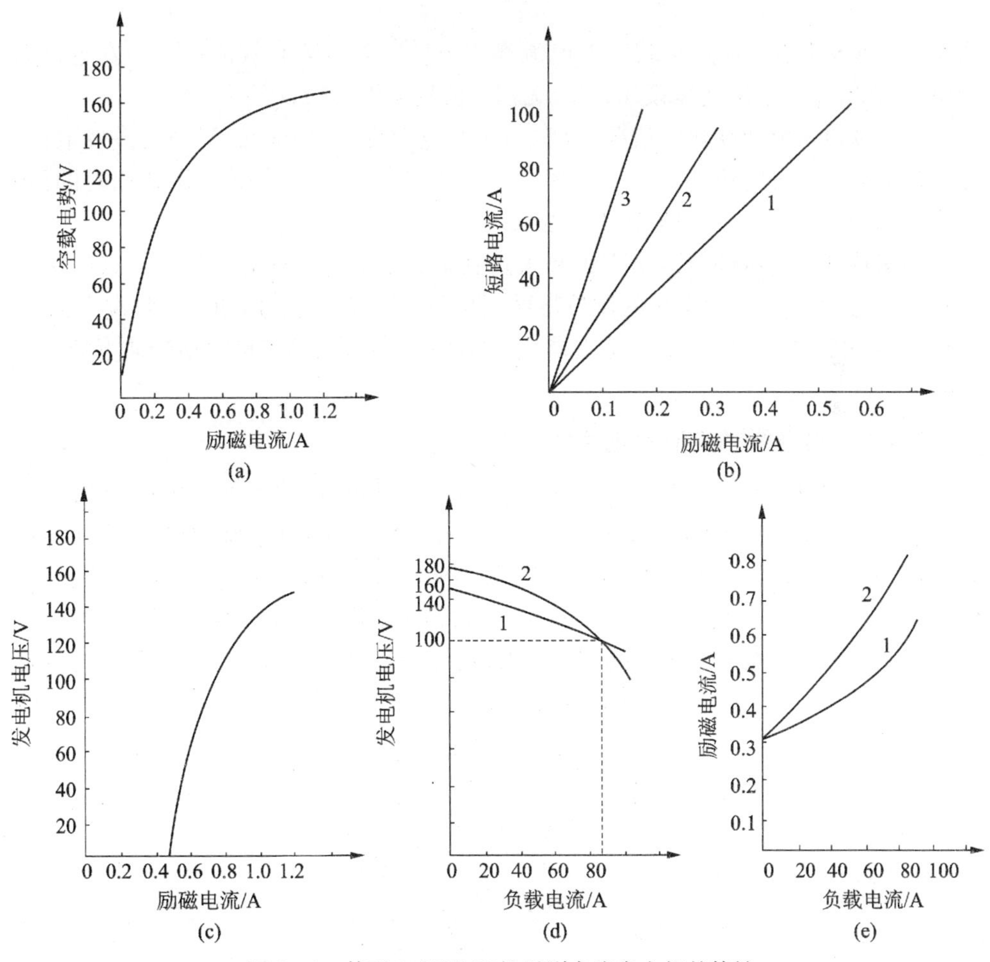

图 2－2　某型 30kVA 飞机无刷交流发电机的特性

图 2－2(b)为无刷发电机的短路特性，曲线 1，2 和 3 分别表示三相、线线和相地短路时的特性。忽略电枢绕组的电阻和零序电抗，在同一励磁电流下，三种短路电流的比例为 1∶3∶3，相地短路时短路电流最大。短路特性反映了发电机电枢反应的规律，无刷交流发电机的交流励磁系统有好的线性电流放大器特性，则短路电流与电机转速无关，否则，一定要防止电机在高速工作时发生短路。

图 2－2(c)是该 30 kVA 无刷交流发电机的零功率因数负载特性，是在额定转速下加纯电感负载，负载电流为额定值时测得的。

图 2－2(d)是无刷交流发电机的外特性。曲线 1 是电阻负载外特性，曲线 2 为 0.75 功率因数负载外特性。外特性是在发电机转速和励磁电流不变时测得的。

同步发电机的电压变化率 Δu 为

$$\Delta u = \frac{E_0 - U_N}{U_N} \times 100\% \tag{2-2}$$

式中：E_0 为发电机在额定负载励磁电流作用下的空载电势有效值；U_N 为发电机额定电压有效值，对于恒速恒频(CSCF)无刷交流发电机，其 Δu 约为 30%。

对于发电机转速变化的情况，电源的频率也会变化，为变频(VF)交流发电机。在讨论变频交流发电机的电压变化率 Δu 时，是指该电机在最低工作转速时的值。工作转速升高后，由于电机同步电抗加大，Δu 也会加大。

调节特性是电压调节器功率级和永磁副励磁机设计的依据。图 2－2(e)是该 30 kVA 飞机无刷交流发电机的调节特性，曲线 1 对应阻性负载，曲线 2 对应 $\cos\phi = 0.75$ 的感性负载。对于变频交流发电机，应考虑低、额定、高三种典型转速下的调节特性。

2.1.2 恒速恒频交流发电系统

恒速恒频电源系统如图 2－3 所示，电源部分由恒速传动装置(CSD)、交流发电机(GEN)和控制器(GCU)组成。其中恒速装置(CSD)将变化的转速(VS)变换为恒定转速(CS)，提供给交流发电机，使交流发电机输出电源的频率恒定(CF)，同时由控制器(GCU)对发电机输出电压的控制，使得输出电源的电压恒定(CV)。

恒速恒频交流发电系统中的交流发电机就是图 2－1(c)所示的三级无刷交流发电机，该发电系统的另一个重要部件为恒速装置(CSD)。

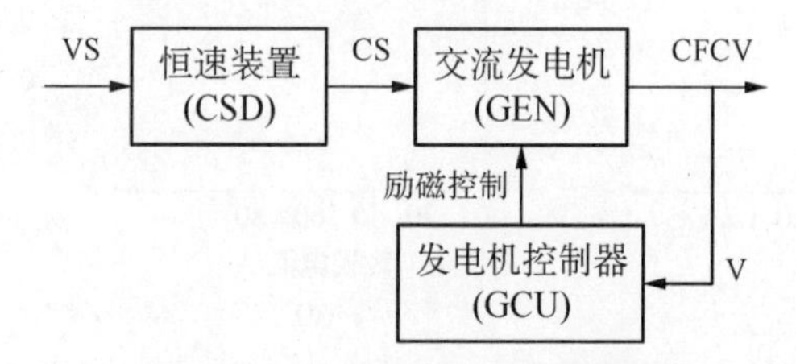

图 2－3 恒速恒频电源系统构成

1）恒速装置的结构

齿轮差动式液压恒速传动装置在目前应用最广泛。它由差动游星齿轮、变量泵、定量马达、调速系统和供油系统等部件与环节组成。恒速装置的工作原理可以用图 2-4 所示的原理图来描述，包含了液压马达（Ⅰ）液压泵（Ⅱ）和差动齿轮系统（Ⅲ）。

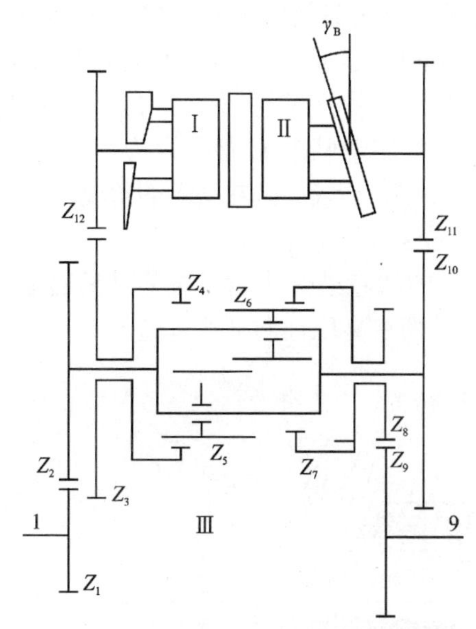

图 2-4　齿轮差动式液压恒速传动装置

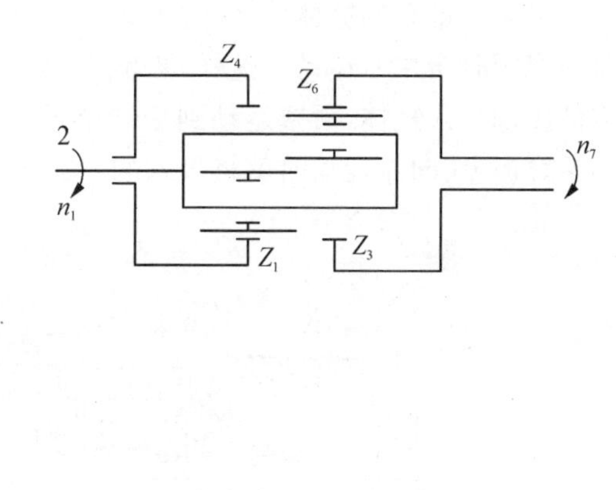

图 2-5　差动游星轮系传动

（1）差动齿轮系统的功能。

差动游星齿轮系统的示意图如图 2-5 所示，恒速传动装置的差动游星齿轮系由游星架 2、游星轮 Z_5 和 Z_6、补偿齿轮 Z_4 和输出齿轮 Z_7 组成。如果游星架 2 由发动机经齿轮箱驱动，补偿齿轮 Z_4 由液压马达传动，输出齿轮 Z_7 与发电机相接，并且输出齿轮的转速用 n_7 表示，游星架 2 和补偿齿轮 Z_4 的转速分别用 n_2 和 n_4 表示，则有发电机转速为

$$n_7 = 2n_2 - n_4 \tag{2-3}$$

为使输出齿轮的转速 n_7 等于额定转速 n_N，则差动齿轮系统存在三种工作状态：

（1）当游星架转速 n_2 正好等于额定转速 n_N 的一半时，即 $n_2 = \frac{1}{2}n_N$，补偿齿轮不转动，即 $n_4 = 0$，输出转速即为额定转速 $n_7 = 2n_2 = n_N$，这是一种零差动状态。

（2）若游星架转速 n_2 降低了，即 $n_2 < \frac{1}{2}n_N$，则必须使补偿齿轮逆时针方向转动，即 $n_4 < 0$，才能使输出转速升到额定转速，$n_7 = 2n_2 + n_4 = n_N$，这是正差动状态。

（3）游星架转速 n_2 高于零差动状态转速，必须使补偿齿轮顺时针方向转动，即 $n_4 > 0$，才能使输出转速回落到额定转速，此为负差动状态。

上述的构成的是组合传动发电机（IDG）中 CSD 的一种方案。将游星架与发动机附件传动机匣输出轴相接,输出齿轮与发电机相接,补偿齿轮由液压马达传动,如发电机额定转速为12000 r/min,零差动时发动机附件机匣输出转速为6000 r/min。发动机转速低于6000 r/min齿轮系为正差动工作,高于6000 r/min为负差动工作。

(2) 液压马达与液压泵。

在齿轮差动液压恒装中,常用轴向柱塞式液压马达与液压泵,控制补偿齿轮 Z_4 的转速 n_4。通常将泵和马达组合在一个壳体内,如图2-6所示,并且马达与泵的结构基本上对称。左面为液压马达,斜盘13是固定的,称为定量马达。右面为液压泵,泵的斜盘3是可动的,由调速系统的伺服作动筒驱动其倾角,故称泵为变量泵。

如果变量泵的缸体旋转,缸内活塞便会沿着圆弧上下运动,在斜盘的角度不为0时活塞同时会左右运动。这样,当活塞向下、向右运动时,活塞与缸体的容积增大,将低压油吸入缸体,活塞运动到最低位置时吸入的油量达最大值。缸体继续转动,当活塞向上、向左运动时就将吸入的油加压压出,即将高压油向马达输送。

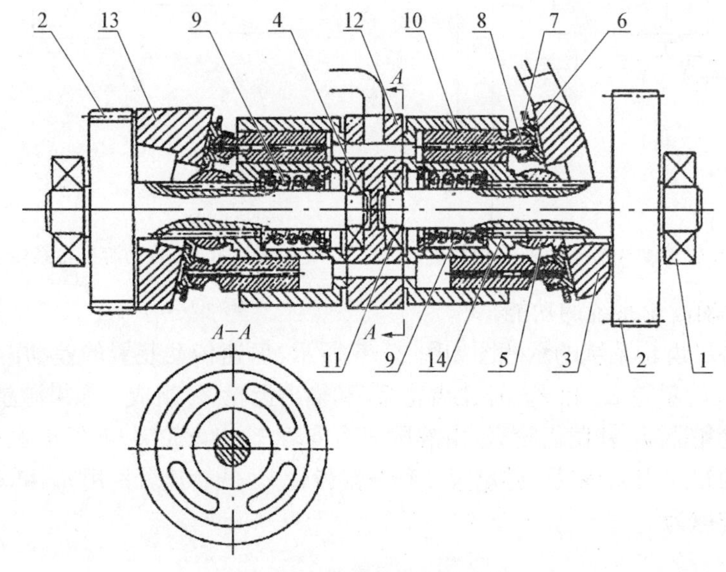

图2-6 液压泵和液压马达

1—轴承;2—齿轮;3—可动斜盘;4—轴承;5—球形轴承;
6—端部滑块;7—销片;8—柱塞;9—中心弹簧;10—缸体;11—轴承;
12—分油盘;13—固定斜盘;14—销子

缸体旋转中,每转一圈柱塞轴向往复运动一次,吸油和打油各一次,吸油和打油量可以通过斜盘的角度来控制。缸体每转一个柱塞的理论打油量 q 为

$$q=\frac{\pi}{4}d^2 D\tan\gamma_B \qquad (\mathrm{cm^3/r}) \qquad (2-4)$$

式中:d 为柱塞直径(cm);D 为柱塞在缸体上分布圆直径(cm);γ_B 为泵可动斜盘与垂直面间倾斜角(°)。若液压泵转速为 n,柱塞数为 Z,则泵每分钟打油量 Q 为

$$Q = Cn\tan\gamma_B \qquad (\text{L/min}) \tag{2-5}$$

式中：$C = \dfrac{1}{1000}\dfrac{\pi}{4}d^2DZ$。

上式表明泵打油量仅由转速 n 和倾角 γ_B 决定。因泵的转速由发动机转速决定，只能改变 γ_B 角来控制打油量。

液压马达是将输入的液压能转变为机械功率，马达高压腔的柱塞受来自泵的高压油的作用，产生轴向运动，其轴向运动受马达固定斜盘的限制，从而产生一个使缸体旋转的分力，缸体转动使马达输出轴转动，从而带动恒装的补偿齿轮旋转。

根据原理分析可以得到一个柱塞旋转一周的平均力矩 T_M 为

$$T_M = \frac{d_M D_M}{8}(p_H - p_L)\tan\gamma_M \qquad (\text{kg}\cdot\text{cm}) \tag{2-6}$$

式中：d_M 为马达柱塞直径(cm)；D_M 为马达柱塞分布圆直径(cm)；p_H 为高压腔油压(kg/cm^2)；p_L 为低压腔油压(kg/cm^2)，γ_M 为马达斜盘倾角(°)。

则有 Z_M 个活塞的马达平均转矩 T_M 为

$$T_M = \frac{C_M}{2\pi}\tan\gamma_M p \qquad (\text{kg}\cdot\text{cm}) \tag{2-7}$$

式中：$C_M = \dfrac{\pi}{4}d_M^2 D_M Z_M(\text{cm}^3)$；$p = p_H - p_L(\text{kg/cm})$。

结构一定时，马达转矩 T_M 与油压差 p 成正比。马达的负载力矩大，马达的转矩也相应增大，压力差也随之增大。通常低压腔的油压 p_L 不变，故高压腔的油压 P_H 加大。因马达的高压油来自液压泵，故泵高压腔的油压必须增大。

因液压马达的结构与液压泵相同，所以液压马达的转速 n_M 与输入高压油流量间关系和液压泵的打油量与转速间的关系式(2-5)相同。不计漏油时，马达的输入油量 Q_M 和泵打出的油量 Q 相等，即

$$Q_M = Q$$

计及漏油后，则有

$$Q - Q_M = Kp \tag{2-8}$$

式中：K 为泵马达的泄漏系数。综合式(2-3)～式(2-8)有

$$n_M = \frac{C}{C_M\tan\gamma_M}\tan\gamma_B n - \frac{2\pi K}{(C_M\tan\gamma_M)^2}M_C \tag{2-9}$$

若马达负载转矩很小，则高低油压差不大，泄漏很小，可忽略，则不论泵转速 n 多高，只要泵斜盘倾角 $\gamma_B = 0$，马达转速 $n_M = 0$。如 γ_B 为正，则马达正转，γ_B 为负，则马达反转。发电机空载工作时，马达负载转矩小。

(3) 齿轮差动式液压恒速传动装置的转速调节。

若发电机的额定转速为 n_N，又有 $n_9 = n_N$，如恒装的输入转速为 n_1，则有

$$n_1 = \frac{1}{2} \frac{Z_9}{Z_8} \cdot \frac{Z_2}{Z_1} \cdot n_N \tag{2-10}$$

则液压马达不旋转，即 $n_{12}=0$，$n_9=n_N$，为零差动状态，此时恒装的输入转速 n_1 称为制动点转速。

恒装输入轴转速低于制动点转速，为正差动状态，液压马达必须顺时针方向转动，使补偿齿轮逆时针方向转动，游星齿轮转速加快，才能使恒装输出转速增大。此时，液压泵的可动斜盘应有正倾角，如图 2-7(a)所示。变量泵向液压马达打油，泵马达组件中右侧的为高压腔，高压油由泵向马达流动，低压油则反向流动。

当恒装输入转速高于制动点转速时，马达若不转动，则恒装输出转速必大于发电机的额定转速 n_N，为此必须使定量马达逆时针方向转动，如图 2-7(b)所示，故泵斜盘应为负倾角。马达的转向反了，但发电机对恒装的反作用力矩方向不变，故马达的负载力矩方向不变。这表明此时齿轮 Z_{12} 已由正差动时的主动轮变成了从动轮，定量马达就从正差动时的马达工作状态转变为泵工作，而变量泵却成为马达工作状态，高压油腔仍在靠近读者这边，但高压油的流动方向相反，变量泵成为马达，恒装在负差动状态工作。图 2-7(a)中齿轮 Z_{11} 由正差动时的从动轮变为主动轮，但因变量泵转向不变，故齿轮 Z_{11} 和 Z_{10} 啮合处受力方向改变，减轻了差动游量齿轮的负担，所以变量泵仍是传递功率而不是消耗功率。

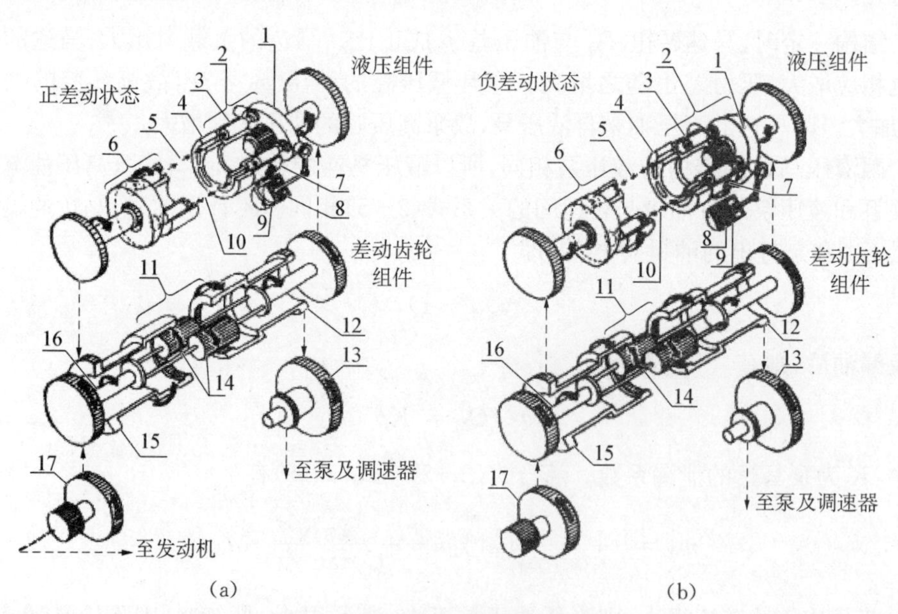

图 2-7　恒速装置的差动工作状态

(a) 正差动　(b) 负差动

1—泵斜盘；2—变量泵；3—柱塞；4—分油盘；5—低压油；6—定量马达；7—缸体；8—活塞；9—伺服作动器；10—高压油；11—差动齿轮；12—输出环形齿轮；13—输出齿轮；14—游星齿轮；15—输入环形齿轮；16—齿轮架；17—输入齿轮

恒速装置将无刷交流发电机的转速稳定在额定转速，即可使发电机输出电源的频率稳定在400 Hz，即所谓恒速恒频发电系统。

2.1.3　变速恒频交流发电系统

变速恒频电源（简称VSCF电源）是一类以大功率电子技术为基础的新型飞机电源。变速恒频电源和恒速恒频电源一样，也是产生400 Hz，115/200 V三相四线制交流电，两者电气性能相互兼容，但两种发电系统的构成和工作原理不同。

1）变速恒频交流发电机的结构

在图1－2示出的变速恒频（VSCF）交流供电系统中，变速恒频（VSCF）交流发电机结构如图2－8所示，它由发电机、电子变换器和控制器（GCU）三部分组成。变频交流发电机由变速（VS）的发动机机械传动装置驱动，由控制器（GCU）通过励磁I_f调压，输出变频恒压（VFCV）电源，再由电子变换器变换为恒频恒压（CFCV）电源。

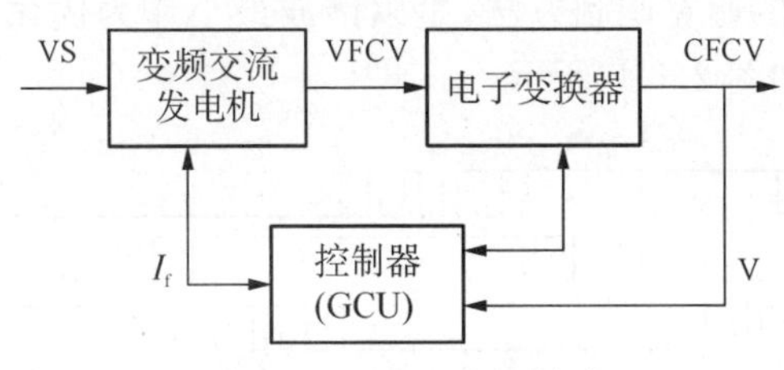

图2－8　VSCF电源构成

变速恒频电源系统的发电机，与恒速恒频电源系统中恒频发电机不一样，因为没有恒速传动装置传动，而由飞机发动机直接传动，其频率变化范围与发动机的转速变化范围一致，即为变频无刷交流发电机。

变速恒频电源系统中采用电子变换器将发电机发出的变频交流电能转换为恒频交流电。变速恒频电源用变换器有两种类型：一类是交交型，另一类是交直交型。

交交型变换器是晶闸管变频器，20世纪70年代，由于可关断功率电子器件的不成熟，大功率的电能变换只能用晶闸管实现，采用晶闸管循环变换器方案。晶闸管允许结温低，高温工作时故障多，可靠性低。

随着可关断功率电子器件的成熟，交直交型变速恒频电源也得到了发展。交直交型变换器先将发电机发出的变频交流电转换成直流电，再逆变为交流电，其中脉宽调制（PWM）技术的应用使得变速恒频电源结构变得简单。

2）脉宽调制型交直交变速恒频电源

在电力电子技术发展的现今，变速恒频大都采用脉宽调制型的交直交功率变换技术。图2－9是SPWM三相脉宽调制型逆变器的主电路图，由输入滤波电容器C_{DC}、过压吸收电路R_{OV}和V_{OV}、三相逆变桥、输出滤波电路、交流滤波器和中点形成变压器NFT等环节构成。图中所画的中点形成变压器NFT为单绕组自耦变压器结构，用以形成三相交流电压中点，以获得三相四线制输出。

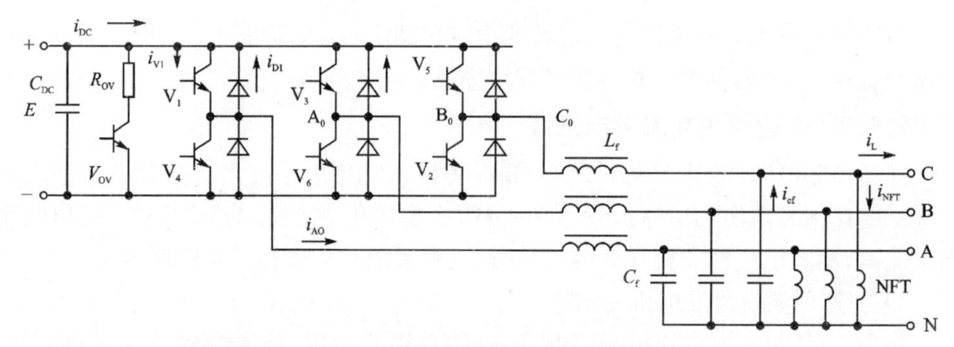

图 2-9 脉宽调制型逆变器的主电路

在图 2-9 中，功率开关器件（见图 2-9 中的晶体管）$V_1 \sim V_6$ 构成三相桥逆变器，采用 SPWM 信号控制。逆变器的脉宽调制方法可以是 SPWM 信号控制，也可以是 SVPWM 信号控制，还可以采用开关点预置的信号控制。

其中开关点预置的脉宽调制方法，是以谐波最小作为优化的脉波，确定每个脉冲的开关角度，信号如图 2-10 所示。

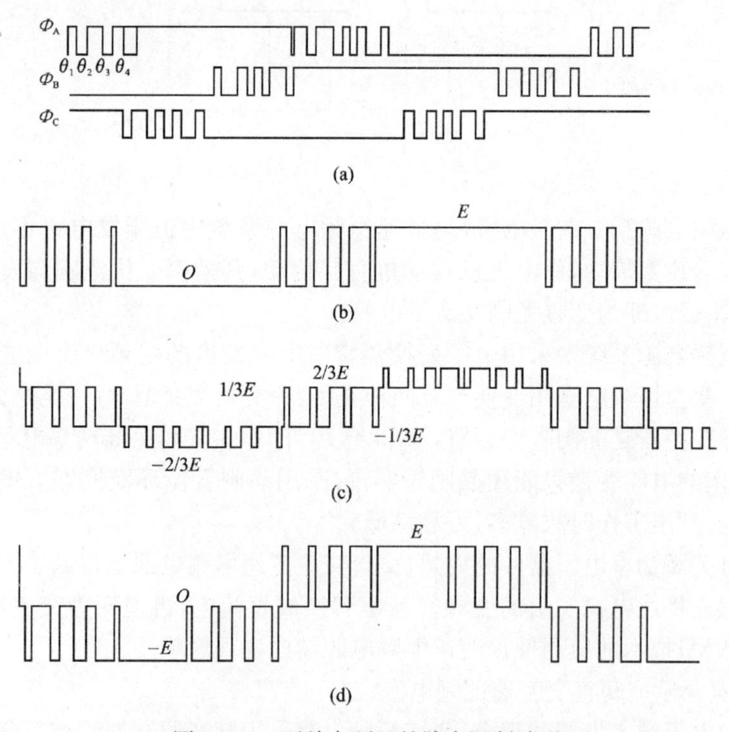

图 2-10 开关点预置的脉宽调制波形

(a) 最优脉宽波形 (b) 电压 U_{Ao} 波形 (c) 未滤波的相电压 U_{Aon} 波形
(d) 未滤波的线电压 U_{AoBo} 波形

开关点预置三相逆变器在较低的开关频率下，其输出电压的谐波含量小，且输出基波电压与逆变器直流电压之比较高。

在图 2-9 中,三组 L_f 和 C_f 构成交流滤波器,将逆变器输出的图 2-10 所示的脉宽调制波形,滤波后变为规范的正弦波。

3) 变速恒频电源的特点

变速恒频电源与传统 IDG 电源比较,由电力电子装置取代了恒速装置,表现出不可忽视的优点,但是同时也存在一些致命的问题。

(1) 变速恒频电源的优点。

变速恒频电源曾被认为是一种很有发展前途的飞机交流电源,因为它存在以下的优点:①电能质量高,电子变换器没有频率瞬变现象;②能量转换效率高,恒速恒频电源系统由于恒装效率较低,电源系统的效率约 70%,而变速恒频电源系统的效率可高于 80%,能量转换效率高有利于提高飞机的有效载荷;③旋转部件少,可靠性高;④电源系统结构灵活,除发电机必须装在发动机附件机匣外,其他部件安装位置可灵活多样,组合式变速恒频电源的安装结构与组合式恒速恒频电源的安装结构相同,可以极方便地相互取代;⑤能实现无刷启动发电;⑥生产和使用维护方便,有利于减少飞机全寿命周期费用。

(2) 变速恒频电源存在的问题。①电子器件允许工作结温低,电子变换器的允许工作环境温度没有恒速传动装置高;②电子变换器承受短路和过载的能力较低,因而变速恒频电源的容量常被定义为 60/40 kVA 方式,即额定容量为 60 kVA,而过载容量则以 40 kVA 作为计算标准,如 5 s 100%过载为 80 kVA。

目前,根据变速恒频电源的使用情况,存在的问题为与非线性负载、三相不平衡负载的兼容性比较差。因此认为变速恒频电源可以作为局部电源、特殊电源,而不宜作为主电源。

2.2 民机直流电源系统

采用交流电源为主电源的民机上,其直流电源为二次电源,即采用变压整流器(TRU)将 115 V 交流电转变为 28 V,另一方面作为应急的直流电源为蓄电池。

飞机上典型的变压整流器由三相降压变压器和二极管整流桥构成,由于它自身没有输出电压调节作用,输出电压受负载和电源电压的影响较大,且因为有 400 Hz 变压器,体积质量也较大。随着功率电子技术的发展,现在已开始采用电子式变压整流器。电子式变压整流器实际上是一种有隔离的直流变换器,在它的输入端还有将三相交流电变换为直流电的整流电路,它没有普通变压整流器的缺点。

在采用镍镉蓄电池的飞机上,装备有要求恒流充电的蓄电池充电器。蓄电池充电器常设计成具有两种工作运行模式:一是充电工作模式,一是变压整流端工作模式;两种模式间可转换。因此,蓄电池充电器与电子式变压整流器是类似的,仅控制方式不同。

2.2.1 变压整流器

变压整流器将 400 Hz 或变频交流电转变为 28 V 直流电，要求输出直流电压稳定，输出电压脉动小，能短时过载，有的则要求能用于起动辅助动力装置(APU)的发动机，该发动机装有直流电力起动电机。变压整流器对飞机交流电源来说是一个功率较大的负载，它的工作应不影响或较少影响交流电源的电能品质，还应有小的体积和质量。

1）变压整流器的结构

飞机变压整流器通常由输入滤波器、降压变压器、二极管整流电路和输出滤波器等构成，有的变压整流器还有冷却风扇和过热保护电路等。

由降压变压器、二极管整流电路的主电路原理如图 2－11(a)～(f)所示，其中降压变压器的原边绕组可以采用星形接法，如图 2－11(a)～(d)所示，也可以采用三角形接法，如图 2－11(e)，(f)所示，变压器副边有两组三相绕组，分别采用星型结构和三角型结构，再经两组二极管整流器分别整流后输出直流电。

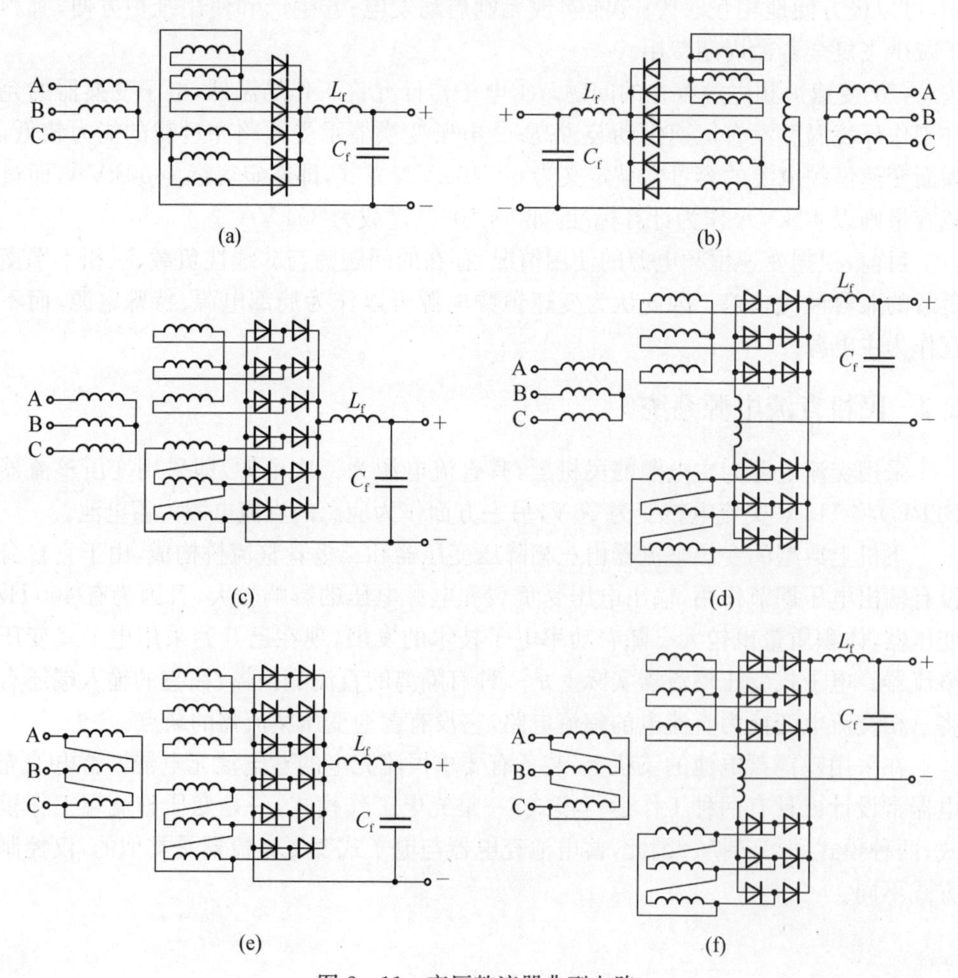

图 2－11　变压整流器典型电路

由于变压器副边两组绕组采用不同接法导致输出电压的相位差为30°，分别整流后输出直流电在每个电源周期有12个波头，所以被称为12脉波整流器。

2）变压整流器的特性

12脉波整流器电压脉动小，可使输出滤波电路较小。当两套整流器输出采用并联方式时，需要采用平衡电抗器。平衡电抗器在负载电流达一定值后，使两变压器副边整流电路独立，从而使副绕组电流波形宽度加宽，提高了整流电路的利用率。图2-12为十二相整流电路的输入电流与电压，其中输入电流的波形为十二阶梯波，比较接近正弦波，可减小输入滤波电路。

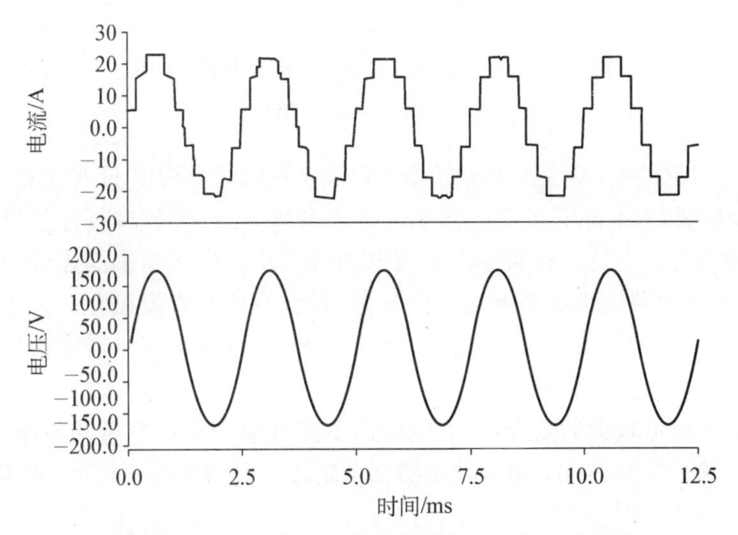

图2-12 12脉冲变压整流器的输入电流、电压波形

变压整流器的基本特性为外特性，即输出直流电压与输出电流间关系。电源电压一定时，负载加大，输出直流电压降低。这主要由两个原因引起：一是变压器、滤波器和整流管的电压降，二是整流电路的换相重叠随输出电流的增加而加大，故它的外特性斜率较大。对于有平衡电抗器的变压整流器，在轻载时电压变化量比没有电抗器的大。变压整流器的输出电压直接与输入交流电压有关，故交流电压不同，有不同的外特性曲线。为了减小变压器交流电压的变化，变压整流器一般接在主交流汇流条上。

由于这种变压整流器电压变化大，一般不采用并联工作。在需要并联时，变压整流器的输出端应接有反流保护器。

2.2.2 电子式变压整流器

电子式变压整流器由输入LC滤波器、输入桥式整流电路、直流滤波电路、高频逆变器、降压变压器和输出整流滤波电路及控制保护电路等构成。它将高压交流电先转为高压直流电，再逆变为高频交流电，通过高频变压器降压后经整流滤波输出低压直流电。由于逆变器输出频率高，例如为20 kHz，故变压器体积质量小。又因逆变器可调节输出电压,故输出电压不受负载和交流电源电压的影响。图 2-13(a)为电子式变压整流器的高频逆变器、降压变压器和输出整流滤波部分电路。

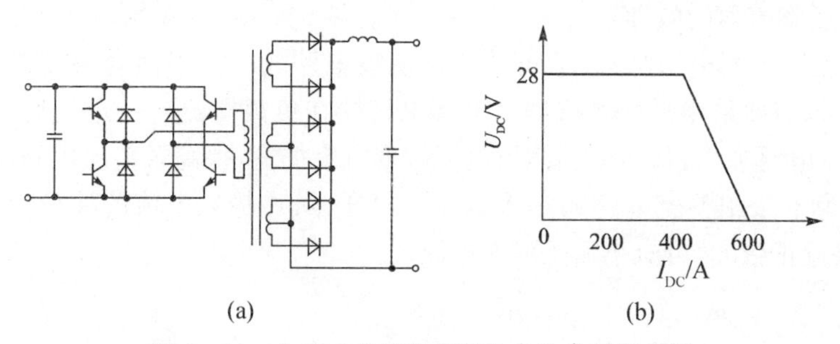

图 2-13 电子式变压整流器主电路及其外特性

(a) 主电路 (b) 外特性

在图 2-13(a)中,逆变器由 4 只晶体管及 4 只二极管构成 H 形全桥电路,采用 PWM 信号控制时,就能够在变压器原边产生高频方波交流电源,并且可以通过控制 PWM 信号的占空比来控制输出交流电压的大小。由于功率晶体管特性的不一致性,全桥逆变电路输出端有电压直流分量,导致变压器直流磁化。为了防止直流磁化,应设直流分量调节电路。在输出电流不大时,也可在变压器原边绕组电路中串入隔直电容,防止直流磁化。

对于输出电流较大的场合,考虑到输出整流管单个电流容量的限制,采用三个输出整流电路并联的方式。由于变压器三个副边绕组结构的一致性,能实现三级整流桥电流的均衡分配。

功率电子装置一般都要限制输出的最大电流,以防功率电子器件过载而损坏。采用电压和电流调节器是实现该目标的重要手段。图 2-13(b)是该变压整流器的外特性,在 400 A 电流以内,电压调节器工作,使输出电压不因负载电流和电源电压的变化而改变,保持在 28 V。电流超过 400 A 后,电流与电压调节器同时工作,使输出电压降低,到 600 A 时输出电压为 0 V,从而防止了输出电流的进一步增大。

电子式变压整流器的保护项目有输入交流电压过压保护,欠压及缺相保护,输出过压和过流保护。过流保护是后备保护,在电流调节器失效后工作。

2.2.3 航空无刷直流发电机

在目前传统的大部分民机上,主电源采用的都是三相 115 V 交流电源,而 28 V 直流电以二次电源的形式存在。由变压整流器(TRU)实现三相 115 V 交流电到 28 V直流电的变换,作为飞机的次级电源,构成低压直流供电系统。

但是仍然有部分运输机采用直流发电机,即由发动机驱动有刷的直流发电机产生直流电能。传统的有刷直流发电机,由于可靠性等问题已经被认为不适宜作为航空发电机,而是必须采用无刷的直流发电机。

1) 绕线式无刷直流发电机

绕线式无刷直流发电机为基于同步发电机的无刷直流发电机,结构如图 2-14 所示,它由同步发电机、整流电路、输出滤波器和发电机控制单元(GCU)组成。

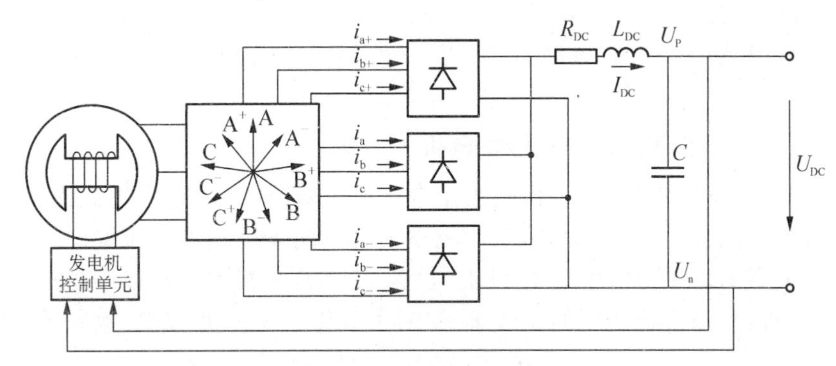

图 2-14 直流发电机结构

同步发电机的结构可以采用 2.1.1 节讨论的两级或者三级无刷交流发电机,该发电机在 GCU 的控制下,通过对主发电机的励磁控制,实现输出电压的控制,达到输出稳定电压的目的。

由二极管构成的整流电路将同步发电机输出整流为直流电,输出滤波器完成直流电压的滤波,使输出的直流电压满足航空供电系统的质量标准。为了减小滤波器的体积,以及发电机绕组的谐波电流,可以采用自耦变压整流器移相,实现多脉波整流。

2) 永磁无刷直流发电机

永磁无刷直流发电机是永磁交流发电机和电力电子的功率变换器的组合,结构示意图如图 2-15 所示。发电机的转子部分为永磁材料,定子部分为三相电枢绕组,由于永磁发电机不能进行励磁的调节,三相电枢绕组输出电压会随着转速变化而变化,因此需要采用功率变换器,实现电压的调节。

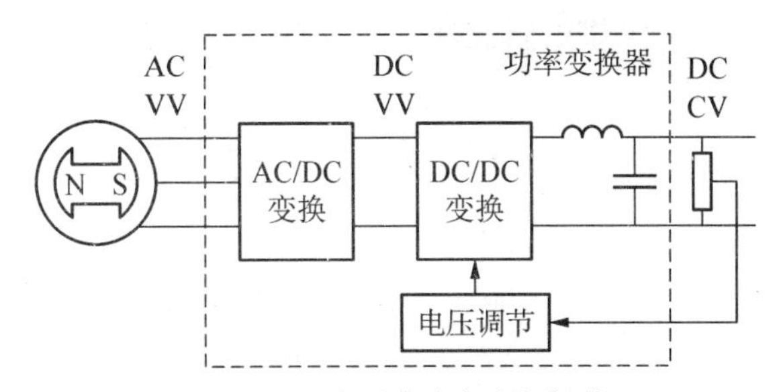

图 2-15 永磁直流发电机结构

功率变换器部分由 AC/DC 变换器和 DC/DC 变换器组成,其中 AC/DC 变换器采用不控整流器,将电压变化的三相交流电变换为电压变化的直流电,再由 DC/DC 变换器,实现电压的调节。

能够实现电压调节的 DC/DC 变换器,可以采用如图 2-13(a)所示的电路结构。

2.3 民机应急电源系统

民机应急情况下供电能力与飞机安全性有着极大的关系，因此应急电源的技术也在不断地发展。早期飞机的应急电源主要是蓄电池，现在新型民机上采用冲压空气涡轮(RAT)作为应急动力，冲压空气涡轮(RAT)驱动的发电机作为应急电源。

2.3.1 冲压空气涡轮(RAT)发电机

冲压空气涡轮(RAT)发电机是当正常电源失效时，自动或人工放出 RAT，由飞机前进的气流推动 RAT 旋转，从而驱动发电机向飞机提供交流电源。RAT 发电机主要安装在现代大、中型客机上，已经安装的客机有 B777，A320，A330，A340 等飞机，我国自行研制的支线客机 ARJ21 和干线客机 C919 也安装了 RAT 发电机。

图 2-16 为 B777 飞机的冲压空气涡轮发电机，其额定容量是 7.5 kVA。应急电源输出特性应符合航空电源标准 ISO1540 的要求，其输出电压的控制和保护与主发电机基本相似，配备有专用的 GCU。

图 2-16 冲压空气涡轮发电机

1) RAT 发电系统的主要组成部件

RAT 发电系统由一系列电气部件和机械部件组成。以下是主要的电气部件：

(1) RAT 发电机。

冲压空气涡轮发电机(RAT GEN)一般采用三级无刷交流发电机，应急情况下 RAT 发电机可以向飞机提供额定容量为 7.5～15 kVA、电压为 115 V/200 V、频率为 400 Hz 的三相交流电，发电机的功率与涡轮叶片的尺寸有关。RAT 发电机发出的交流电还可以通过重要 TRU 向重要直流设备供电。

(2) RAT 发电机控制器。

RAT 发电机控制器(RAT GCU)的功能包括:①对 RAT 发电机电压进行调节;②控制 RAT 发电机输出接触器的通断;③对 RAT 发电系统提供过压、欠频、馈电线短路、汇流条故障等的保护功能;④机内测试(built in test, BIT),并与上位机进行通信。

RAT 的电气组成原理如图 2-17 所示。

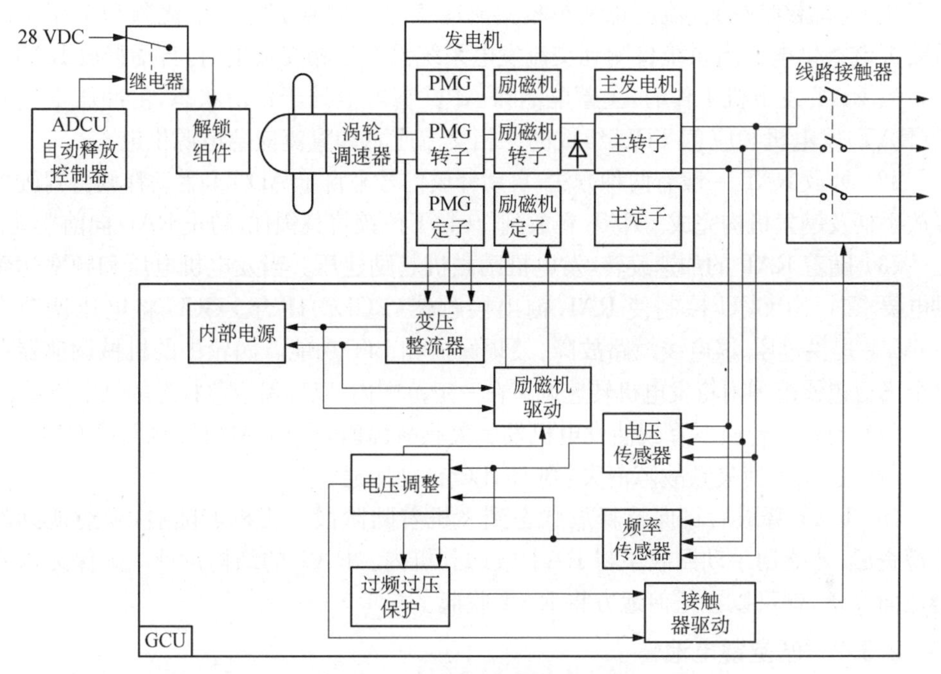

图 2-17 应急发电系统电气原理

(3) 自动释放控制器。

自动释放控制器(automatic drive control unit, ADCU)安装在前附件舱内,其主要功能是监测飞机电源系统,以确定其是否失效,以及监测起落架轮载信号,以确定飞机是否在空中。当 ADCU 检测到左/右主交流汇流条均无电时,即发出信号到 RAT 上位锁,将蓄电池的电加到上位锁电磁线圈上,自动释放 RAT。

(4) RAT 发电机的馈线接触器。

RAT 发电机的馈线接触器(RAT generator line contactor, RGLC),控制 RAT 发电机输出是否接通。当飞机上的主交流通道均无电时,RAT 自动释放,RAT 发电通道自动起励发电。当 RAT 发电机的电源品质符合要求时,由 RAT GCU 控制 RGLC 闭合,把 RAT 发电机输出的三相交流电送到重要交流汇流条。

RAT 的调速器主要有两种,机械调速器和液压调速器。机械调速器的主要优点是工作时无须液压油,避免了漏油问题,也不需要考虑液压油黏度对性能的影响。此外,机械调速器的比例调节特性反应更快。

机械调速器用改变桨叶的螺旋角度来控制涡轮的转速。调速器用平衡重物系统的离心扭矩来平衡桨叶上的气动力扭矩和弹簧力矩，以改变桨叶的节矩。在整个飞行包线内，可以保持发电机转速在额定转速的±10%范围内，使发电机频率保持在360～440 Hz范围内。

2）RAT发电系统的工作原理

（1）当双发飞机的两个主交流电源均失效且APU未工作或失效时，由蓄电池和静止变流器组成的直流应急和单相交流应急电源向直流重要汇流条和单相交流重要汇流条供电。当系统检测到交流发电系统没有三相交流电时，自动释放RAT。

当RAT发电机工作时，主蓄电池和APU蓄电池处于备份状态，由冲压空气涡轮（RAT）发电机和应急TRU组成的三相交流应急和直流应急电源供电。

（2）释放RAT一般有两种方法，自动释放信号来自于ADCU，手动释放由驾驶舱释放手柄及钢索机构完成。RAT释放到位时，下位锁将其锁住，防止RAT向前摆动。

（3）随着RAT的加速旋转，发电机励磁机起励建压。当发电机电压和频率达到供电要求时，由GCU控制使RAT输出接触器（RGLC）闭合。GCU将电压调节在115 V，并提供过压、馈电线短路故障、欠频保护和BIT功能。涡轮中的机械调速器在整个飞行包线范围内将发电机转速调节在一定范围内，以确保应急状态的供电质量。

（4）当涡轮转速下降到使发电机发生欠频故障时，RAT输出接触器（RGLC）断开。若转速恢复使欠频故障消失，则RGLC自动接通。

（5）RAT释放后将保持释放状态到飞机着陆阶段。飞机着陆后，须经地勤人员检查后，才能用手动回收泵将RAT收回到机内。RAT的结构设计应确保无需专用地面设备，就可以在任何地方将RAT收起。

2.3.2 航空蓄电池

蓄电池又称二次电池或可充式电池。这类电池在放电后，可以用充电方法使其活性物质完全复原并继续放电，而且充电和放电能够反复循环多次。如铅酸蓄电池、镉镍蓄电池、氢镍蓄电池、锌银蓄电池、钠硫电池和锂离子电池等。其中碱性蓄电池中的镍镉蓄电池，因其低温性能好，使用寿命长，在航空领域方面得到了广泛应用。

航空蓄电池在现代大型飞机上主要有以下一些功能：

（1）在地面电源无效时，可以用蓄电池给机上部分负载供电或用以启动辅助动力装置，这时蓄电池应能在短时间内输出大电流。

（2）在应急情况下，可以由蓄电池向最重要的飞行仪表、无线电导航及通信等设备提供应急电源。

1）铅蓄电池

航空用铅蓄电池，由多个单格蓄电池串联而成。例如，型号为12HK－28的铅蓄电池，HK表示航空用，12表示串联单格电池个数，因每个单格电池的额定电压为2 V，故电池组的额定电压为24 V，28表示电池容量，单位为Ah。

蓄电池的充放电特性是重要特性，其中放电特性曲线是指以一定电流放电时，电池端电压与时间关系的曲线。同样,充电时电池端电压与时间关系曲线称充电特性曲线,航空用铅蓄电池充放电特性如图 2-18 所示。

图 2-18(a)为放电曲线,其中曲线 2 是铅蓄电池端电压与时间关系曲线,曲线 1 是电动势与时间关系曲线。刚放电时电动势下降速度较快,此后逐渐减慢。放电完毕的象征之一是电动势下降速度再次加大,若此时将外电路切断,电动势又稍许回升。电池端电压的下降速度比电动势下降速度更快,因为电池内阻随放电时间的增长而加大。放电到 *D* 点的电压叫终止电压。铅蓄电池的终止电压为 1.7V。

铅蓄电池的放电特性和放电电流及电池温度的关系如图 2-18(b)和(c)所示。放电电流小,则放电时间长,电池电压高,终止电压也较高。反之,放电电流大,则放电时间短,电池电压低,终止电压也低。电解液温度高,内阻小,放电电压高,但温度太高,会缩短极板的寿命。

图 2-18(d)曲线 3 是铅蓄电池的恒流充电特性曲线,曲线 4 是充电过程中电动势的变化规律。充电结束时,极板上活性物质几乎全部还原,电池电压达 2.3V。若此后继续通电,电解液的浓度不再增加,充电电流只用于水的电解,负极板逸出氢气,正极板逸出氧气,电极电位增加,电势升高,单格电池电压达 2.6V,表示充电过程结束。

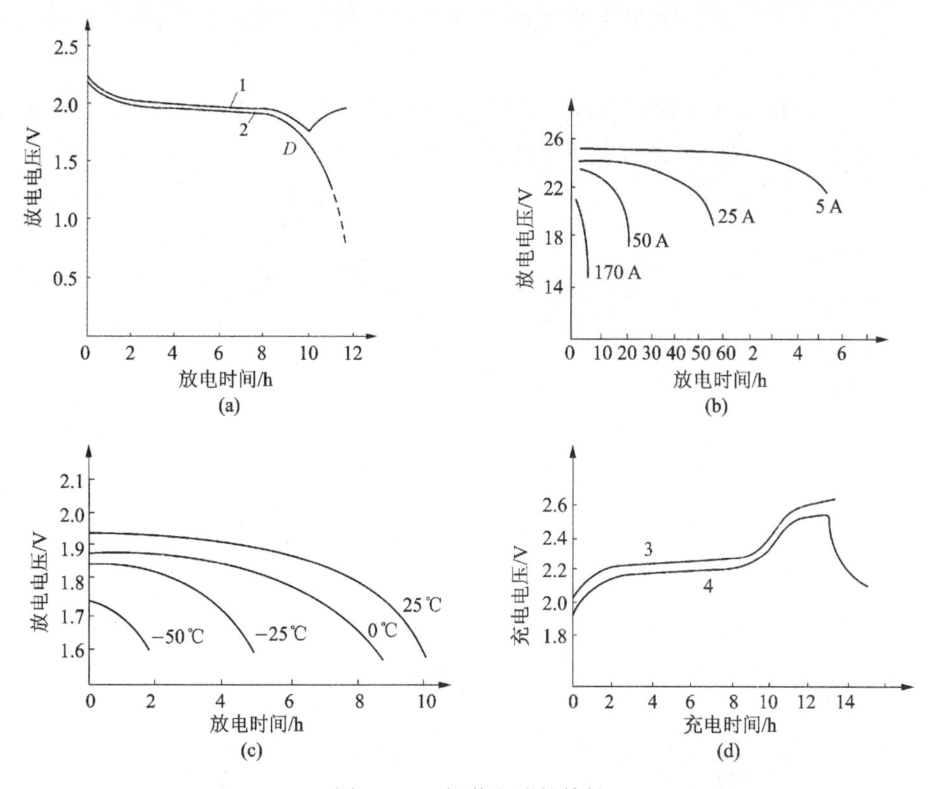

图 2-18 铅蓄电池的特性

(a) 单格铅蓄电池的放电曲线 (b) 电池组不同放电电流时的放电曲线
(c) 温度对电池放电的影响 (d) 单格蓄电池的充电曲线

1—电动势；2—电压；3—电压；4—电动势

通常在电解液温度为25℃，以额定电流连续放电，放到终止电压的时间(单位h)与放电电流(单位A)的积为电池的额定容量。例如12HK30航空铅蓄电池以3A电流放电10h，终止电压为1.7V，故额定容量为30Ah。

蓄电池实际容量一般比额定容量大些，但是，放电电流大小和电解液温度高低会影响活性物质的利用率。在低温、大电流放电时，电池容量会显著减小。

铅蓄电池的极板和电解液中往往含有金属杂质，它们与极板有效材料构成微型电池，并由电解液短路。即使外电路未接通，也存在内部电化学反应，消耗有效材料，这就是自放电现象。因此，长期存储的铅蓄电池必须定期充电。

2) 锌银蓄电池

锌银蓄电池是以金属锌为负极，银的氧化物为正极，氢氧化钾水溶液为电解液的碱性电池。锌银蓄电池不但比能量高，而且比功率也很大。

(1) 锌银蓄电池充放电特性。

锌银蓄电池充放电特性如图2-19所示。图2-19(a)是额定容量为45Ah的锌银蓄电池以4.5A和9A放电时的特性，有明显的两个阶段，第一阶段电压较高，电压下降较快，但时间较短，第二阶段电压低些，但在一个相当长时间内电压变化较小。与铅蓄电池不同，锌银蓄电池不能通过检测端电压来判断放电程度，而应用安时表来确定放电情况。

图2-19(b)是大电流放电特性，放电曲线的阶段性不明显了。由图可见，蓄电池的内阻很小，大电流放电时电压下降量不大。

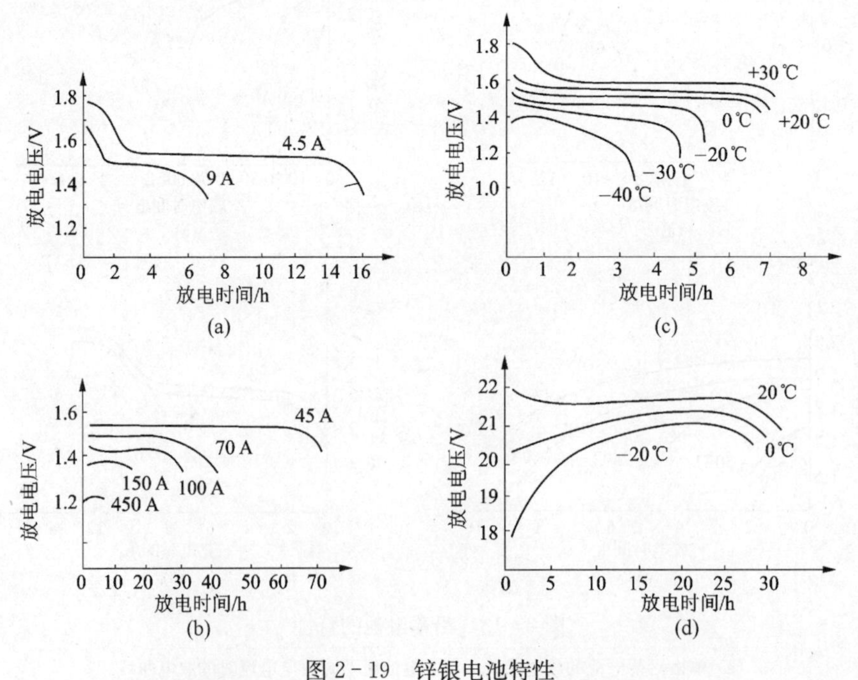

图2-19 锌银电池特性

(a) 放电特性 (b) 不同放电电流特性 (c) 9A放电电流时温度影响 (d) 100A放电特性

图 2 - 19(c)是放电电流为 9 A，不同温度下的放电特性。在－20℃，放电时间为 5.3 h，放电电压只有 1.44 V；而在＋20℃，放电时间为 7.3 h，电压为 1.54 V。因此，低温时蓄电池容量减小，内阻却大。

图 2 - 19(d)是大电流(100 A)放电时的特性。这时，即使在低温下，大的放电电流也使电解液温度很快升高，初始放电电压为 20.4 V(单格电池电压为 1.36 V)，11 min后电压增加到 21 V。

锌银蓄电池的容量也随放电电流加大和温度的降低而减小。

锌银蓄电池的充电特性也有明显的阶段性，第一阶段电压为 1.62～1.64 V，第二阶段为 1.92 V 左右。

(2) 锌银蓄电池的特点。

锌银蓄电池与其他蓄电池比较，锌银蓄电池的优点是：①比能量高，其中比能量为 60～160 Wh/kg、比功率为 30～400 W/kg；②内阻小，大电流放电特性平坦，放电时间只受蓄电池发热限制；③充电效率和能量输出效率高，容量输出效率是蓄电池输出容量与充电时输入容量之比，能量输出效率是放出电能与充电时输入电能之比；其容量输出效率＞95％，能量输出效率为 80％～85％；④干存储时间长，可在 5 年以上。

锌银蓄电池的缺点是：①充放电循环寿命短，约 150 次，而铅蓄电池为 300 次，镉镍蓄电池达 1 000 次；②电湿搁置寿命短；③高低温特性差，锌银蓄电池在－20℃以中等电流放电，只能输出 50％的容量，在大于 60℃高温存放，电池湿搁置性能和循环寿命明显降低；④价格贵。

3) 镉镍蓄电池

镉镍蓄电池以金属镉为负极，氧化镍为正极，氢氧化钾(氢氧化钠)水溶液为电解液。镉镍蓄电池的充放电特性如图 2 - 20 所示。

镉镍电池的放电曲线如图 2 - 20(a)所示，放电过程中电压变化较小。蓄电池的终止放电电压与放电电流大小和放电时间有关，放电电流大，则放电时间短；放电电流小，则放电时间长。

所以蓄电池终止放电电压可由放电时间来确定，10 h 放电的终止电压为 1.1 V，1 h 放电为 0.5 V，如图 2 - 20(b)所示。

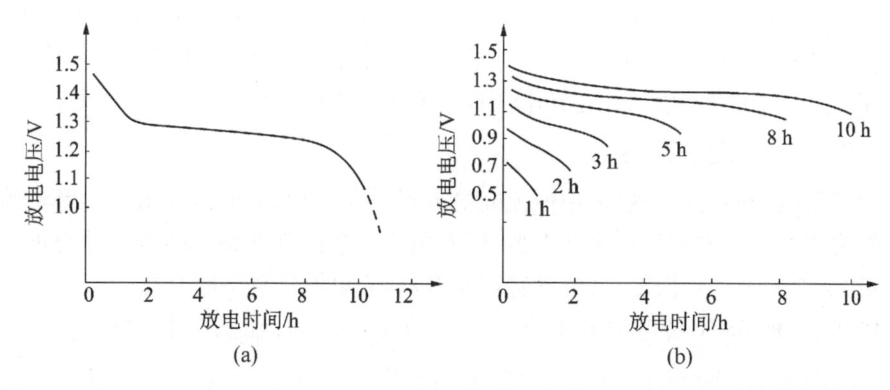

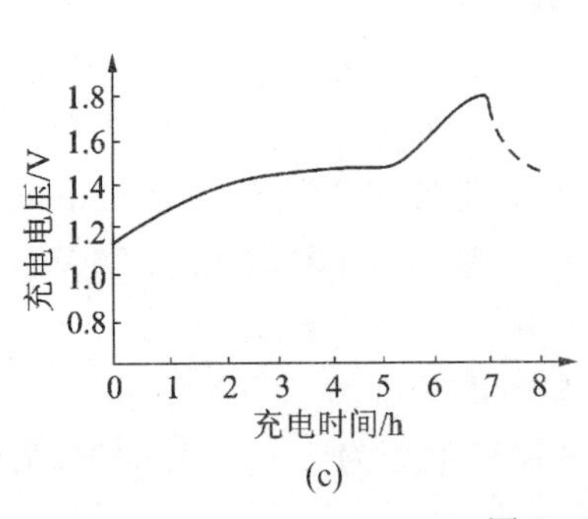

(c)

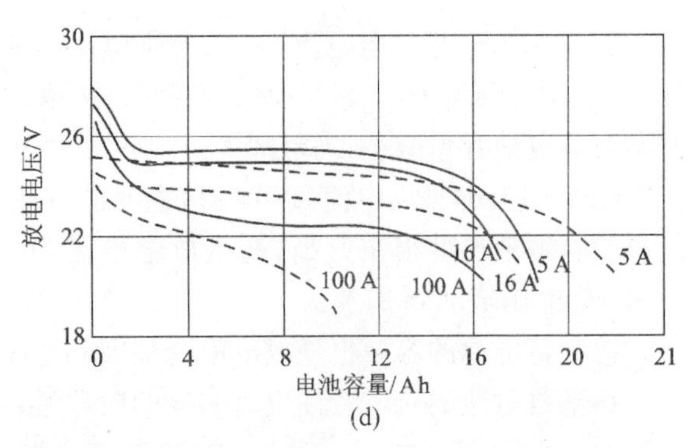

(d)

图 2-20 镍镉蓄电池的电气特性

(a) 单格电池的放电曲线 (b) 不同放电时间的放电曲线
(c) 单格电池的充电曲线 (d) 电池容量与放电电流间关系
实线—镍镉蓄电池;虚线—铅蓄电池

图 2-20(c)是蓄电池的充电特性。在充电的第一阶段,极板上恢复的活性物质为氢氧化镍和镉,充电电压在 1.5 V 左右。第二阶段生成高价氢氧化镍和铁,电压达 1.8 V。此后继续充电会导致水的电解,形成附加气体电极电位。切断电源后,电动势为 1.48 V。故这种电池充电时可能有气体逸出。

图 2-20(d)是镉镍蓄电池与铅蓄电池的放电曲线,由图可见镉镍蓄电池放电电压平稳,下降量少,特别是大电流放电特性平坦。

镉镍蓄电池在生产中有镉污染,会引起镉中毒,目前趋于用氢镍蓄电池取代。

4) 锂电池

锂电池通常是指以金属锂(Li)为阳性活性物质的一类化学电源的总称。其以比能量、比功率高和储存寿命长的显著特点而被航天技术领域所关注,并已应用。

金属锂是电位最负、比能量最高的金属材料,以锂为负极的化学电源必然具有工作电压高、比能量高的优势。由于使用质子惰性(无 H^+)的无机、有机溶剂配制电解液,使得锂电池具有比水溶液体系化学电源宽广得多的使用温度范围。另外,几乎所有锂电池都采用各种各样的密封结构形式,为此锂电池储存寿命长,最长可达 10 年以上。但是,锂电池也存在明显的缺点和不足,其安全问题成为人们关注的焦点,电压滞后现象也影响了锂电池的推广和应用。为了防止电池出现不安全行为,几乎所有锂电池都配备了安全装置或采取了其他安全措施。电压滞后是由于金属锂极其活泼,表面很容易形成一层保护膜的缘故。但正是因为金属锂表面的钝化膜保护了锂电极,避免了锂的进一步氧化、腐蚀,才使锂电池具有极其优异的储存性能。

2.3.3 蓄电池充电器

镍镉蓄电池的充电一般采用恒流充电方式,故必须用蓄电池充电器。蓄电池充电器的构成与电子式变压整流器类似,但有恒流充电控制电路。随着电池充电时间的加长,电池容量逐步恢复,故电动势不断升高,充电电压也不断升高。

例如,一种 38 A 蓄电池充电器的主要技术数据为:输入三相 400 Hz、105~

122 VAC,满载相电流为 7.5 A。有三种工作模式:

(1) 恒流充电工作模式,充电电流(38±2)A,充电电压 20～36 VDC。

(2) 恒压充电工作模式,充电电压(27.75±0.3)VDC,充电电流 0～(38±2)A。

(3) 变压整流器工作模式,输出电压(27.75±0.3)VDC,电流 0～(64±1)A。正常过充电时间等于基本充电时间的 5%,大容量过充电时间为基本充电时间的 10%。变换效率不小于 82%。三种模式之间可以自动或人工转换。

图 2-21 是充电器的特性曲线,图 2-21(a)是恒流充电特性,充电电压变化时电流基本上不变,左边特性对应于交流电源电压较高时,右边特性对应于较低的电源电压。

图 2-21(b)是恒压特性,即充电电压与充电时间的曲线,随着充电时间的增长,充电电压升高。在基本充电时间的后期,电池已接近充满电,故充电电压急剧升高。电压达 31 V 时,转入过充电工作区段,此时充电电压进一步升高,此段时间较短,然后转入恒压工作区间。

图 2-21(c)是变压整流器工作方式时的外特性曲线,此曲线分为两段,即恒压

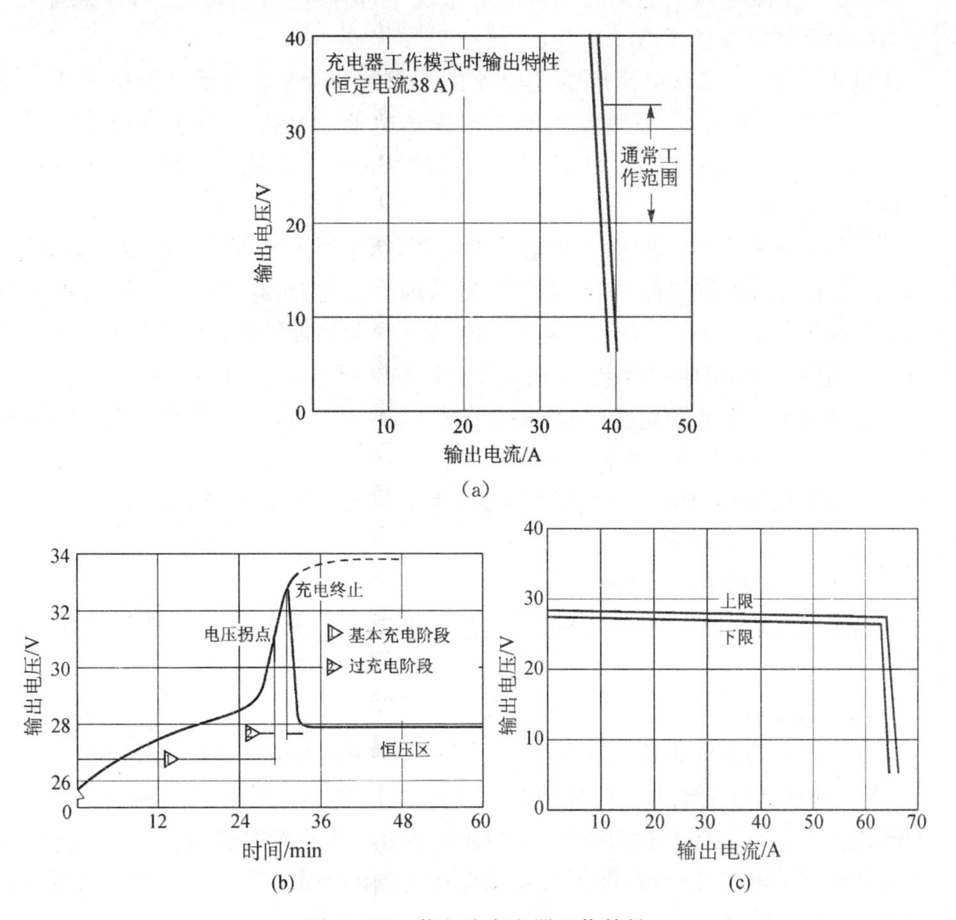

图 2-21 蓄电池充电器工作特性

(a) 恒流充电工作模式时的充电电压与电流曲线 (b) 充电电压与时间关系曲线
(c) 变压整流器工作方式时外特性曲线

工作段和限流工作段。随着交流电源电压的变化,输出电压也有些变化,但与电磁式变压整流器相比,变化量显著减小。在限流工作段,输出电压随电流的增加而迅速减小,以免功率电子器件损坏。

2.3.4 静止变流器

静止变流器(INV)将28 V低压直流电变换为115 V/400 Hz的交流电,即采用半导体器件来实现电能变换,取代了早期飞机上使用的旋转变流机。与早期旋转变流机比较,由于没有旋转部件,因此称之为静止变流器。静止变流器的功率损耗和噪声大大减少,在体积重量、可靠性及经济性等方面均优于旋转变流机。

1) 静止变流器在民机上的应用

目前,静止变流器在飞机上可以作为二次电源或应急交流电源使用:

(1) 在以直流电为主电源的飞机电源系统中,用作二次电源,为必须采用交流电的用电设备供电。

(2) 在以交流电为主电源的飞机电源系统中,提供应急交流电源,为维持飞行所必需的交流用电设备供电。

在以115 V/400 Hz交流电为主电源的大型客机上,静止变流器应用于所有交流发电机都不能工作,只有蓄电池能够提供电能的情况。静止变流器将蓄电池提供的低压直流电变换为115 V/400 Hz的交流电,提供给使用交流电的应急设备使用。

某大型客机配置有1000 VA的静止变流器,用于以下情况:①在APU起动时,给APU燃油泵的提供电能,将点火装置接通到蓄电池上,起动APU发动机;②在充压空气涡轮(RAT)放下时(<10 s),为ECAM显示装置供电;③在地面上,只有蓄电池可使用时,给按钮电门供电;④在紧急着陆的情况下,放下起落架。

对于蓄电池提供直流电能,电压的变化范围比较大,因此要求静止变流器在输入电压为18~32 V范围内正常工作。

静止变流器在实现电能的直交变换时,为了使直流侧和交流侧能够正确接地,需要有电路中隔离的结构。

2) 静止变流器的基本结构

根据不同的输入输出电气要求,航空静止变流器的典型构型一般有两类,简述如下:

(1) DC/AC构型。

直接把输入的直流电逆变成所要求频率的交流电,再通过输出变压器将电压升至115 V。逆变部分主电路结构如图2-22(a)、(b)所示。图(a)称为推挽式,图(b)称为桥式。为了减小功率管的损耗,必须让功率管工作在开关状态。

这种构型的输出变压器,除了将输出电压升高到所需的大小外,同时实现了输入输出端的电气隔离。

这种构型的特点是:由于只含有一级逆变环节,所以具有结构简单、电力电子元

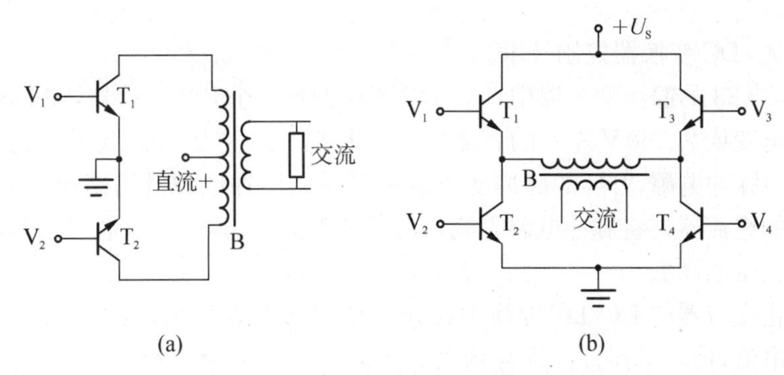

图 2-22 DC/AC 型静止交流器构型

(a) 推挽式 (b) 桥式

器件少、转换效率高、成本低等优点，但由于输出侧有中频变压器，导致设备体积重量偏大，声频噪声较大，同时对于输入电压和负载波动的抗干扰能力较差。

(2) DC/DC-DC/AC 构型。

结构示意图如图 2-23 所示，前级 DC/DC 变换电路将输入的直流电变换到后级逆变器所要求的输入电压值，同时实现输入和输出的电气隔离；DC/AC 变换电路再将直流电逆变成所需要的交流电。

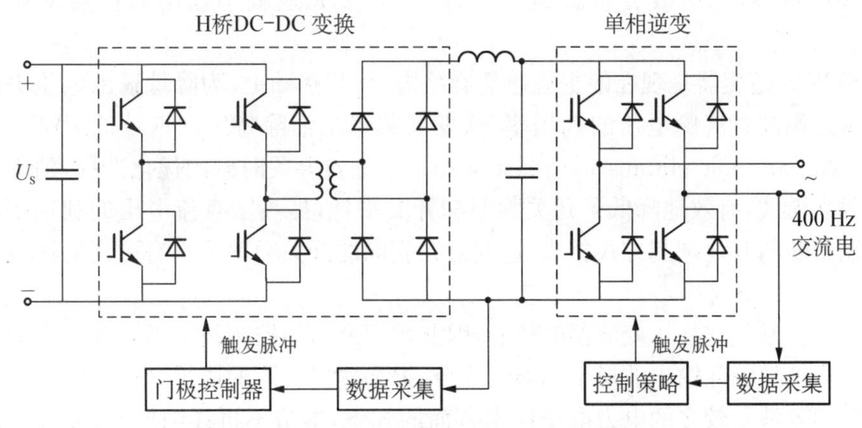

图 2-23 DC-DC-AC 型静止变流器构型

这种构型的特点是：由于增加了前级 DC/DC 变换装置，成本变高，并且系统的效率会相应降低。但是，利用了高频的脉冲变压器取代了笨重的中频变压器后，降低了逆变器的重量。通过控制 DC/DC 电路的占空比，可以实现直流电压的控制。

由于功率电子器件性能的改善、控制技术的成熟，使得 DC/DC-DC/AC 构型的静止变流器在效率上、成本上得到改善，得到更广泛的应用。

3) 静止变流器的控制技术

对于 DC/DC-DC/AC 构型的静止变流器，人们就电力电子控制技术进行了大量的研究。

(1) DC/DC 变换器控制技术。

在图 2-23 的静止变流器中,DC/DC 变换器是一个升压变换器,需要将 28 V 左右的直流电变换为 160 V 左右的直流电。H 桥结构的逆变器将低压直流电变为高频(10 kHz)脉冲电源,升压的脉冲变压器将低压的脉冲电源升为高压脉冲电源,变压器副边的整流器再将脉冲电源整流为高压的直流电,其中可以通过控制脉冲的占空比控制电压的高低。

在静止变流器的 DC/DC 变换中,低压端的逆变控制是关键,由于相同功率下低压导致大电流,使功率器件的损耗增大。人们对此研究较多的是软开关技术,即通过自激的方法将低压直流电源变为振荡的脉冲电源,逆变器在零电压时导通,在零电流时关断,以降低逆变器的损耗。

(2) DC/AC 变换器控制技术。

在图 2-23 的静止变流器中,DC/AC 变换器是将直流电逆变为 400 Hz 的正弦波的交流电。脉宽调制式逆变器具有电路简单、输出电压波形谐波含量小等优点,因而得到了广泛应用。由于输出矩形脉冲序列的脉冲宽度按正弦规律变化,因此这种调制技术通常又称为正弦脉宽调制(sinusoidal PWM, SPWM)技术。通过数学分析,精确选择脉冲的宽度,就可以消除 3, 5, 7, 9 次等谐波分量。半个周期中的脉冲波越多,总谐波含量就越少,因此可以极大地减小输出滤波器的体积和重量。

SPWM 逆变器是现在的主流逆变器结构,在此基础上,为降低输出电压中的谐波含量及提高直流侧电压的利用率,又发展起来了消除特定次谐波的 PWM 技术(selected harmonic elimination pulse width)。通过开关时刻的优化选择,消除选定的低频次谐波,有效地降低了开关频率和开关损耗,提高了直流电压的利用率。这种控制策略与其他调制方式相比,逆变器在相同的开关频率下具有更高的输出电压质量。

逆变器是航空静止变流器的核心,因此采用合适的控制技术可以在允许的指标下最大限度地消除输出波形中的谐波成分,提高输出波形的质量、电源性能和效率。这部分内容涉及较多的电力电子技术方面的知识,本节不再详细展开,读者可以参阅电力电子方面的相关书籍。

2.4 中短程客机(A320)的供电系统与供电方式

中短程客机一般为单通道的窄体客机,包含 A320, B737 等。中短程客机供电系统一般为双主发电机结构,形成双通道供电系统。本节以 A320 飞机的供电系统为例,如图 2-24 所示,讨论中短程客机供电系统的结构和采用的供电方式。

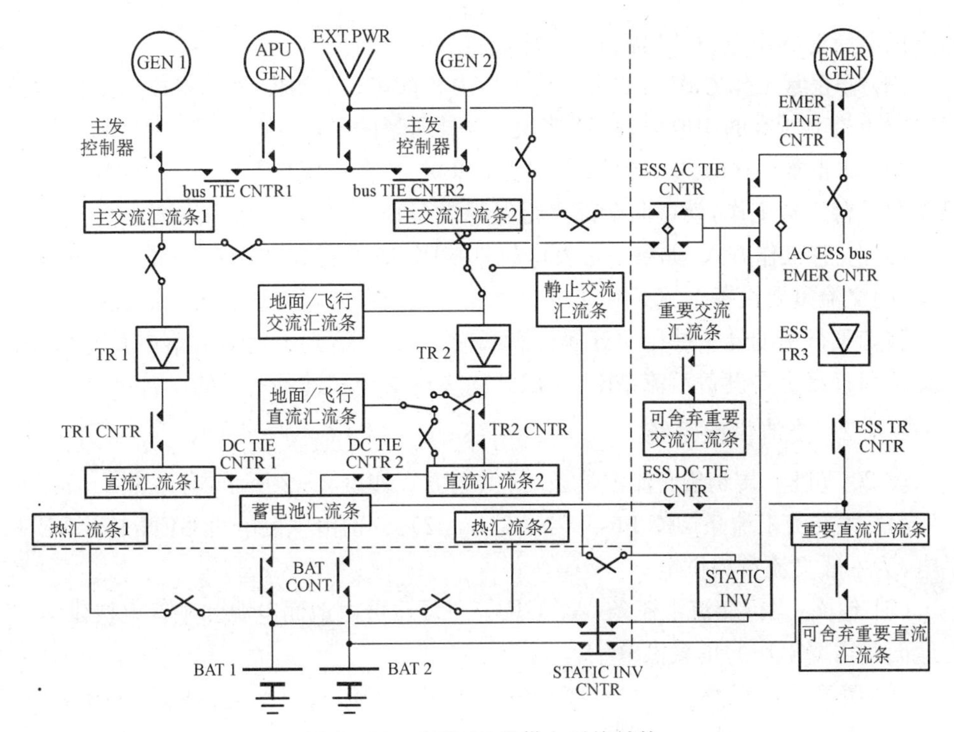

图 2-24 A320 飞机供电系统结构

2.4.1 飞机的电源配置

在如图 2-24 所示的 A320 飞机的供电系统结构中，主电源由两台主发电机 GEN 1 和 GEN 2，一台辅助发电机 APU GEN，一台应急发电机 EMER GEN 和外部电源接口 EXT. PWR 组成。二次电源包括三台变压整流器 TR1，TR2 和 ESS TR3，应急直流电源为两台蓄电池。将空客 A320 飞机的电源配置情况如表 2-1 所示。

表 2-1 A320 飞机的电源配置

电源名称	英文符号	电源设备名称	电源规格	容量
主交流电源	GEN 1 和 GEN 2	恒速恒频(IDG)	三相 115 V/400 Hz	90 kVA×2
APU 交流电源	APU GEN	APU 发电机	三相 115 V/400 Hz	90 kVA
应急交流电源	EMER GEN	RAT 发电机	三相 115 V/400 Hz	7.5 kVA
应急交流电源	STATIC INV	静止变流器	单相 115 V/400 Hz	1 kVA
外部电源	EXT. PWR	地面电源装置	三相 115 V/400 Hz	90 kVA
直流电源	TR1 和 TR2	变压整流器	DC28V	200 A×2
重要直流电源	ESS TR3	变压整流器	DC28V	200 A
应急直流电源	BAT1 和 BAT2	蓄电池	DC28V	23 Ah×2

A320 飞机交流供电系统采用了的供电方式有：

(1) 正常工作方式：两台主发电机正常，则 APU 发电机可以不投入工作，能够向飞机上所有的用电设备提供充足、符合质量的电能。

(2) 非正常工作方式1:如果一台主发电机故障,则APU发电机投入工作,仍然能够向飞机上所有的用电设备提供充足、符合质量的电能。

(3) 非正常工作方式2:包括两台主发电机、一台APU发电机的三台发电机中,只要有一台正常工作,就可向全部飞行保障设备和一部分生活设备供电。

(4) 应急工作方式:如果三台发电机都故障,应急发电机(RAT GEN)自动投入工作,向交流重要设备汇流条和通过3号变压整流器向直流重要设备汇流条供电。

假如飞行速度低于冲压空气涡轮满载输出的要求,则由自动脱落电路把可脱落的交流和直流重要设备汇流条断开,以便向飞行安全和进场所需的设备供电。

2.4.2 交流供电系统

A320飞机上共6条交流汇流条,其供电方式如表2-2所示,具体为

(1) 主交流汇流条(AC bus 1和AC bus 2):分别由主发电机GEN 1和GEN 2供电,为一般交流负载供电。

(2) 地面/飞行交流汇流条(AC GRD/FLT):可由地面电源和主发电机供电,为在地面时需要工作的负载供电。

(3) 静变交流汇流条(AC static inv):由静止变流器将蓄电池电源变换为交流电供电,是最关键负载使用的汇流条。

(4) 重要交流汇流条(AC ESS):主/辅助发电机正常时,由主/辅助发电机供电,主发电机故障时,由应急发电机供电,接飞机上的基本(重要)负载。

(5) 可舍弃重要交流汇流条(AC Shed. ESS):由重要交流汇流条(AC ASS)供电,接基本负载中相对不重要的负载,在供电不足的情况下可舍弃的负载。

表2-2 交流汇流条供电方式

汇流条名称	地面	正常	GEN1故障	GEN2故障	GEN1,2故障	GEN1、2、APU故障	负载级别
AC bus 1	—	GEN1	APU	GEN1	APU	—	一般
AC bus 2	—	GEN2	GEN2	APU	APU	—	一般
G/F bus	地面	GEN2	GEN2	APU	APU	—	地面
ST INV	BAT	—	—	—	—	BAT	关键
ESS	—	GEN1/2	GEN2/APU	GEN1/APU	APU	EM GEN	关键
SH ESS	—	GEN1/2	GEN2/APU	GEN1/APU	APU	EM GEN	重要

根据表2-2的数据,可以得到交流汇流条的供电容错水平(由低到高)。

(1) 主交流汇流条(AC bus 1和AC bus 2):只要GEN1,GEN2和APU三台发电机中任意一台正常,汇流条有电。即仅当GEN1,GEN2和APU三台发电机全故障时,汇流条才无电。

(2) 可舍弃重要交流汇流条(AC Shed. ESS):只要GEN1,GEN2和APU三

台发电机中任意一台正常，汇流条有电。即使 GEN1，GEN2 和 APU 三台发电机全故障，RAT 发电机工作时仍然有电，只有在 RAT 发电机输出能力不足时，脱离重要交流汇流条，才无电。

(3) 重要交流汇流条(AC ESS bus)：只要 GEN1，GEN2 和 APU 三台发电机中任意一台正常，汇流条有电。即使 GEN1，GEN2 和 APU 三台发电机全故障，RAT 发电机工作时仍然有电。

(4) 静变交流汇流条(AC Static inv)：所有发电机都失效、仅有蓄电池能够供电时，由静止变流器将蓄电池电源变换为交流电供电，是供电的容错能力最高的汇流条。

2.4.3　直流供电系统

A320 飞机的直流电源由两台为普通负载供电的变压整流装置(TRU1 和 TRU2)、一台为重要负载供电的变压整流装置(ESS TRU3)实现。作为应急电源有两台 23 Ah 的蓄电池 BAT1 和 BAT2。

A320 飞机上共 8 条直流汇流条，供电方式如表 2-3 所示，分别为

(1) 主直流汇流条(DC bus 1，DC bus 2)：分别由 TRU1 和 TRU2 供电，为一般直流负载供电。

(2) 主直流汇流条(DC3)：可由 DC1、DC2、蓄电池和应急 TRU3 供电，容错供电能力很强，为重要的直流负载供电。

(3) 地面/飞行直流汇流条(DC ground/flight)：由于 TR2 可由地面电源(EXT，PWR)供电，因此该汇流条可为在地面时需要工作的负载供电。

(4) 热(蓄电池)汇流条(hot bus 1 和 hot bus 2)：分别由蓄电池 BAT1 和 BAT2 供电，为不间断汇流条，为计算机负载供电。

(5) 重要直流汇流条(DC ESS)：可由应急 TRU3 供电，也可由蓄电池汇流条供电，接飞机上的基本(重要)负载。

(6) 可舍弃重要直流汇流条(DC Shed. ESS)：同样可由应急 TRU3 供电，也可由蓄电池汇流条供电，接基本负载中相对不重要的负载、在不得已的情况下可舍弃的负载。

表 2-3　直流汇流条供电方式

汇流条名称	正常	TRU1 故障	TRU2 故障	TRU12 故障	TRU123 故障	负载级别
DC bus 1	TRU1	—	TRU1	—	—	一般
DC bus 2	TRU2	TRU2	—	—	—	一般
DC ESS bus	TRU3	TRU3	TRU3	TRU3	BAT2	重要
DC ESS SHED	TRU3	TRU3	TRU3	TRU3	BAT2	重要
G/F DC	TRU2	TRU2	—	—	—	一般，地面
DC BAT bus	TRU1/2	TRU2	TRU1	TRU3	BAT1/2	关键
hot BAT1	TRU1/2	TRU2	TRU1	BAT1	BAT1	关键
hot BAT2	TRU1/2	TRU2	TRU1	BAT2	BAT2	关键

根据表2-3的数据，可以得到直流汇流条的供电容错水平(由低到高)。

(1) 普通直流汇流条(DC bus 1 和 DC bus 2)：正常时分别由 TRU1 和 TRU2 供电，而 TRU1 和 TRU2 的电源为两台主发电机和 APU 发电机，因此只要两台主发电机和 APU 发电机中 1 台正常，则两台 TRU 有电，如果任何一个 TRU 故障，则对应的汇流条将无电。

(2) 可舍弃重要直流汇流条(DC ESS Shed.)：连接在重要直流汇流条(DC ESS bus)上，由 TUR3 供电。只要 GEN1、GEN2、APU 发电机和应急(RAT)发电机中任意一台正常，并且 TRU3 正常，则汇流条有电。只有在 RAT 发电机供电，并且 RAT 发电机输出能力不足时，脱离重要直流汇流条，或者 TRU3 故障时才无电。

(3) 重要直流汇流条(DC ESS bus)：由 TUR3 供电，只要 GEN1，GEN2，APU 发电机和应急(RAT)发电机中任意一台正常，并且 TRU3 正常，则汇流条有电。只有在 RAT 发电机故障，或者 TRU3 故障时才无电。

(4) 蓄电池汇流条(DC BAT bus)：可以由直流汇流条1或者2或者重要直流汇流条供电，当三条汇流条都失电时，由蓄电池1或者蓄电池2供电，是供电的容错能力最高的汇流条。

(5) 热汇流条(hot bus 1 和 hot bus 2)：可以由蓄电池汇流条(DC BAT bus)供电，但是始终连接在蓄电池上，形成不间断供电方式。

2.5 远程客机(B777)的供电系统与供电方式

B777 是一款由美国波音公司制造的远程双发动机宽体客机，是目前全球最大的双发动机宽体客机。远程客机对供电性能有更高的要求，这里以 B777-200A 飞机为例，分析其供电性能和供电方式。

B777 是波音首款使用电传(FBW)飞控技术的飞机，所有飞行操纵面都是利用液压驱动，由计算机控制的各种飞行动作可避免飞行员做出过分激烈的飞行动作。

2.5.1 远程客机的电源配置

B777 客机采用 115/200 V，400 Hz 的三相机械液压式恒速恒频交流供电系统。主电源为两台 120 kVA 的机械液压式组合电源装置(IDG)，次级电源为变压整流器(TRU)，备份电源为两套 20 kVA 的变速恒频交流发电机/功率变换器组件，辅助电源为 1 台由 APU 驱动的 120 kVA 的交流发电机，应急电源为由冲压空气涡轮(RAT)驱动的应急发电机和蓄电池。另外，在飞机上还为飞行控制系统配备了由 4 台永磁发电机组成的专用电源，如表2-4所示。

表2-4 波音 B777 客机的电源配置

电源名称	英文符号	电源类型	输出	功率
主电源	L IDG 和 R IDG	恒速恒频(IDG)	115 V/400 Hz	120 kVA×2
APU 电源	APU GEN	APU 驱动	115 V/400 Hz	120 kVA

（续表）

电源名称	英文符号	电源类型	输出	功率
备份电源	BU GEN	变速恒频	115 V/400 Hz	20 kVA×2
应急电源	RAT GEN	RAT 驱动	115 V/400 Hz	7.5
外部电源	EXT PWR	地面电源	115 V/400 Hz	90×2
直流电源	L\R TRU，TRU C1/2	变压整流器	DC28V	200 A×4
专用电源	PMG L1/2，R1/2	永磁发电	DC28V	20 kVA×4
直流应急电源	main battery，APU battery	蓄电池	DC28V	47 Ah×2

将表 2-1 所示的 A320 飞机的电源配置与 B777 比较，存在以下的差异：

（1）同样是两台恒速恒频的主发电机，但是发电机的容量得到增加，A320 飞机为 90×2kVA，而 B777 为 120×2kVA。根据图 2-25 所示的 B777 飞机在巡航飞行时重要负载的用电情况，达到 117 kVA，如果要求单台发电机的容量就能够满足要求，则单台发电机的容量应达到 120 kVA。

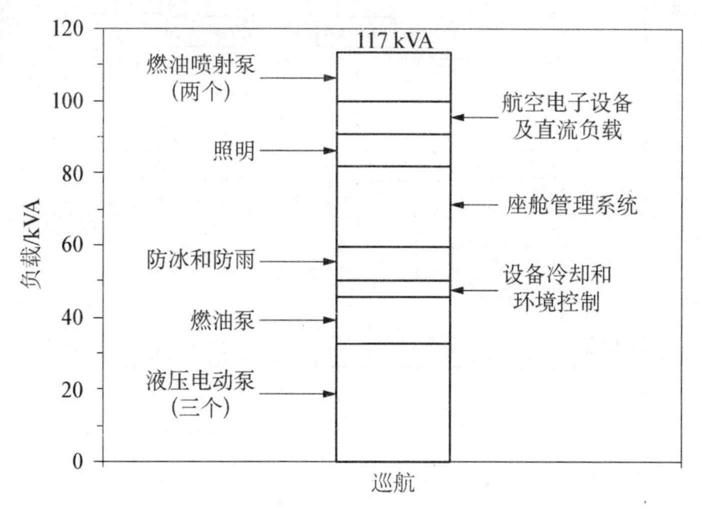

图 2-25 B777 飞机在巡航飞行时重要负载的用电容量

（2）APU 发电机在空中可以作为主发电机的备份，因此容量也应与主发电机相同。A320 飞机的 APU 发电机容量为 90 kVA，而 B777 飞机 APU 发电机容量与主发电机相同，也提升至 120 kVA。

（3）交流供电系统增加了两台 VSCF 的备份电源，其作用是使 B777 飞机像三发动机的干线飞机一样具有足够的电源余度，并为飞机在辅助动力装置不工作时越洋飞行创造条件。

（4）直流供电系统增加了四台专用电源，其中两台作为飞控系统的专用电源，为飞控系统实现电传(FBW)控制提供足够的电源。

2.5.2 交流供电系统

B777飞机的供电系统结构如图2-26所示，其中交流供电系统由两台120kVA的IDG，作为备份电源的两台20kVA的变速恒频交流发电机，1台120kVA的辅助电源，1台冲压空气涡轮(RAT)驱动的应急发电机和9条交流汇流条组成。

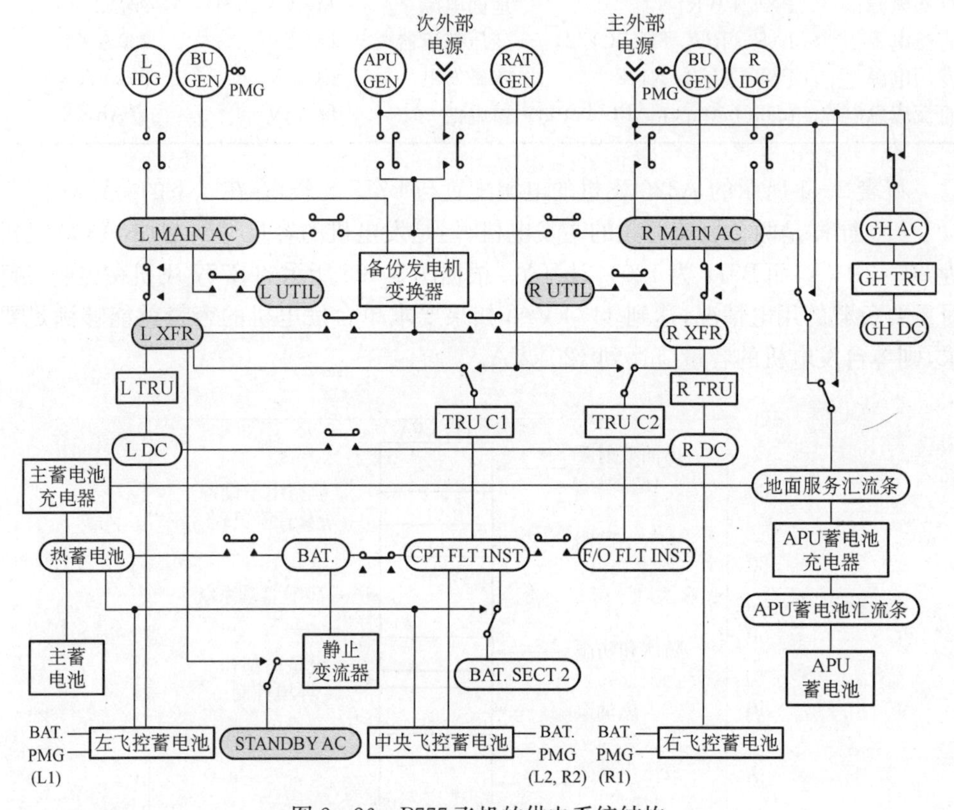

图2-26 B777飞机的供电系统结构

这里交流供电系统的供电方式按照汇流条来讨论：

(1) 左右主交流汇流条(L main AC和R main AC)。

在正常情况下，左、右主交流汇流条与左、右主发电机(L IDG和R IDG)连接，每台主发电机仅向各自的主交流汇流条供电。当1台主发电机不工作时，可由辅助电源向有关的主交流汇流条供电。

在主交流汇流条之间装有连接断路器，当1台主发电机发生故障时，汇流条连接断路器将自动闭合，使正常工作的主发电机向两个主交流汇流条供电，每台主发电机的发电容量足以向所有重要设备供电，如图2-25所示。

(2) 左右转换汇流条(L XFR和R XFR)。

左、右转换汇流条分别由左、右主交流汇流条供电，也可由备份发电机(BU GEN)经备份发电机变换器供电。BU GEN变换器既可由左备份发电机供电，也可由右备份发电机供电。在 BU GEN 变换器向左(或右)转换汇流条供电时,同时控制 TBB 和 CCB 两断路器,实现转换汇流条的不中断切换。

左、右转换汇流条为左、右变压整流器(L TRU 和 R TRU)和电源可控的变压整流器(TRU C1 和 TRU C2)供电。

(3) 左右通用汇流条(L UTIL 和 R UTIL)。

左、右通用汇流条分别由左、右主交流汇流条供电,接普通的用电设备。

(4) 地面交流汇流条。

交流地面作业汇流条(GH AC)既可由辅助发电机(APU GEN)供电,也可由 1 号外部电源供电,两电源由地面作业继电器 GHR 选择。该汇流条仅在地面时才能通电。

地面服务汇流条(GND SVC)可以由右主交流汇流条,接 1 号外电源,或接到 APU 发电机。GND SVC 既可在地面时供电,也可在飞行时供电,主蓄电池和 APU 蓄电池的充电器均接于此汇流条上。

(5) 备份交流汇流条(standby AC)。

备份交流汇流条(standby AC)正常时从左转换汇流条取电,当左转换汇流条失效时,从静止变流器接收电能,实际上是从蓄电池取得电能。

2.5.3 直流供电系统

B777 飞机的直流供电系统,由 4 个变压整流器(TRU),4 台专用电源、2 台蓄电池和 8 条直流汇流条组成。可以将汇流条分为以下几个供电水平。

1) 左右直流汇流条(L DC bus 和 R DC bus)

左、右直流汇流条(L DC bus 和 R DC bus)分别由左、右变压整流器(L TRU 和 R TRU)供电,而左、右变压整流器(L TRU 和 R TRU)分别由左、右转换汇流条供电。

LDC 与 RDC 汇流条之间有直流汇流条连接继电器(DC bus TIE RLY),当左右变压整流器任何一台故障时,继电器接通,可使正常的 TRU 为两条汇流条供电。

2) 机长与正驾驶员飞行仪表汇流条(CPT FLT INST 和 F/O FLT INST)。

机长与正驾驶员飞行仪表汇流条分别由变压整流器 TRU C1 和 TRU C2 供电。变压整流器 TRU C1 和 TRU C2 正常时由转换汇流条供电,应急状态时由冲压空气涡轮发电机(RAT GEN)供电。故 TRU C1 和 TRU C2 比 L TRU 和 R TRU 供电的容错能力更强,失电可能性很小。机长与正驾驶员飞行仪表汇流条还可由主蓄电池供电。

3) 蓄电池、热蓄电池和 APU 汇流条(BAT, hot BAT 和 APU BAT)

蓄电池和热蓄电池汇流条由主蓄电池供电,而 APU 汇流条由 APU 蓄电池供电。主蓄电池和 APU 蓄电池可以互换,都为镍镉蓄电池,额定容量 47 Ah,重48 kg。主蓄电池在以下场合使用:①飞机在地面时向直流用电设备供电;②飞行时向 RAT 的放出装置供电;③在 RAT 尚未工作而其他电源已损坏后,向飞行重要用电设备供电，供电时间应不少于5min。APU蓄电池用于起动APU发动机。

蓄电池充电器将AC电能转为DC电能，以供蓄电池充电或向汇流条供电。它有4个工作模式，3个为充电模式，1个为TRU模式。TRU工作时输出电流为65A。

4）直流地面作业汇流条（GH DC）

该汇流条仅在地面时才能通电，由交流地面作业汇流条（GH AC）供电，再经地面作业变压整流器（GH TRU）变换为28V直流电引到汇流条上。由于该汇流条的电源是在地面工作，与其他汇流条供电情况独立，因此一般不放在供电水平中讨论。

2.5.4 飞控系统的供电方式

B777是首款使用电传飞行控制技术（fly by wire）的波音商用飞机，其中使用AR1NC629数据总线使导线束从B767的600个减至400个，导线接头从4860个减到1580个。全数字电传（fly by wire）飞行控制系统既降低重量，又比传统的机械操纵减少了维护工作量。

1）飞控系统电源组件（PSA）的电源类型

B777客机飞行控制系统的供电方式如图2-27所示。其中有三台飞控系统电源组件（PSA），定义为左、右或中间飞控系统电源组件（left PSA，right PSA和center PSA）。飞控系统电源组件（PSA）内有飞控直流汇流条（FC DC bus），该汇流条的电能经过断路器送到各飞控设备，包括驾驶员飞行控制器（PFC）、作动器控制接口（ACE）等。

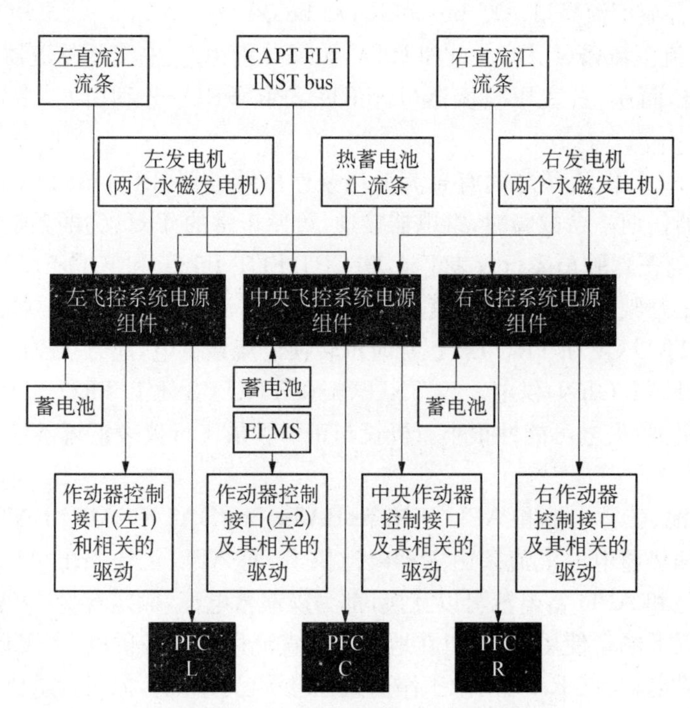

图2-27 B777客机飞行控制系统的直流电源

由图2－27可见，飞控系统电源组件(PSA)有很高的容错供电能力，可由以下方式供电：

(1) 直流汇流条供电。PSA可以由左、右直流汇流条(L DC或者R DC)、热蓄电池汇流条(hot BAT)或机长飞行仪表汇流条(CPT FLT INST)供电。这些汇流条在直流供电系统正常时均可为PSA提供电源。

(2) 专用电源(永磁发电机)供电。在B777飞机上设有4台作为专用电源的永磁发电机，电源经电子装置变换为28 V直流电源。4台专用电源分为左、右两组，每组2台发电机，定义为L1，L2，R1，R2，可为PSA供电。

(3) 专用蓄电池供电。每个PSA上还设有小型飞控蓄电池(FCDC)，以免中断供电，实现不间断供电。

2) 飞控系统电源组件(PSA)的供电方式

如图2－27所示，每台飞控系统电源组件(PSA)都有多重供电电源，并且是不同类型的电源，分别为

(1) 左飞控系统电源组件(见图2－27中的中央PSA或者图2－26中的L FCDC PSA)有4种供电电源：左直流汇流条(L DC bus)、热蓄电池汇流条(hot BAT)、作为专用电源的永磁发电机(PMG L1)和专用蓄电池(battery)。

(2) 右飞控系统电源组件(见图2－27中的中央PSA或者图2－26中的R FCDC PSA)有3种供电电源：右直流汇流条(R DC bus)、作为专用电源的永磁发电机(PMG R1)和专用蓄电池(battery)。

(3) 中央飞控系统电源组件(见图2－27中的LEFT PSA或者图2－26中的C FCDC PSA)有5种供电电源：机长飞行仪表汇流条(CPT FLT INST)、热蓄电池汇流条(hot BAT)、作为专用电源的2台永磁发电机(PMG L2和R2)和专用蓄电池(battery)。

以上分析可知，飞控系统电源组件(PSA)有着非常强的容错能力，保证在任何严酷的情况下能够正常工作，以保证飞机的安全。

对本章进行总结如下：

本章首先讨论了传统的大型客机的电源，一般均包含了主电源、辅助电源、应急电源和二次电源。目前大型客机均采用恒速恒频发交流发电机(IDG)作为主电源，APU电源作为地面或者空中的备份电源，RAT发电机作为应急电源，蓄电池作为最后的应急电源。

A320飞机属于比较传统的客机，其供电系统的管理采用汇流条完成负载管理。即在A320飞机的供电系统中，设置了不同供电能力的汇流条，例如一般汇流条、重要汇流条、可卸载汇流条等，电源通过汇流条的切换实现负载管理。

B777飞机属于先进的传统客机，采用电气负载管理器(ELMS)实现对负载的管理，可以实现分布式配电结构，除了与飞控系统相关的专用汇流条外，其他用电设备不再根据负载的级别连接到特定的汇流条上。

3 民用多电飞机供电系统

对于全世界的民机设计人员来说,多年来一直追求的是民用飞机有更高的可靠性和安全性,以及减少运行及使用的寿命周期成本。近几十年来,飞机上多种二次能源被考虑用单一的电能来取代,成为一种飞机能源发展的趋势。多电飞机即根据此基本思路,虽没有使飞机的二次能源完全电气化,但在一定范围内取得了显著的进展。

3.1 发展中的民机电气系统的结构

为了对民机多电飞机的思想有一个了解,这里首先根据多电飞机技术的发展过程,分析不同时代民机电气系统的结构特点,以及对电源系统新的技术挑战。

3.1.1 先进的传统民机电气系统

这里提及的先进的传统民机电气系统,是指虽然没有采用多电技术,但是在飞控系统采用了电传(fly by wire, FBW)技术,是当前 A340, B777 等民机的典型结构。

1) 二次能源的结构

图 3-1 所示是飞控系统采用了 FBW 技术的先进非多电民机的电气系统结构。由图可见,飞机能源装置除主发动机(MENG)外,还有辅助动力装置(APU)、应急动力装置(RAT)和地面电源(GP)。其中主发动机(MENG)、辅助动力装置(APU)、应急动力装置(RAT)均通过齿轮箱驱动发电机(GEN),构成主电源、辅助电源和应急电源。

另一方面由图 3-1 可见,在主发动机(MENG)和应急发动机(RAT)上还装有液压泵(HYD pump),构成主液压源和应急液压源,部分飞机的 APU 上也安装液压源,形成辅助液压源。

同时主发动机(MENG)和 APU 上有引气装置 P,即该飞机采用的是包含液压能,电能和引气的混合二次能源。

2) 电气系统的特点

目前大部分民机的主电源由恒速装置和电磁式同步发电机组成,即所谓组合传动发电机(IDG)系统,输出 115 V/400 Hz 的三相交流电。由于恒速装置不能逆向传动,使得 IDG 不能实现起动/发电的功能,因此主发动机必须由专门的起动装置,即

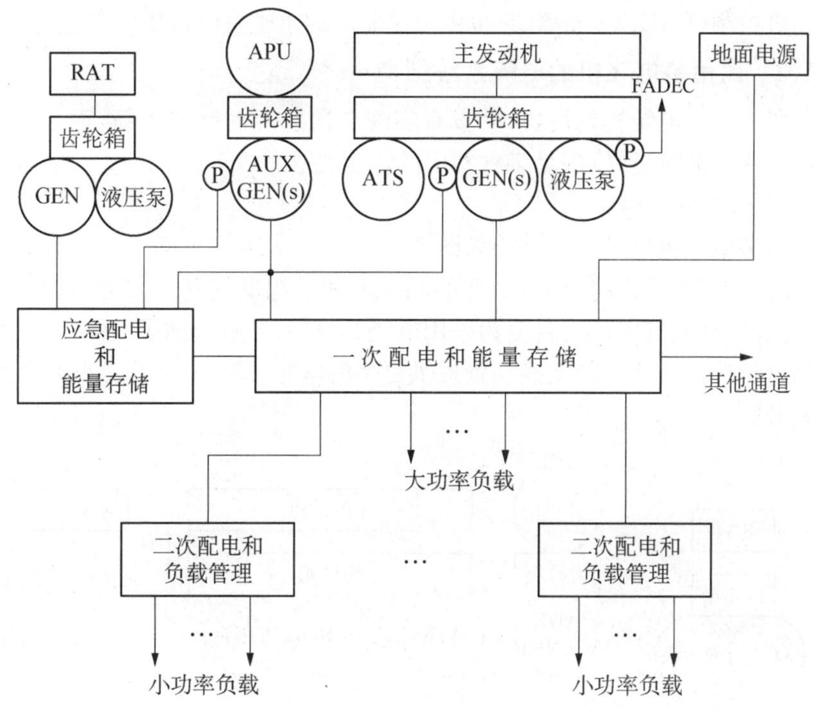

图 3-1　民用 FBW 飞机电气系统

空气涡轮起动器(ATS)来起动,而 ATS 由 APU 供气。

辅助动力单元(APU)经减速器驱动 APU 发电机。由于 APU 的转速基本稳定,因此 APU 发电机不需要恒速装置,就能够产生 115 V/400 Hz 的恒频交流电。没有恒速装置使 APU 发电机在技术上能够实现起动/发电,因此交流起动/发电系统已经在部分民机的 APU 上使用。

冲压空气涡轮(RAT)是应急动力,在所有发动机故障时提供紧急动力,驱动电能变换及液压能变换装置,它由一个适当大小的电池供电。

最近部分先进的非多电飞机的电源也采用变频发电机(VFG),由于没有恒速装置,使得电源频率是变化的,变换频率为 360～800 Hz,如 A350 飞机。

大型运输客机将供电系统的配电管理分为一次配电管理和二次配电管理,其中一次配电管理针对主电源、应急电源和大功率用电设备的供电进行管理。

3) 飞控系统的供电特点

图 3-1 所示的电气系统中,主发电机系统、辅助/备用发电机系统与紧急或临界飞行系统都是相互隔离的。每个系统都有自己的变换、分配及电能储存(蓄电池)设备,所有工作的电气通道都是相互隔离的,为 FBW 设备和非 FBW 设备的高性能运行提供电能。飞行控制的主、次舵面驱动能源是由液压系统提供的。

在主电源失效时,永磁发电机组及相关的转换调节装置将提供 28 V DC 以完成 FBW 控制。此系统结构一般用于民用及军用的 FBW 中,并与飞机发动机的全权限数字发动机控制(FADEC)隔离,它也由减速驱动的永磁发电机供电。

3.1.2 民用多电飞机的电气系统结构

目前研究的多电结构的民机,并没有实现二次能源的彻底更新,而是完成了一种在能源使用上的改进,以满足某种特定的性能要求。

1) 二次能源的结构

典型的多电飞机电气系统结构如图 3-2 所示,从结构表面上看,与图 3-1 比较,二次能源的结构并没有改变,改变的只是增加了用电设备。因为多电飞机是将部分原采用液压能、气能的设备变为采用电能的设备,导致增加了新的用电设备。

显然这种改变需要电能变换装置提供更多的电能,即要求供电系统的发电能力大幅度提升。

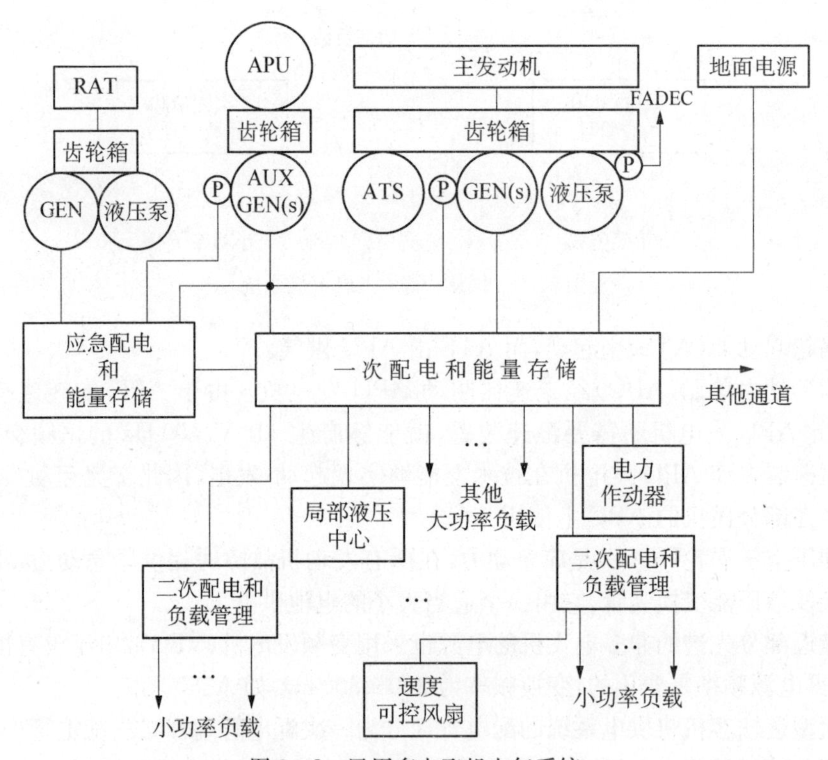

图 3-2 民用多电飞机电气系统

目前在民机上发展的多电技术有以下几个方面:

(1) 多电飞机发展的技术之一是电力作动技术,通过电力来控制飞行舵面,可以使液压管道的数量和需求大量减少。电力作动器(electric actuator)普遍应用于提高升力的增升翼面的控制,并且被用在主飞行控制舵面和应急飞行舵面上,作为液压作动器的备份,如在大型商业飞机上的水平安定面作动系统。

(2) 采用可调速的驱动电机与风扇集成的鼓风机,首次应用于 A340,由于减少了发动机引气，这更有利于控制飞行气流及噪声。

(3) 进一步发展中的液压系统的电气化技术，采取大功率电动机驱动液压泵与局域油箱结合，形成分布式局域液压中心(LHC)。研究表明在大型运输机中，此项改进是很有意义的。用于LHC的液压油冷电机驱动功率已可达100 kW。

2) 电气系统特点

多电飞机的电源容量需要大大增加，首先需要发电技术的更新，要求电源能够提供翻几番的容量。

传统民机采用的恒速恒频电源装置，由于大幅度增加发电容量存在一定的难度，导致新型的电源系统产生。多电民机采用的新型电源为变频电源，同步发电机去掉恒速装置后，转速的变化使得产生的电源频率发生变化，提供115 V/360～800 Hz或者230 V/360～800 Hz的变频交流电。

多电民机有比传统飞机更大规模的供电网络。多电飞机要求电源容量大范围地递增，使得主发电机的数量增加，形成更多的供电通道、更大的供电网络。传统民机大部分为双主发电机结构，目前服役的A380，B787飞机，以及验证机A320ME均为四台主发电机结构，形成的是四通道供电网络。

多电飞机要求有更高的容错供电能力。除了主发电机的数量增加外，APU发电机、辅助电源、应急电源的数量和容量都应有所增加，使容错供电能力远高于传统飞机。对于飞控系统采用了电力作动器的多电飞机，作动器的容错供电性能是必须关注的问题之一。

3.1.3 民用全电飞机的电气系统结构

全电飞机的概念首先是在1977年由美国空军飞行动力学实验室提出的，随后该观点被广泛地讨论，技术上也获得了很大的发展。在20世纪80年代初期，NASA Langel研究中心支助了波音公司研究由洛克希德-加利福尼亚公司提出的综合数字/电气飞机(IDEA)的概念，并得出了大量需要仔细考虑的工程化问题。

1) 二次能源结构

全电飞机的二次能源完全采用了电能，不再有液压能和从发动机引气，结构如图3-3所示。全电飞机的能源系统结构的特点为：

(1) 主发动机、辅助动力装置(APU)以及应急动力装置(RAT)输出只需要驱动发电机，即只有电能变换器，不再有液压泵和发动机引气装置。

(2) 主发动机、辅助动力装置(APU)均采用起动/发电机起动，即发电机能够实现双功能，完全取消了为起动发动机而安装的ATS。

(3) 将飞控系统的液压作动器改为电力作动器，从而增加了各种电动机系统，包括需要伺服控制的电动机控制系统和驱动型电动机控制系统。

(4) 环控系统改为空气循环或水蒸气循环的环境冷却方法，将引气进行冷却控制改为电能控制，同时机翼采用电气防冰和除水。

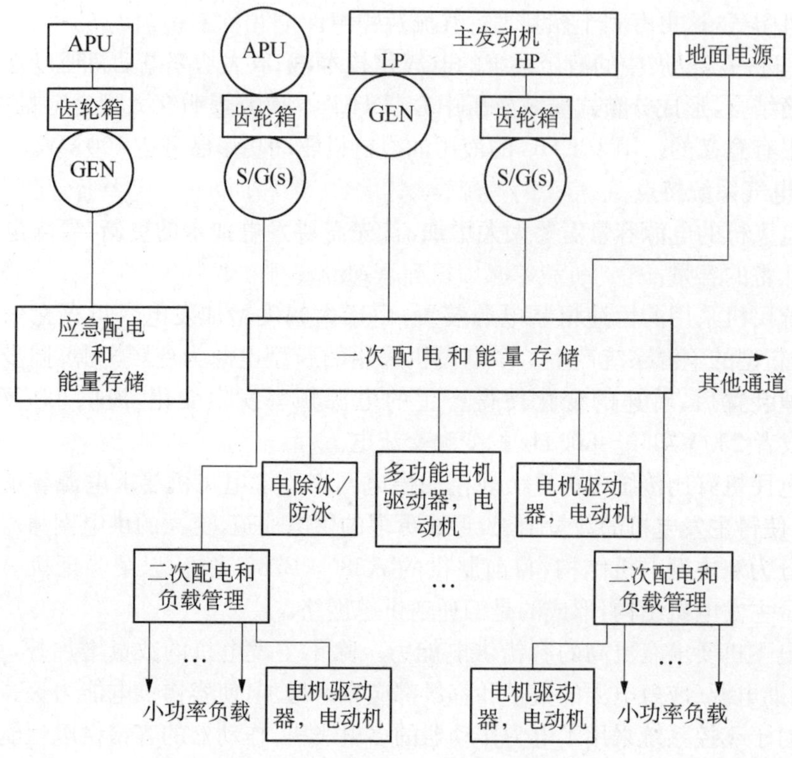

图 3-3 民用全电飞机电气系统

2) 电气系统特点

在全电飞机的研究中，人们将重点放在以下技术的研究，其中部分技术也在多电飞机上得到使用。

(1) 采用双功能发动机起动/ECS 压气机电驱动控制器，即将变速压缩机的电机控制器与发动机起动控制器功能结合起来为一个单元。

(2) 采用标准 115/200 V AC 电压或 230/400 V AC 电压，这可由馈电线长度及设备的兼容性确定。

(3) 配电系统的结构，可以采用与图 3-1 和图 3-2 相似的初级和次级功率分配方案。

(4) 采用由 RAT 或发动机低压轴驱动的应急发电机，其中采用低压轴驱动的应急发电机时，可提高容错供电能力。

(5) 减少及取消点对点的控制信号线，并由远距离数据采集/控制器以及数字信号总线代替。

(6) 采用一个发动机驱动两台发电机的结构，可以提高可维护性及结构的灵活性。

(7) 变压/变频发电机输出变换成为 270 V DC 和标准 115/200 V AC，400 Hz 的交流电以更好地满足多种不同电气设备的要求。

全电结构的准确执行还必须提供与其关键性能相称的适当的余度技术。重要的大型电机主要负责附加主发动机起动,机翼加温,作动负载等。所带来的益处就是以前效率不高的多种子系统将得到平衡,如低空时的地面冷却负载代替了高空加压负载。

不管结构如何选择,相关的电源管理和配电系统在全电结构中通常侧重于负载管理,以达到预期的能源及设备的效率。为了更好地管理发动机功率,机翼加热、舱内气压、某些特殊的作动负载等必须得到合理的安排和调整。

3.2 多电飞机用电设备的功率需求

多电飞机采用电能取代液压能、气压能和机械能,使得采用多电技术的子系统增加了大量的大功率级别的用电设备,这些子系统可能为飞控系统、环控系统、防冰系统、液压系统等。为了满足用电设备的电能需求,电源系统必须了解用电设备的功率需求,来估计飞机对电能的需求,确定电源系统必须产生的电能容量。

3.2.1 飞控系统电作动的用电功率

飞控系统采用多电技术后,即采用电力作动器取代液压作动器后,原液压功率需要转换为电功率。

1) 电力作动器的工作原理

飞控系统的机电作动器可以用图 3-4 所示的框图来描述。数字控制器的功能是闭合伺服响应的内环和外环、给逆变器提供指令、与飞控计算机通信接口,逆变器的功能是给无刷电动机换相、进行转矩/转速控制、并对电动机进行电流限制。其中的机电作动器(EMA)是电动机、加速器与执行机构的组合,它把电能转换成能够驱动飞机舵面的机械能。

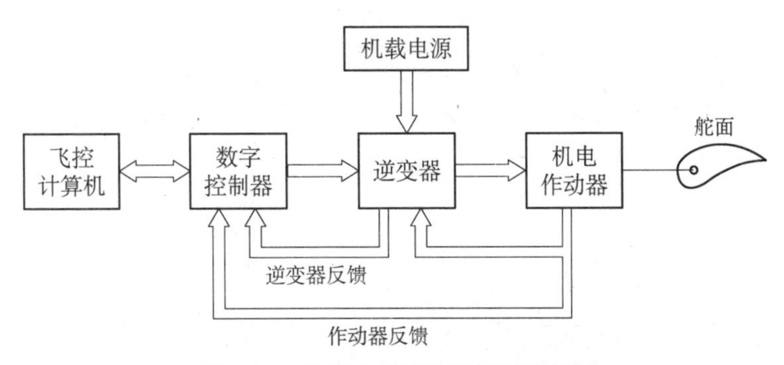

图 3-4 先进飞机舵面控制系统框图

飞机舵面控制系统为位置控制系统,从电动机控制的角度讨论,机电作动器的转矩方程为

$$T_e = J_{\sum} \frac{d^2\theta_m}{dt^2} + D_{\sum} \frac{d\theta_m}{dt} + K_\theta \theta_m + T_f \tag{3-1}$$

式中：$J_{\sum}$ 为系统总的转动惯量，包括电机转动惯量、机械传动装置的转动惯量、飞机舵面折算到电机侧的转动惯量等；$D_{\sum}$ 为电机和减速器等传动装置折算到输入轴的等效黏性摩擦阻尼系数；K_θ 为折合到电机轴上的单位铰链力矩；θ_m 是电机的偏转角度；T_f 为系统摩擦力矩。

2) 电力作动器的功率特性

在式(3-1)中，机电作动器的加速度 $J_{\sum} \frac{d^2\theta_m}{dt^2}$ 项和铰链力矩 $K_\theta \theta_m$ 项为电动机的主要负载力矩，而稳态的摩擦力矩 T_f 却非常小，约为电动机输出最大电磁转矩的1/10左右。要实现高动态性能的伺服控制，要求电动机能够产生很大的加速度 $J_{\sum} \frac{d^2\theta_m}{dt^2}$ 转矩，称为动态转矩，并且快速性要求越高动态转矩越大。因此在电力作动器中，电动机的负载不是通常在调速系统中常提到的恒转矩负载、恒功率负载，而是以实现系统的快速性为目标的动态负载。

例如某作动器运行的功率剖面如图3-5所示，在起动时摩擦力矩 T_f 很小，铰链力矩 $K_\theta \theta_m$ 由于 $\theta_m \approx 0$，阻尼力矩因为电机角速度 $\Omega = \frac{d\theta_m}{dt}$ 很低也很小，而电动机却要使电磁转矩 T_e 达到非常大来实现快速加速。而在起动后随着飞机舵面角度的增大，电机 θ_m 增大而使铰链力矩增大，使 T_e 达到最大值。当飞机舵面被控制达到希望的位置后，电机转速为0，只需要输出一定的转矩来保持舵面的位置，电机的功率又降到很低。

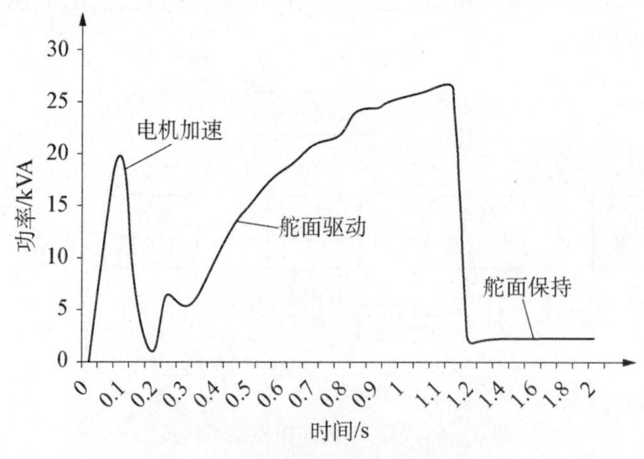

图3-5 电力作动器的功率剖面

电力作动器表现出图3-5所示的功率特性，在作为飞机供电系统的负载时，存在以下两方面的问题：

(1) 表现出的很大的瞬态功率，要求电源必须有足够的供电能力。虽然大功率出现的时间很短，整个过程才 1 s 左右，但是作为电源必须在该短时内输出足够的功率。

(2) 成为电网的扰动源，很可能引起电网电压的波动。即使电源有足够功率的供电能力，但是变化速度很快，如果电源的调节速度跟不上，就会使得电网出现不稳定。

3.2.2　电环控系统的用电功率

现今大型的民航客机的环控系统(ECS)主要采用空气循环制冷方式，即利用发动机压气机引气作为能源。ECS 的主要功用是：给驾驶舱、客舱增压、通风和控制其温度，给设备通风冷却。

1) 电环控系统的工作原理

电环控的内容之一是采用蒸汽循环制冷方式，来对座舱温度进行调节，对耗能设备进行散热和冷却。

蒸汽循环制冷中的重要部件为电驱动的涡轮机械(空气循环机 ACM)，一种紧凑式电动压气机组件。结构如图 3-6 所示，其中 HSM 为高速电动机(high speed motor)，转速需要控制在 50000 r/min 以上。

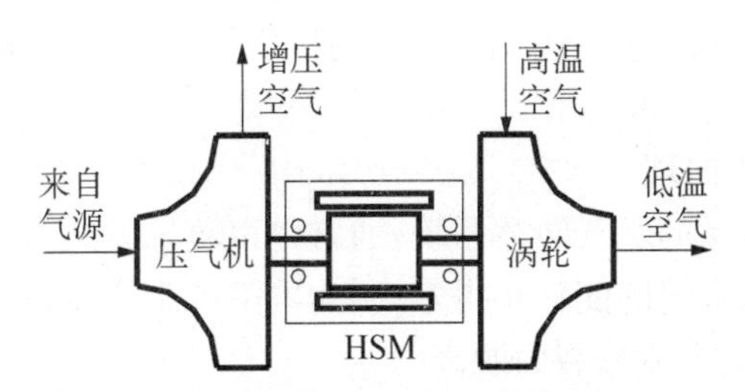

图 3-6　紧凑式电动压气机组件结构

转速在 50000 r/min 的范围内工作的电机，一般不能采用异步电动机，大部分采用无刷直流电动机，并且方便电动机的调速。

2) 电环控系统的功率

在飞机的所有非推进系统中，环控系统(ECS)和机翼防冰系统(WIPS)的能耗最大。某资料根据飞机体积大小近似估算，100 座和 350 座飞机的环控系统采用电能控制后的用电量如图 3-7 所示。

如图 3-7 所示，即使 100 座的客机，当仅进行增压和通风的调节时，就需要 90 kW的电功率，达到 A320 飞机和 B737NG 飞机的单台发电机的容量。如果考虑冷却的话，则需要 150 kW 电功率。

如果是 350 座客机，则仅进行增压和通风的调节时，就需要 300 kW 的电功率，而考虑冷却的话，则需要 400 kW 电功率。

显然，电环控需要增加的发电量是非常大的，电功率的增加是成倍的，这对于电

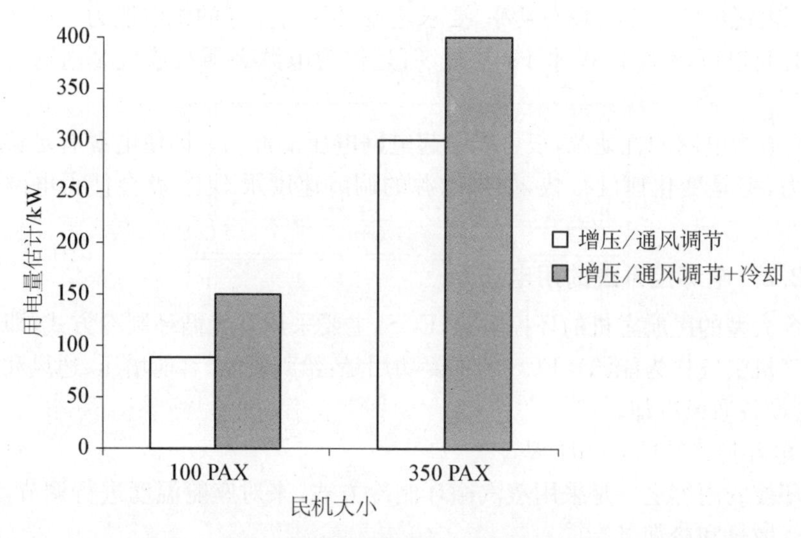

图 3-7　全电环控系统的用电量估计

源系统是巨大的挑战。

3.2.3　电防冰系统的用电功率

多电飞机使用电热防冰替代现在的发动机压气机引气防冰，要求的电功率也是非常惊人的。

1）电防冰的工作原理

大型飞机机翼前缘的引气防冰系统，通常是以蒸发方式来防止冰的形成。电除冰系统要比引气防冰系统的能耗小得多，因为电除冰系统仅仅加热结冰层与飞机表面间的连接面，使冰随气流分裂而脱离。

有很多可替代引气防冰技术的电防冰方案。其中包括电加热、电排斥（electro-expulsive）、电脉冲、超声波和高频电子除冰等。这些方案的关键技术仍在开发及试验阶段，需要在使用中进一步验证其可靠性。电加热除冰系统已用在水平和垂直尾翼、推进器桨叶、机头罩、直升机桨叶、发动机进气口和辅助进气口上；也已用在很多小的部件，如天线、吊舱、整流罩等上。因此发展电热除冰来替代传统的引气防冰方案是有道理的。

加热板面板由先进远程功率控制器（ARPC）控制，它用于控制连续循环电力负载的电源开关。通过可手动或自动控制飞机结冰探测器，探测结冰速度、厚度及冰型等参数，电防冰系统（IPS）自动调节循环时间和循环区域顺序，使其以合适的循环时间去依次除冰，而使平均能耗最小。

电加热除冰系统的加热板结构如图 3-8 所示，包含四个主要的部分：上表面、下表面、前缘破冰带和分离带。上下表面为循环负载，为加热板表面的主要部分。破冰带和分离带，为连续负载，在防冰过程中需连续供应电能。

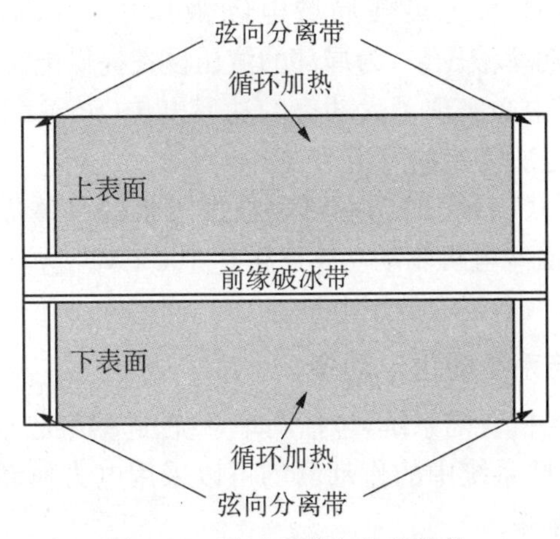

图 3-8 除冰系统加热板结构

2) 电防冰系统的功率需求

英国 Torsten Nielsen 和 Tim Smith 发表的，针对 100 座以上的大型客机提出的电防冰的方案，是对前缘破冰带和弦向分离带为连续电加热，对其他防冰表面为循环加热，通称其为“除冰”系统。

电防冰系统用电量与其他机载系统比较，用电量是最大的系统之一。根据该资料，防冰系统的用电量，对所有防/除冰区域，可以采用单位面积的耗电量来估算，为

$$P/S = 2.325 \times 10^{-4}\,\mathrm{W/m^2} \tag{3-2}$$

式中：P 为所需功率；S 为防冰的面积。

该文献指出，对于 150 座客机，电防冰所需要的功率数据如表 3-1 所示，总电功率的需求达到 180 kW，这对于所有飞机都是一个不小的数据，一般的航空发电机很难达到该要求。

表 3-1 某 150 座客机电防冰的用电量估计

部件	除冰带长度/m(ft)	除冰带宽度/m(in)	除冰面积/m²	耗电/kW
机翼	13.65(48)	0.3048(12)	3.465	103
水平稳定面	3.88(16)	0.3048(12)	1.487	42
垂直稳定面	6.4(21)	0.3048(12)	1.951	23
控制单元	—	—	—	3
合计			8.103	171

3.2.4 多电液压系统的用电功率

传统飞机的电动燃油泵是作为辅助、应急使用的，主要的液压源由发动机直接驱动的中央液压源产生。在一般的多电飞机上，主要的液压源仍然可以由发动机直接驱动的中央液压源产生，电动液压泵是作为辅助、应急使用。

液压系统的多电技术是实现局域电动液压中心(local hydraulic centers, LHC),即由电驱动大功率液压泵,为局部的液压设备提供能源。对于体积很大的大型客机,局域电动液压中心实现了大功率的功率电传(power-by-wire, PBW),能够有效地减小液压能传送所需要的管道等设备。

局域电动液压中心(LHC)的功率可以根据飞机的具体需要来确定,根据某资料,用于 LHC 的液压油冷电机驱动功率已可达 100 kW。这对于任何一种飞机的供电系统而言,显然都是一个巨大的用电量。

3.2.5 多电着陆系统的用电功率

这里讨论的多电飞机着陆系统,包括刹车系统、起落架收放系统、舱门开关系统和前轮转弯系统等,这些系统中的作动器均可以采用电力作动,而控制系统的原理应均属于位置伺服控制系统。

图 3-9 是全电刹车系统的控制与传动机构,可以看出全电刹车装置直接将电机放在刹车机轮上,采用蜗轮蜗杆与滚珠丝杠的传动装置,将电机的旋转变成刹车盘的轴向推力,移动动盘与定盘接触,产生摩擦力进行刹车。

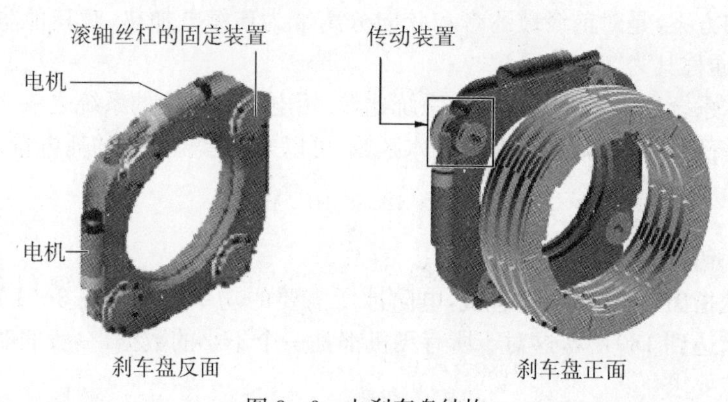

图 3-9　电刹车盘结构

显然,电刹车系统作为供电系统的用电设备,与飞控系统的机电作动器相同,属于短时工作的动态负载,其功率特性与图 3-5 所示的飞控系统电力作动器有相似之处。

电刹车系统包括 4 台电动机,根据某军用飞机资料,电刹车的电动机功率选择为 4×2 kW,而 B787 飞机上的电刹车功率为 4×2.5 kW。

着陆系统的其他作动装置,也因为属于位置伺服控制系统,因此需要的电功率也是短时的,功率特性也与图 3-5 所示的飞控系统电力作动器有相似之处。

3.2.6 多电飞机的供电容量

根据上述的分析,多电飞机的用电设备所需要的用电量的快速增加,要求飞机供电系统的容量也相应增加。

1）多电验证机 A320ME 的供电容量

多电验证机 A320ME 仅仅是在飞控系统实现了电作动，而主要的几种电源的供电容量如表 3-2 所示。表中还列入了体积大致相同的 A320 飞机、B737-800 飞机的电源容量，以便进行比较。

表 3-2　几种主要电源的电源容量比较

飞机型号	A320-200	B737-800	A320ME
主发电机/kVA	2×75/90 恒频	2×90 恒频	4×75 变频
APU 发电机/kVA	90	90	90
应急电源/kVA	RAT(5 kVA)	蓄电池	FDEPS(2×80)

由表 3-2 中的数据可见，由于飞控系统采用了电力作动器，电源容量有两方面的变化：

(1) 主发电机采用了变频电源，并且使主电源的容量增加很多。显然是为电力作动器而新增加的电能，虽然电力作动器的工作时间很短，但是电源必须按照峰值要求进行容量的设计。

(2) 应急电源采用了风扇轴驱动发电机(FSDG)，取代了 RAT 发电机。该发电机在发动机正常驱动时能够输出 150 kW 功率，而在发动机熄火后，以风车的状态进行发电，能够输出 25 kW 功率。这表明在风车状态也能够驱动一部分电力作动器。

2）多电飞机 B787 的供电容量

多电飞机 B787 是比较全面实现了多电技术的飞机，在飞控系统采用了机电作动器(EMA)，在环控系统采用电环控、电防冰代替了引气，在着陆系统采用了电刹车等。波音 B787 一次电源的供电容量如表 3-3 所示。表中还列入了体积大致相同的 B767 飞机、B777 飞机的电源容量，以便进行比较。

表 3-3　B787 飞机电源容量比较

飞机型号	B767	B777	B787
主发电机容量	恒频 2×90	恒频 2×120	变频 4×250
APU	恒频 90	恒频 120	恒频 2×225
备份电源		4×20 永磁发电机	—
应急电源	液压驱动交直双发 (5 kVA+1.5 kW)	RAT(7.5 kVA)	RAT(10 kVA)
蓄电池		2×47Ah	2×48Ah

3.3　多电飞机的新型电源系统

因为多电飞机要求电源供电容量成倍地增加，同时要求有标准的供电质量，很强的容错能力。这就需要电源类型、电源体制和电源装置的更新。

3.3.1 多电飞机的变频发电机

恒速恒频发电系统的特点是采用恒速传动装置将发电机转速稳定在某恒定转速下,使发电机输出恒频电源。然而,由于恒速传动装置是精密的液压机械装置,内部结构复杂、体积重量大,承载了齿轮传动、液压控制等功能,在长期的运行中可靠性相对较差。更重要的是,恒速传动装置的使用限制了交流发电机容量的增加,即研制更大容量的发电机在技术上存在一定的难度,目前装机的单机最大容量为120 kVA,安装在民用飞机 B777 上。

1) 变频发电机的原理

1999 年,美国 TRW 航空系统公司首先设计了一款适用于民用大飞机的高功率变频发电机。该发电机是三级无刷油冷电机,输出 120 kVA 的三相交流电,输出电压 115 V,频率范围在 380～780 Hz 之间,允许转速范围为 1 ∶ 2. 05。外形结构如图 3－10所示。

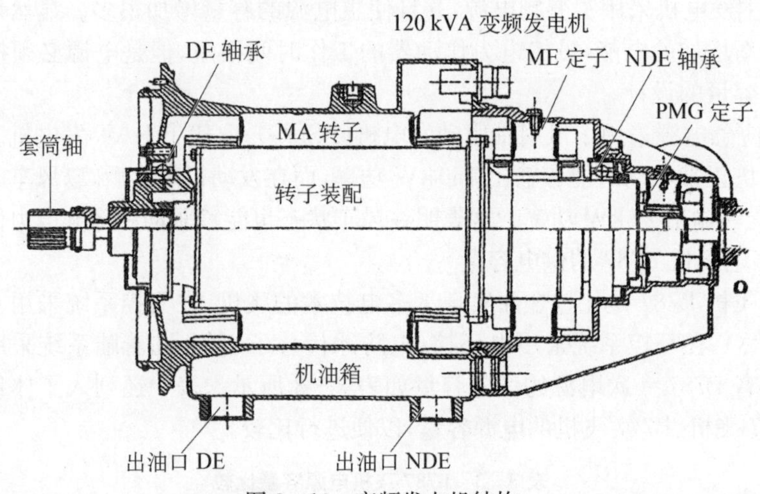

图 3－10 变频发电机结构

在未来,人们可以不再使用 115 VAC CF, 115 VAC VF 已经在 A380 和 TIMES MEA 上应用。现在,为了节约的电缆重量使电压升高,在 B787 飞机上看到 230 VAC VF 的使用。

变频发电机也可以采用 2. 1. 1 节讨论的三级无刷交流发电机,由于发电机直接与发动机机械传动装置连接,转速与发动机的转速成比例,而使发电机输出电源的频率随着转速变化而变化。当发动机转速在 1～2. 2 范围内变化时,电源频率就可以在 360～800 Hz 范围内变化。并且机械传动装置的减速比会使发动机慢车转速与电源最低频率(360 Hz)对应。目前制定的变频电源标准有两种,分别为

(1) 宽变频:电源频率变化范围为 360～800 Hz,电源电压为 115/200 V,或者 230/400 V 两种。

(2) 窄变频:电源频率变化范围为 360～600 Hz,电源电压为 115/200 V。

变频发电机输出电源的电压由发电机控制器(GCU)控制,通过调节励磁电流来实现电压的稳定。显然与恒频发电机比较,变频发电机要求 GCU 有更强的电压调节能力,不仅针对负载变化引起的电压变化进行调节,而且需要针对转速变化引起的电压变化进行调节。

2) 变频发电机结构特点

变频电源最早在涡轮螺旋桨飞机上已经使用多年。这种系统的电源质量问题一直没有引起更多的关注,因为它一般是用来加温和除冰,而且涡轮螺旋桨发动机的转速变化范围相对较小。对于转速变化范围较大的涡轮风扇发动机而言,在大多数负载使用的都是交流电的情况下,就有必要强调电源的质量了。

在 1991 年以后,卢卡斯宇航公司(已被 Goodrich 收购)研制出了可供转速范围较宽的涡轮风扇飞机使用的电源质量与当前的恒频(CF)系统的电源质量相同的变频(VF)电源系统。在不增加维护成本和确保其可靠性不低于恒速传动装置的前提下,这些变频电源系统便能够提供相同质量的电源。该公司对变频发电机的评估如下:

(1) 零部件的数量:一台变频发电机大约只包含 120 个零部件,而一台组合传动发电机(IDG)则大约有 400 个零部件。零部件数量的减少降低了变频发电机的购买价格、提高了它的可靠性,并大幅度地降低了它的维护成本。

(2) 可靠性:一份修理报告的统计数据表明一台组合传动发电机(IDG)的平均可靠性(平均故障间隔时间 $MTBF$)大约为 6000 h,尽管理论值比这要高。而一台变频(VF)发电机的平均故障间隔时间($MTBF$)超过了 30 000 h。

(3) 每个飞行小时的成本:一台组合传动发电机(IDG)的每飞行小时平均成本为 4.5 美元。而一台变频(VF)发电机的每飞行小时成本大约为 0.5 美元。因此,对于一架装有两台发电机的飞机而言,只发电机一项每个飞行小时便可节约 8 美元。

(4) 给发动机带来的优点:①与组合传动发电机相比较,变频发电机体积更小、重量更轻,所以发动机承受的悬挂力矩较小;②减小了振动、提高了可靠性;③变频发电机(VFG)的体积仅仅是组合传动发电机的 60%,所以安装更容易;④变频发电机以更高的转速运转,降低了扭矩;⑤与组合传动发电机比较,对发动机产生的阻力降低了大约 70%;⑥发动机在冷机以及在风车转动状态下更容易起动。

(5) 重量影响:由于变频发电机输出的频率是变化的电功率,飞机上的某些设备(如感应电动机等)需要增大体积,以便能够正常工作。尽管这将导致重量的增加,但由于变频发电机比组合传动发电机轻得多,所以使用变频发电机系统的重量还是比使用组合传动发电机(IDG)系统的重量小得多。

3) 变频发电机的供电特性

对变频(VF)电源而言,由于其系统电阻抗较高,要到达某些标准则更为困难。要保证可以接受的电源质量,将需要对发电机和系统设计采取一些特殊措施。

(1) 相电压不平衡度/相位移。

相电压不平衡度是由各相之间负载不平衡所引起的，由于在发电机阻抗和馈线阻抗上压降的不均衡而引起的。在馈线较长的大型飞机上，馈线阻抗起着主导作用。

在大型民用飞机的典型情况下，使用恒频(CF)电源的供电系统，由16%的负载不平衡在发电机接线端上所造成的电压不平衡度为3V，在调压点(POR)上造成的电压不平衡度为8V。而在变频(VF)系统中，在较高频率上电压不平衡度会更大，主要是由于馈线电抗的增大所引起的。在400 Hz频率上调压点(POR)电压不平衡度为8V(有效值)的大型飞机上，在最大频率上的电压不平衡度最高可到达12V。

(2) 总畸变系数。

在调压点(POR)上的电压波形的总失真度是波形的固有失真和失真的负载电流对电压的影响的综合结果。在变频(VF)系统中，由于整流器的负载数量可能更多，电源电抗也会更大，对单个负载电流失真的控制要求更加严格。对于大负载而言，甚至是12脉冲也不能被接受，普遍采用的一般是18脉冲和24脉冲整流。也使用了所谓的功率因数修正输入电路来降低失真度。由此可见，对电压谐波失真的控制主要在于设备供应商，并应该在任何新的电源规范文件中明确强调这一问题。

(3) 负载突变电压瞬变。

因负载突变引起的电压瞬变，主要原因是电源的瞬变电抗，馈线压降也会增大瞬变振幅，但它通常的影响程度较小。为了避免在高频上出现过大的负载转换瞬变，在设计变频(VF)发电机时，其纵瞬变电抗必须比恒频(CF)发电机的小。

例如：在400 Hz频率上的5V馈线压降，则在最大频率(800 Hz)上的电压阶跃将是36V，将这一阶跃与115V相加，便得到一个151V(有效值)的最大电压。在突卸1.5的额定负载时，电压阶跃为54V，得到的最大电压将是169V。

(4) 过电压特性。

在变频(VF)供电系统中，如果发电机工作在最大磁场、最高频率时，可以使最大电压值非常大。因此在设计发电机控制器(GCU)时，必须采取相应的措施确保在电源汇流条上出现过电压的概率小于10^{-9}/小时。

(5) 直流分量。

随着飞机上使用的电源整流器的数量的增多，故障整流器导致了电压直流分量的增加。解决这一问题的最佳方法是在电源输入处设置保护，即每一个此类型的负载都应能够检测其输入电路的故障，并在测量到直流电到达一个不可接受的电平时将负载断开。

这一问题在恒频(CF)和变频(VF)系统中都是存在的。然而，由于变频(VF)系统中的电源整流型负载数量可能会比恒频(CF)系统多，在变频(VF)系统中出现这一问题的可能性将更大。

(6) 功率因数与电容负载。

人们对交流同步发电机为电容负载供电的能力，担心变频(VF)发电机的问题会比恒频(CF)发电机更为严重的事实。以下对这一问题的介绍已经得到了试验的验证。

随着电容负载的增大,发电机主励磁器磁场电流将减小。当电容负载到达磁场电流接近零的程度时,稳压器(调压器)失去控制,发电机变为自激励,导致产生不稳定性和过电压断开。当电容负载的电抗等于发电机的有效电源电抗,形成并联调谐(谐振)电路时,便会发生这种情况。在这种情况下,发电机的有效电源电抗即是发电机同步电抗 X_s。这一参数被定义为在相同励磁数值时的开路电压(气隙线路)与短路电流之比。

3.3.2　交流起动发电系统

由于恒速装置不能双向传递机械功率,在取消了恒速装置后,发电机可以实现起动/发电。对于采用恒速恒频发电机的大型客机,因为 APU 发电机没有恒速装置,因此首先在 APU 发动机上采用了起动/发电技术。采用变频电源的飞机,主发动机采用起动/发电是发展的方向,B787 飞机的主电源就采用了起动/发电技术。

本节虽然是以 B737－800 飞机的 APU 起动/发电机作为例子,但是主发动机的起动/发电机工作原理是相似的,只是功率级别不同而已。

1) 交流起动/发电机的结构

交流起动/发电机需要两个功能,一是作为发动机的起动器,二是作为交流发电机为飞机提供三相交流电。

(1) 交流起动/发电系统结构。

图 3－11 示出了 B737NG 型飞机的 APU 起动发电系统的结构框图,其中为了实现发动机的起动控制,增加了两个控制单元,即起动电源单元(SPU)和起动功率变换单元(SCU)。

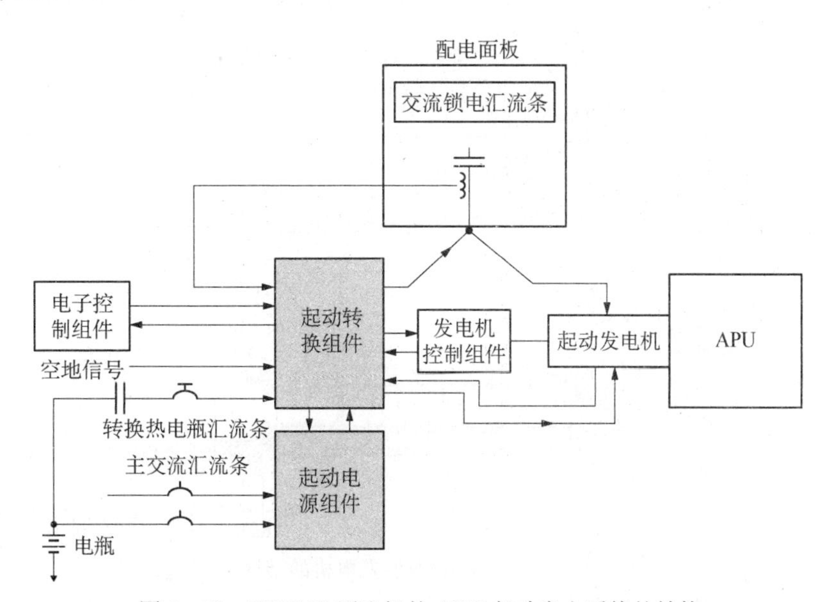

图 3－11　B737NG 型飞机的 APU 起动发电系统的结构

起动电源单元(SPU)的功用是针对不同起动电源的,如果采用 115 V 交流电起动,则通过整流变换为 270 V 直流电,如果是 28 V 直流电、蓄电池电压,则通过升压电路也变换成 270 V 直流电,提供给起动变换单元(SCU)。

SCU 有三种工作模式,起动模式、发电模式和两者之间的发电准备模式。

a. 起动模式是在 APU 起动时将 SPU 提供的 270 V 直流高压电变换成一种单相 115 V 的稳压交流电供给 SG 的励磁线圈,使励磁转子上产生感应电动势。同时向主发电机(SG)定子线圈提供脉宽调制(SPWM)的三相交流电来带动转子的转动,转子驱动轴通过花键与 APU 齿轮箱连接,带动 APU 转动。

b. 发电模式是在 APU 稳定工作后,通过 SCU 内部的电压调节器根据发电机负载的大小,控制励磁电压从而保证起动发电机输出电压的稳定。当起动/发电机的起动转速在 11 550~12 450 r/min 时,APU 发电机的输出功率为 97 kVA,输出电压为 120/208 VAC。除去馈电线路中的损耗后,在调节点上可以输出 90 kVA 的功率。

c. 在两种模式变换时,应先断开起动变换单元(SCU)的电源,在发电机输出的交流电达到标准后,才能进入发电模式。在此过程中,有一段时间既非起动模式,也没有进入发电模式,称为发电准备模式。

(2) 电机本体结构。

图 3-12 所示的是使用于 B737NG 的 APU 的交流起动/发电机,其中本体是一台三级无刷同步发电机,内部装有永磁副励磁机、交流励磁机和主发电机。三个电机的旋转组件安装在同一个轴上,并固定在一个箱体内。

交流起动/发电机采用油冷的冷却方式,含有冷却油的油路、入口和出口。与 2.1.1节讨论的三级无刷交流发电机比较,其主体除了一台带旋转整流器的三级无

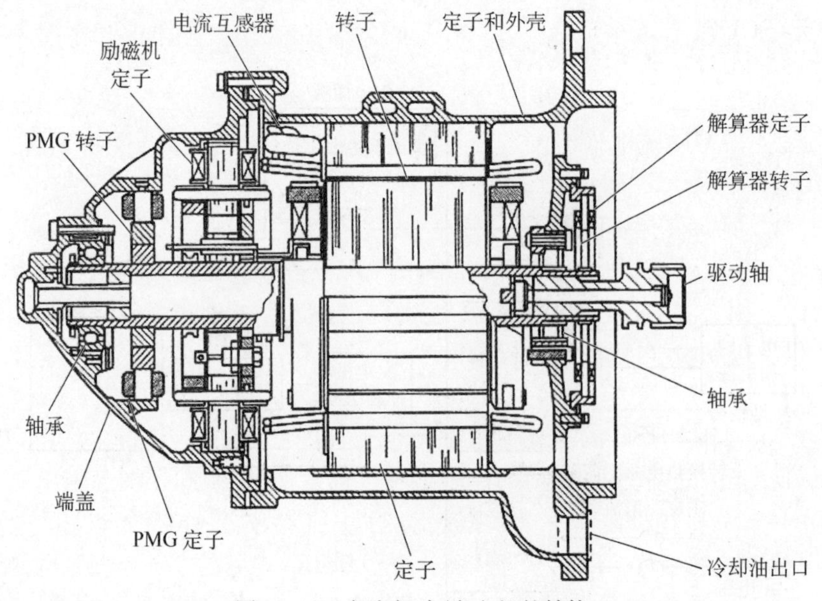

图 3-12 交流起动/发电机的结构

刷交流发电机外，还安装了一台旋转变压器作为测量电机转子位置的传感器，为了在起动发动机时能够实现电机转矩的矢量控制。

(3) 起动电源组件(SPU)。

发动机起动可以使用 115 V/400 Hz 的三相交流电，也可以使用蓄电池电源。起动电源组件(SPU)把飞机上的 28 V 直流电或 115 V/400 Hz 交流电变换为起动功率变换组件(SCU)需要的 270 V 高压直流电。由 SCU 控制 SPU 的变换模式，优先选择交流电源来进行功率变换，如果没有交流电可用，再选择蓄电池电源进行变换。

图 3 - 13 是 SPU 和 SCU 的内部电路原理框图。

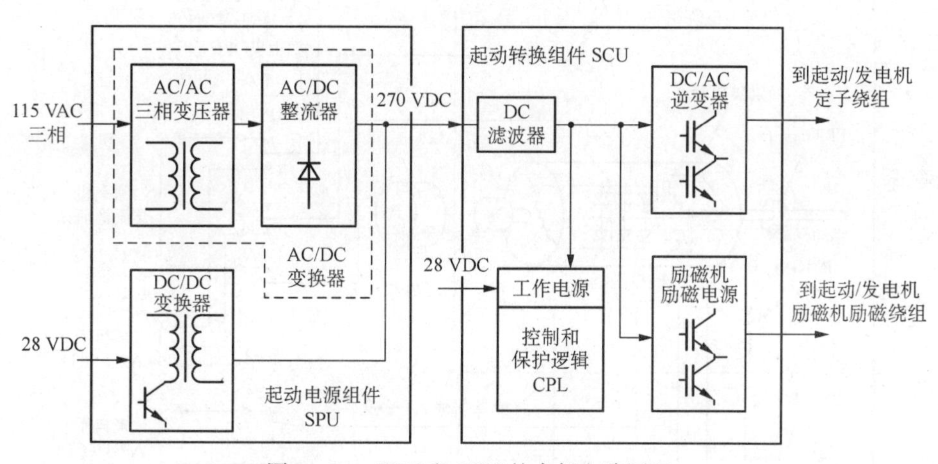

图 3 - 13　SPU 和 SCU 的内部电路原理

SPU 的功能主要是实现 DC/DC 升压变换和 AC/DC 变压整流变换。DC/DC 变换器把来自于蓄电池的 28 VDC 升压变换成 270 VDC 输出给 SCU 使用，并将 SPU 内部的状态监测信号提供给 SCU。AC/DC 变换器把三相交流电经过变压整流，变换成 270 V 直流电输出，二极管整流桥电路由一个三相升压(1∶1.15)变压器供电。

(4) 起动功率变换组件(SCU)。

起动变换组件(SCU)把从 SPU 得到的 270 V 高压直流电变换成三相电压和频率可控的三相交流电，提供给起动/发电机的定子绕组，同时把变换成的单相恒频交流电提供给起动/发电机的励磁机励磁绕组，使电机以电动状态运转来起动发动机或者 APU。

由图 3 - 13 的 SCU 的功能原理框图可见，SCU 用于起动模式的功能组件有：DC/AC 逆变器、励磁机供电电源、控制组件供电电源、控制和保护逻辑电路等。需要指出的是，SCU 内部应有一个根据起动/发电机参数、工作特性建立的电流数值表，为电机转速的函数。DC/AC 逆变器在把从 SPU 得到的 270 V 直流电变换成可控三相交流电，给起动/发电机的定子绕组供电时，就会根据测量到的电机转速，遵照该电流数值表对电流进行控制。

当需要采用蓄电池起动发动机时，逆变器控制电路中包括的蓄电池的电压监控电路，用于监控蓄电池的电压。在地面时只有当蓄电池电压不低于18 V，在空中时蓄电池电压不低于20 V时，逆变器才能正常工作。逆变器内部还具有过流、高压、三相不平衡保护。

2）交流起动/发电机的工作原理

起动/发电机的原理框图如图3－14所示，三种工作模式的变换由APU接触器和励磁机继电器完成。

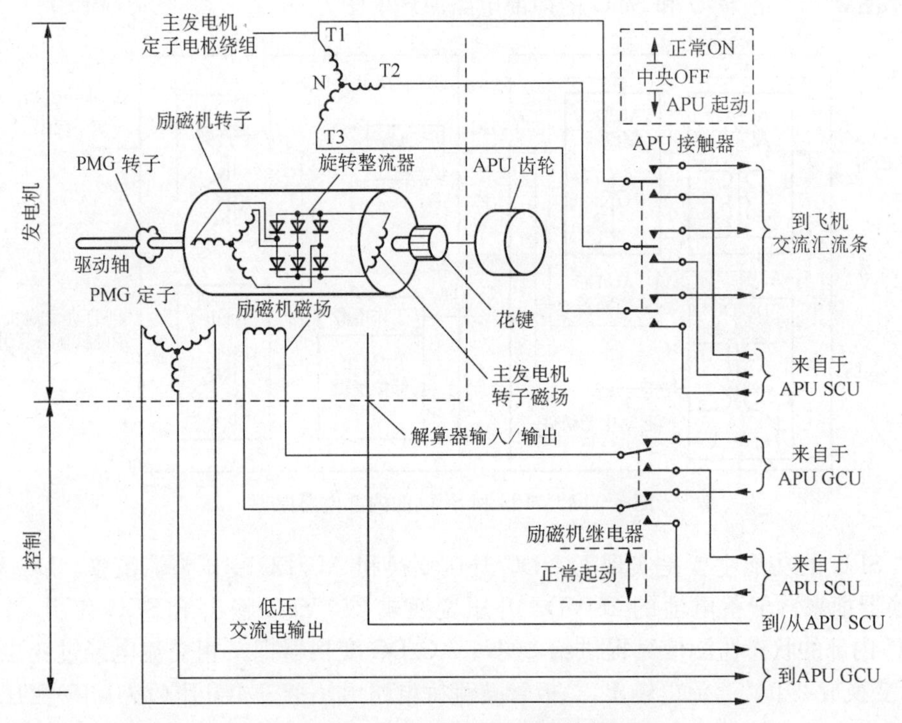

图3－14　交流起动/发电机控制原理

（1）起动模式。

当APU开始起动时，起动/发电机就相当于一个电动机，把电能转化为机械能，为APU的旋转提供机械力。

如图3－14所示，此时APU接触器触点和励磁机继电器的触点均控制到起动位置，APU接触器将起动转换组件（SCU）提供的频率可调的三相交流电连接到电机的电枢绕组上，同时励磁继电器也将SCU提供的单相交流电接到励磁机的励磁绕组上。

加到励磁机励磁绕组上的单相交流电将产生交变磁场，该磁场在励磁机转子绕组上感应出交流电压，经旋转整流器整流后为主发电机的转子励磁绕组供电。这时，起动/发电机的主发电机定子和转子绕组都产生了磁场，通过这两个磁场之间的相互作用，转子上产生的机械转矩使起动/发电机的转轴开始转动，并且带动APU的涡轮也开始旋转，直到APU达到运行速度为止，起动/发电机转为发电状态。

(2) 发电模式。

当APU正常运行时，APU涡轮通过驱动轴提供机械能，驱动起动/发电机转子旋转，发出的三相交流电为飞机电网提供辅助电源，这时，起动/发电机工作于发电状态。

如图3-14所示，当APU接触器的触点移动到"ON"位置时，APU的发电机控制组件GCU为起动/发电机的励磁机励磁绕组供电。当起动/发电机工作于发电模式时，其工作原理与普通的无刷交流发电机完全一样。永磁发电机的定子电枢电压为调压器提供工作电源，电压调节器控制交流励磁机的励磁电流。交流励磁机转子电枢绕组上发出的交流电经旋转整流器整流后，为主交流发电机提供励磁电源。在调压器中，发电机馈线调压点的电压反馈值和设定值进行比较，产生控制量去控制励磁电流的平均值，从而保持主发电机输出电压的恒定。当主发电机电枢绕组或输出馈线发生短路故障时，调压器提供过流限制。

如图3-14所示，为了给起动/发电机提供过载保护，用电流互感器去检测主发电机三个定子绕组上的电流值，发电机控制组件(GCU)根据检测到的电流值来控制起动/发电机的输出功率。连接到每个定子绕组上的电容对主发电机定子上产生的高频瞬间电压进行滤波，同时通过主发电机转子绕组中并联的电阻来抑制转子绕组中的电压尖峰。旋转变压器的定子绕组只在起动/发电机工作于电动状态时，用于给起动变换组件SCU提供转子位置信号。

3) 起动转矩的控制原理

当起动/发电机工作于电动机状态时，起动变换组件(SCU)输出的变频三相交流电给主发电机的三相电枢绕组和励磁机的定子绕组供电，这时主发电机的定子和转子绕组上都产生了磁场，两个磁场之间相互作用产生的机械力驱动起动/发电机的转轴开始转动。起动/发电机的转轴经一个驱动轴与APU相连，从而带动APU的涡轮开始旋转。

APU的起动转换控制原理如图3-15所示，起动系统包括起动转换组件SCU，起动电源组件SPU，APU发电机控制组件AGCU(APU generator control unit)，发动机电子控制组件(electronic control unit, ECU)和起动/发电机S/G等。

其中AGCU用于控制起动/发电机的工作运行，提供调压、控制和保护功能。ECU用于控制APU发动机的运行。PDP(power distribution panel)模块为电源配电板。

在起动模式下，当转子转速为零时，在交流励磁机的定子励磁绕组中通入频率

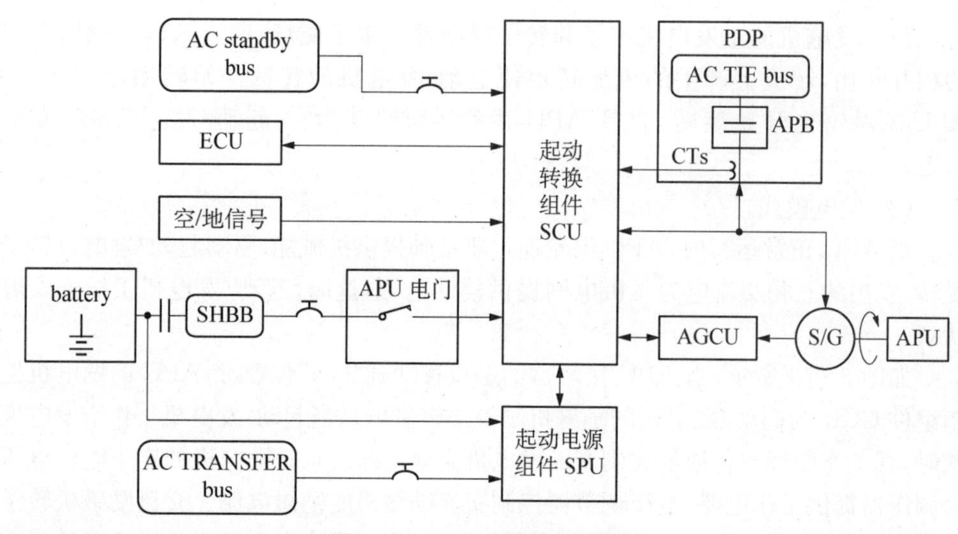

图 3-15 APU起动结构原理

为 400 Hz 的单相交流电，由其产生的交变磁场在转子电枢绕组中感应出交流电压。该交流电压经过旋转整流器整流后提供给主发电机的励磁绕组。在这种模式下，无须使用 PMG 发出的电能。

起动变换组件 SCU 通过安装在起动/发电机转子上的位置编码器来检测转子的位置，根据转子的位置来控制定子电流，以便获得最大转矩。

同步电动机产生的电磁转矩在 $d-q$ 坐标系中可定义为

$$T_e = \frac{3}{2} \times \frac{P}{2}(\psi_{ds} I_{qs} - \psi_{qs} I_{ds}) \tag{3-3}$$

式中：ψ 是磁通链；I 是定子电枢电流；p 是磁极对数。

该起动系统采用控制定子电流的交轴（q 轴）分量 I_{qs}，并控制直轴分量 I_{ds} 为零的策略，则式(3-3)变成：

$$T_e = \frac{3}{2} \times \frac{p}{2} \cdot X_{md} \cdot I_{df} \cdot I_{qs} \tag{3-4}$$

式中：X_{md}是直轴（d 轴）磁化电抗；I_{df}是转子励磁电流。

由此可见，起动/发电机的定子电枢电流和转子励磁电流相互作用，产生了电磁转矩。通过控制定子电枢电流和转子励磁电流的大小，就可以控制电磁转矩，使同步电动机类似于一台直流电动机运行，用于起动 APU。

4) 起动/发电机的发展

不同时代的交流起动/发电机的数据如表 3-4 所示，其中可见交流起动/发电机首先应用于 APU 的起动/发电，这是因为 APU 发电机没有恒速装置。主发动机的起动是在采用变频发电机后，并且发电机的容量不断增大。

表 3-4 不同时代的交流起动/发电机的数据

发电机参数	第1代 B737NG的APU 1997年	第2代 主发动机 起动	第3代 主发动机起动发电 2007年	第4代 APU起动 发电	B787飞机 主发动机起 动发电
发电容量范围/kVA	连续:90 5 min:112.5 5 s:150	连续:150 5 min:187.5 5 s:250	连续:150 5 min:187.5 5 s:262.5	连续:300 5 min:375 5 s:525	连续:300 5 min:375 5 s:525
起动转矩/N·m	33	>271	>190		
起动控制器功率/kW	7	12	10		
发电电压/VAC	115	115	230	230	230
发电频率/Hz(r/min)	400 (12000)	360~753 (10800~22600)	360~753 (10800~22600)	400 (12000)	360~800 (10800~24000)
重量/kg(lb)	25(55)	56(123)	54(118)	70(155)	
直径/mm	229	241	229	241	
长度/mm	292	368	394	406	

3.3.3 内装式风扇轴驱动发电机

发展中的多电发动机(MEE)进一步促进了发电技术的进步,其目标是消除发动机附件装置,增加效率,降低成本。这些目标是通过采用在发动机内直接安装的大功率、高可靠性的发电机来实现。风扇轴驱动发电机(FSDG)装于发动机的锥形尾部,由低压轴风扇轴驱动,如图 3-16 所示。

其设计在正常运行至发动机最高速度时产生 150 kW 的功率,发动机在风车速

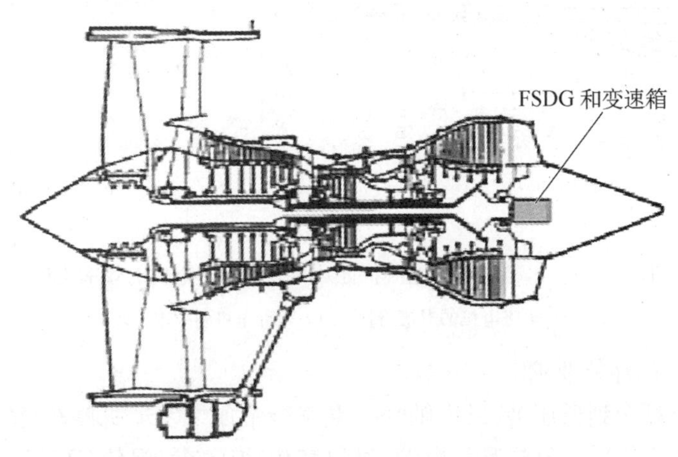

图 3-16 风扇轴驱动发电机的安装位置

度时产生 25 kW 的紧急功率。

1）风扇轴驱动发电机

安装在发动机低压转子上的发电机，运行转速要求达到大约 14∶1 的范围，因此必须要抛弃现今的三级电磁式同步发电机。最初的研究表明，在多种类型的发电机中开关磁阻电机和无刷永磁电机是内装式发电机最有力的竞争者。开关磁阻电机的竞争力是其宽速运行能力、容错能力和鲁棒性。无刷永磁发电机有更大的功率密度，但结构鲁棒性相对较差。因为这两种发电机有明显不同的运行特性和限制，一些细节的比较工作已经由古德里奇在其私人基金 LPG 工程中进行。

布列斯托大学协作研制的一种高电感的无刷直流永磁 LPG（低压轴发电机），在高速情况下保持恒定的电流使变换器的伏安容量最小。使用分块式永磁体混合转子结构，变磁阻截面增大直轴电感，提高凸极效应来改进低速下的转矩。图 3-17(a)表示电流随转速变化曲线，在较低速区凸极转矩比较明显，在较高速区保持恒功率特点。

将永磁 LPG 发电机和开关磁阻 LPG 发电机进行比较，两种电机的有效长度和气隙直径相同，LPG 发电机的定子外径稍小一些。图 3-17(b)显示了在工作速度范围内，20 kW 输出时两种发电机效率的比较。与预期的一样，永磁发电机有较高的效率，因为它不要励磁，同时它的光滑转子减小了空气阻力。然而，开关磁阻技术对于 FSDG 来说是更好的选择，主要是因为它的鲁棒性和故障条件下的完全去磁能力。很明显，效率上的不利可以通过改进转子结构来弥补，包括用极间填充物来减小在较高速时占劣势的机械损耗。

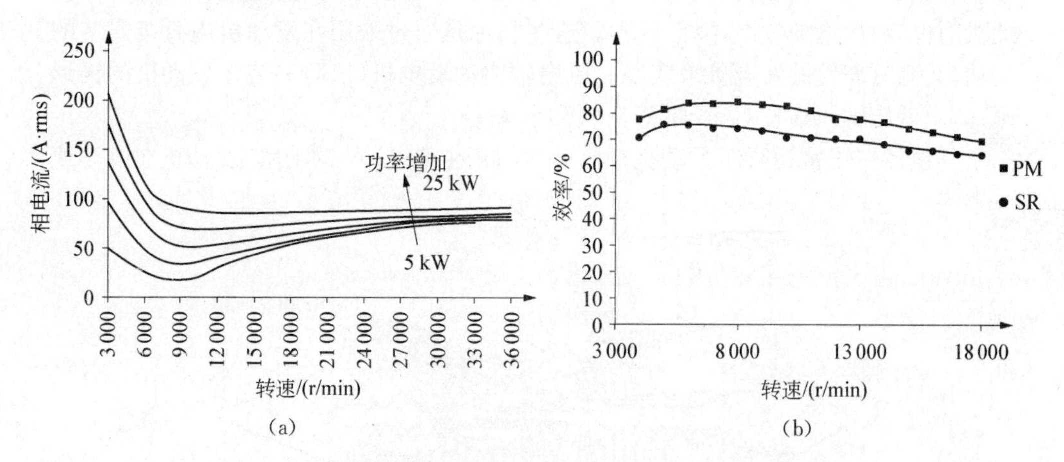

图 3-17 永磁电机的电流特性及与开关磁阻电机的效率比较

(a) 永磁电机的电流特性 (b) 两种电机的效率比较

2）FSDG 的性能要求

当发电机耦合到低压轴（风扇轴）时，在飞行中如果发动机停车，该发电机通过风扇的风车可以提供可靠的紧急电源，可以替代冲压空气涡轮（RAT）。因为 RAT 是个复杂的，昂贵的设备，还有潜在故障和各种使用问题，这种替代会使飞机在应急情况下供电能力提高。

下面的要求是在 POA 计划中提出的。额定情况下：全部发动机速度范围内输出 150 kW，350 VDC。紧急情况（风车）下：输出 25 kW 紧急功率。图 3－18 中表示输出功率与转速的关系。

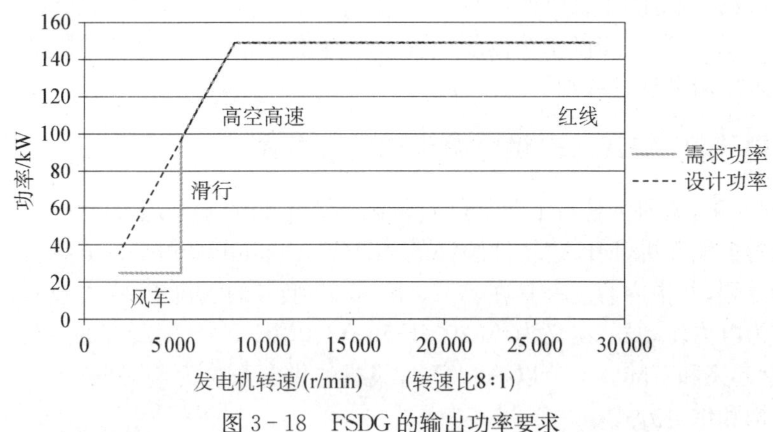

图 3－18　FSDG 的输出功率要求

平均故障间隔时间 $MTBF$ 的目标是 40000 h，而一般的电磁式同步发电机的平均故障间隔时间大约是 30000 h，主要是受到旋转二极管和转子绕组的限制。

发电机装在发动机的锥形尾部，在发动机工作时环境温度高达 140℃，而在发动机停车之后因热量回涌现象会超过 300℃。发电机有发动机油进行冷却，估计油体进口温度最高可达 110℃。功率变换器位于发动机的扇形壳体上，此处的最大环境温度大约是 90℃，由发动机的燃油冷却，最大进口温度为 90℃。

从发电机到变换器的引线要经过发动机的叶片。因此在设计发电机时需要考虑叶片的物理和热限制。在后面的设计描述中，相电流的最大值是 320 A 有效值。

3）内装式发电机的问题

在发动机内安装一台或者更多的电机给发动机的设计带来一些问题，例如：

（1）在设计发动机各部件时，需要提供安装发电机的部位，还要耦合到发动机轴，因此会改变各部件的结构，可能会影响到通过发动机的气流。

（2）大量的电功率出入发动机的内部，需要大量馈线穿过在发动机的叶片和交接面。

（3）发电机损耗对发动机的油冷系统造成相当大的负担，需要额外的或者改造热交换设备。

（4）如果发动机的主轴承需要支撑发电机转子，那么由于气隙的存在就需要加强发动机的结构，以保证在大重力加速情况下，转子、定子不相互接触。

这种应用的大多数电机总是需要逆变器。逆变器直接与直流配电系统连接。但是对于交流配电系统则需要一个附加的功率变换器。它与逆变器大概有相同的重量，将直流电变换为交流电。半导体新技术的到来，如硅碳化物，增加了结温以及提高了设备效率，为大大地减小功率变换器的重量、体积提供了可能。然而，这还取决于改进无源元件的能力，特别是电容器，要适应航空应用中的高温运行。

功率变换器的位置也备受争议。为了使电磁干扰最小，而输出功率最大，功率变换器需要尽可能地接近发动机，使馈电线最短。然而，因为变换器的物理尺寸和重量，如果没有机身的重大改变，这是不可能达到的，特别还有冷却设备。对军用飞机的研究发现，对环境控制系统的强迫冷却气体要最小，需要足够的附加管子。民用飞机可采用扇形气管或油管来冷却。

3.4 多电飞机(A320ME)供电系统和供电方式

在1996年，英国贸易与工业部(Department of Trade and Industry, DTI)发起了一项针对多电飞机(MEA)硬件验证的TIMES(Totally Integrated More Electric Systems)计划，其中内容之一是在A320和A330型号的飞机上，将飞控系统的液压作动器改为电力作动器，定义为A320ME和A330ME型号，对所有的飞行阶段进行评估，包括起飞和着陆。本节以A320ME飞机的供电系统为例，分析多电飞机供电系统的结构和供电方式。

3.4.1 多电飞机A320ME的电源配置

多电飞机A320ME为飞控系统采用了多电技术的验证机，根据飞控系统的电力作动器的功率需求，将电源的配置做了重大的改变。A320ME飞机的主电源包括了4台变频主发电机(VFG1～4)，构成四通道交流供电网络，如图3-19所示。

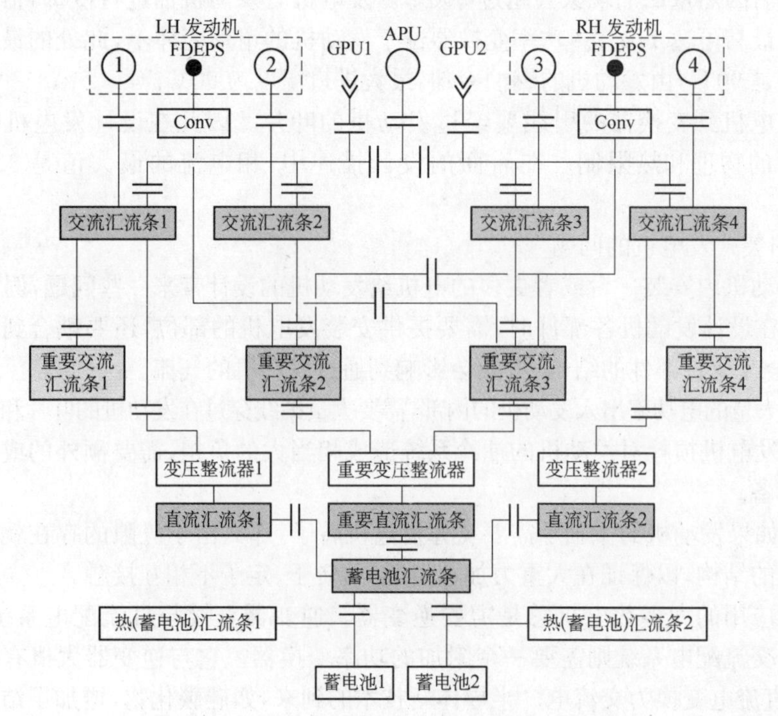

图3-19 TIMES计划的多电飞机供电系统结构

将图3-19中的A320ME飞机的主要电源配置列表，如表3-5所示，其中为了比较，将A320飞机的电源容量也列入表中。

表3-5　A320ME飞机的电源配置

发电机名称	电源电压/V	电源频率/Hz	电源容量	A320飞机容量
主发电机(VFG)	115	360～800	75kVA×4	90×2
应急电源(FDEPS)	115	400±5	8kVA×2	5kVA
APU发电机(APU G)	115	400±5	90kVA	90kVA
地面电源(GPU)	115	400±5	90kVA×2	90kVA
变压整流器(TRU)	28	直流	200A×3	200A×3
蓄电池(Battery)	28	直流	23Ah×2	23Ah×2

1）交流电源的配置

主交流电源是基于能源要求、发电机的能力和安全性/可靠性考虑而提出的。与A320飞机比较，有两部分的改变是突出的，即主电源部分和应急电源部分。

(1) 主电源系统。

A320ME飞机的主电源系统由4台变频发电机(VFG)组成，分别由1台发动机驱动2台发电机，每台发电机的容量为75kVA，输出115V/360～800Hz的变频交流电，总功率可达300kVA。

将A320ME多电飞机与常规飞机A320比较，主发电机由2台增加为4台，使发电总容量由180kVA增加至300kVA。

(2) 应急电源系统。

A320ME多电飞机的应急电源由2台风扇轴驱动电源系统(fan driven emergency power source, FDEPS)构成，每台80kVA，总容量为160kVA。因为安装在发动机的低压转子上，在飞行中即使发动机停车时，发电机通过发动机叶片的风车效果可以提供可靠的紧急电源。

与A320比较最大的特点是应急电源容量的增加，A320ME采用SDEPS取代了A320飞机的RAT；以及应急电源功率的增加，能够为电力作动器提供应急电功率。

2）直流电源的配置

多电飞机A320ME的直流电源的配置，与A320飞机比较没有什么变化，由三台变压整流器(TRU)和两台蓄电池组成。

三台变压整流器中的两台(TRU1和TRU2)是普通直流电源，准备为普通用电设备供电。而另一台为重要变压整流器(TRU ESS)，准备为重要用电设备供电。这些与图2-13所示的A320飞机的设置完全相同。

两台蓄电池(battery1和battery2)与蓄电池汇流条(battery bus)和两条热汇流条(hot bus 1和hot bus 2)连接，也与图2-13所示的A320飞机的设置完全相同。

多电飞机 A320ME 的直流电源系统中，与 A320 飞机不同之处是重要变压整流器(TRU ESS)电源设置上，有更高容错供电水平。

3.4.2 多电飞机的交流供电系统

多电飞机 A320ME 的主电源包括了 4 台变频主发电机(VFG1～4)，与(4×2)条交流汇流条，构成了四通道的交流供电网络。

1) 交流供电网络的供电方式

根据图 3-19 所示的多电飞机 A320ME 的供电系统结构，可知交流供电网络由交流汇流条(AC bus 1～4)、重要交流汇流条(AC ESS bus 1～4)组成。

(1) 主发电机正常时供电方式。

主发电机(VFG1～4)正常时，交流供电网络按下列结构供电：

a. 左发动机(LH ENG)→发电机 1(GEN1)→交流汇流条 1(AC bus 1)→交流重要汇流条 1(AC ESS bus 1)。

b. 左发动机(LH ENG)→发电机 2(GEN2)→交流汇流条 2(AC bus 2)→交流重要汇流条 2(AC ESS bus 2)。

c. 右发动机(RH ENG)→发电机 3(GEN3)→交流汇流条 3(AC bus 3)→交流重要汇流条 3(AC ESS bus 3)。

d. 右发动机(RH ENG)→发电机 4(GEN4)→交流汇流条 4(AC bus 4)→交流重要汇流条 4(AC ESS bus 4)。

(2) 单主发电机故障时的供电方式。

当任何一台主发电机(VFG)故障时，断开该发电机与 AC 汇流条的接触器，接通 APU 发电机与该汇流条的接触器，于是 APU 发电机作为备份电源，替代故障的发电机供电。

由图 3-19 可见，APU 发电机可以通过开关控制，接入任何一条主交流汇流条，即任何一台主发电机故障，APU 发电机都可以作为备份电源，替代该故障的发电机供电。供电流程为

APU 发动机→APU 发电机→主交流汇流条 k→交流重要汇流条 k，其中的 k 表示故障的发电机的番号。

将上述的主发电机(VFG1～4)和 APU 发电机对主交流汇流条(AC bus 1～4)的供电方式归纳起来，如表 3-6 所示。

表 3-6 主交流汇流条的供电方式

汇流条名称	正常	VFG1 故障	VFG2 故障	VFG3 故障	VFG43 故障
主交流汇流条 1	VFG1	APU	VFG1	VFG1	VFG1
主交流汇流条 2	VFG2	VFG2	APU	VFG2	VFG2
主交流汇流条 3	VFG3	VFG3	VFG3	APU	VFG3
主交流汇流条 4	VFG4	VFG4	VFG4	VFG4	APU

2）重要负载的交流供电网络

多电飞机 A320ME 的供电系统结构中，有 4 条重要交流汇流条（AC ESS bus 1～4），是为飞控系统的电力作动器提供电能的网络。

对于常规飞机 A320 和 A330 飞机，飞控系统只要求电网提供"不间断能源"，提供飞行仪器、仪表、计算机使用即可。而在多电飞机 A320ME 和 A330ME 上，这是不能接受的，因为飞机依赖电力作动器来维持安全飞行，因此要求电力作动器的电网有更强供电能力。

多电飞机（MEA）在飞行的所有时刻，都需要有电能保证飞行控制的作动器能够正常工作。在多电飞机 A320ME 上，采用两台应急发电机（FDEPS）构成两个供电能力更强的供电通道，分别为：

a. 左发动机（LH ENG）→应急发电机 1（FDEPS1）→交流重要汇流条 2（AC ESS bus 2）。

b. 右发动机（RH ENG）→应急发电机 2（FDEPS2）→交流重要汇流条 3（AC ESS bus 3）。

这样得到 4 条重要交流汇流条（AC ESS bus 1～4）的容错供电能力如表 3－7 所示。

表 3－7 重要交流汇流条的容错供电能力

汇流条名称	主要供电电源	容错供电电源 1	容错供电电源 2	容错供电电源 3
重要交流汇流条 1	发电机 1	APU 发电机	—	—
重要交流汇流条 2	发电机 2	APU 发电机	PDEPS1	PDEPS2
重要交流汇流条 3	发电机 3	APU 发电机	PDEPS2	PDEPS1
重要交流汇流条 4	发电机 4	APU 发电机	—	—

由表 3－7 可见，4 条重要交流汇流条被分为两组，有不同的容错供电能力：

（1）重要交流汇流条 1 和 4，当主发电机（VFG）故障时可以由 APU 发电机代替供电，当该主发电机与 APU 发电机均故障时，对应的汇流条就会失电。

（2）重要交流汇流条 2 和 3，同样当主发电机（VFG）故障时可以由 APU 发电机代替供电。但是当该主发电机与 APU 发电机均故障时，可以由对应的应急发电机（FDEPS）供电。进一步当对应的应急发电机故障时，还可以由另一台应急发电机供电，只有供电的容量有所下降。

3.4.3 多电飞机直流供电系统

多电飞机 A320ME 的直流供电系统如图 3－19 所示，由 3 台 TRU、两台蓄电池和 6 条直流汇流条组成，6 条直流汇流条的供电方式分别为：

（1）普通直流汇流条（DC bus 1 和 DC bus 2）。

普通的直流汇流条 DC bus 1 和 DC bus 2 为飞机上一般低压直流负载供电。直流汇流条 DC bus 1 和 DC bus 2 分别由变压整流器 TRU1 和 TRU2 供电，而变压整流器 TRU1 和 TRU2 分别由交流汇流条 1 和 4(AC bus1 和 AC bus4)供电。于是得到主发电机正常时的供电方式为：

a. VFG1→AC bus 1→TRU1→DC bus 1。

b. VFG4→AC bus 4→TRU2→DC bus 2。

如果主发电机 VFG1 或者 VFG2 故障时，则 APU 发电机(APUG)将取代故障的发电机，为 TRU 供电，为：

a. APUG→AC bus 1→TRU1→DC bus 1 或者

b. APUG→AC bus 4→TRU2→DC bus 2。

(2) 重要直流汇流条(DC bus ESS)。

重要直流汇流条(DC bus ESS)为飞机上重要的低压直流负载供电。重要直流汇流条(DC bus ESS)由重要变压整流器(TRU ESS)供电，而变压整流器(TRU ESS)可以由两条重要交流汇流条(AC ESS bus 2 和 AC ESS bus 3)中的任何 1 条供电。于是重要直流汇流条(DC bus ESS)的电源可能有 5 种电源 6 种方式为其供电，分别为：

a. VFG2→AC bus 2→AC ESS bus 2→TRU ESS→DC bus ESS。

b. VFG3→AC bus 3→AC ESS bus 3→TRU ESS→DC bus ESS。

c. APUG→AC bus 2→AC ESS bus 2→TRU ESS→DC bus ESS。

d. APUG→AC bus 3→AC ESS bus 3→TRU ESS→DC bus ESS。

e. FDEPS1→AC ESS bus 2→TRU ESS→DC bus ESS。

f. FDEPS2→AC ESS bus 3→TRU ESS→DC bus ESS。

显然表现出非常强的容错能力。

(3) 蓄电池汇流条(battery bus)。

蓄电池汇流条(battery bus)连接方式如图 3－20 所示，可由三条直流汇流条中任意 1 条供电，也可以由两台蓄电池中的任意 1 台供电。显然蓄电池汇流条有最强的容错能力。

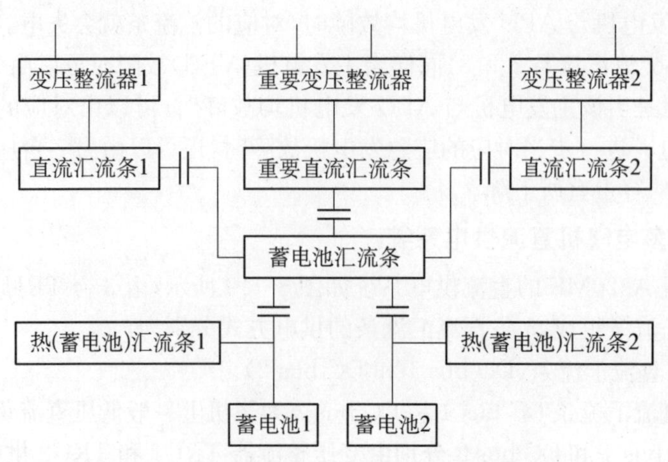

图 3－20 蓄电池汇流条(battery bus)的连接方式

(4) 热(蓄电池)汇流条(hot bus 1 和 hot bus 2)。

热(蓄电池)汇流条(hot bus 1 和 hot bus 2)分别由蓄电池 BAT1 和 BAT2 供电,为不间断汇流条,为计算机负载供电。

3.5 飞控系统用电设备的供电方式

多电飞机在飞控系统采用电力作动器取代液压作动器,成为供电系统新增的大功率用电设备。因为飞机的安全飞行依赖于电力作动器的可靠运行,即作动器对于飞行任务有着重要的作用,因此要求电力作动器有很高的任务可靠性。于是,电力作动器的冗余结构、冗余供电等成为重要的内容。

3.5.1 电力作动器的冗余结构

这里讨论飞行控制系统电力作动器的冗余结构,以双余度结构的机电作动器作为例子,来讨论不同的冗余结构和容错系统的概念。双余度结构是电力作动器有两个独立的控制通道,分别从供电网络取电完成系统的控制,控制效果在某个层面上进行综合,共同完成飞行控制的目标。

目前研究的双余度机电作动器有各种结构,图 3-21 示出了其中的四种结构。这种余度结构包含两台电动机,可以从不同的汇流条上取电,即使某个通道电源失效,仍然有一台电动机能够工作。

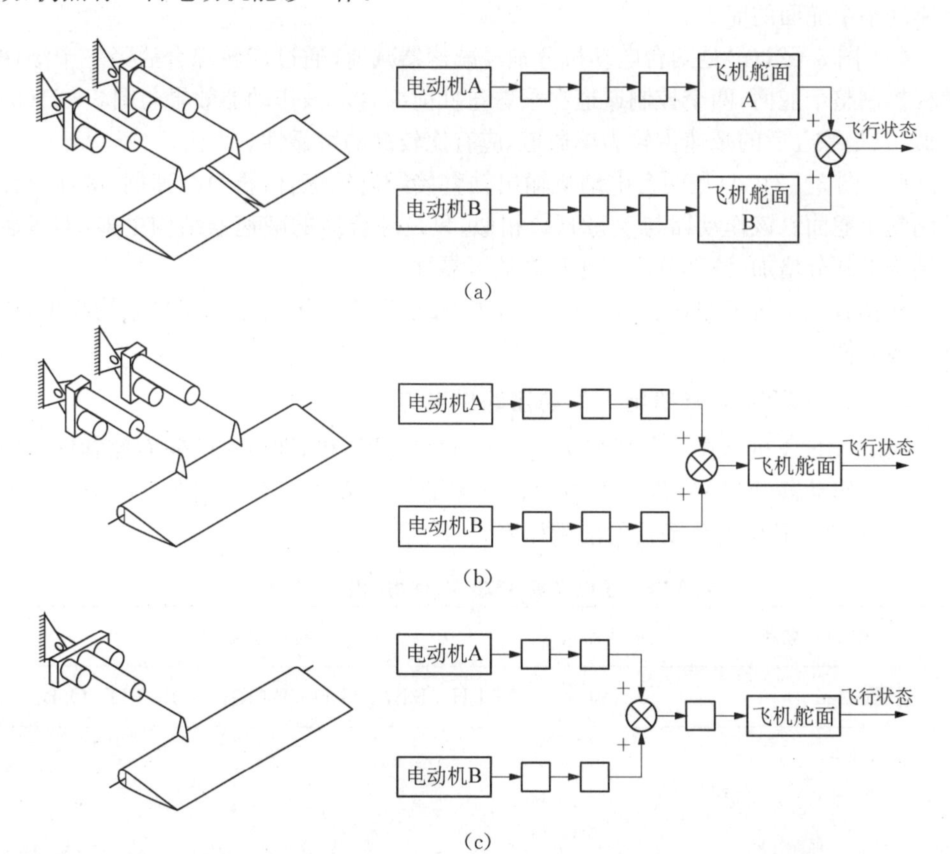

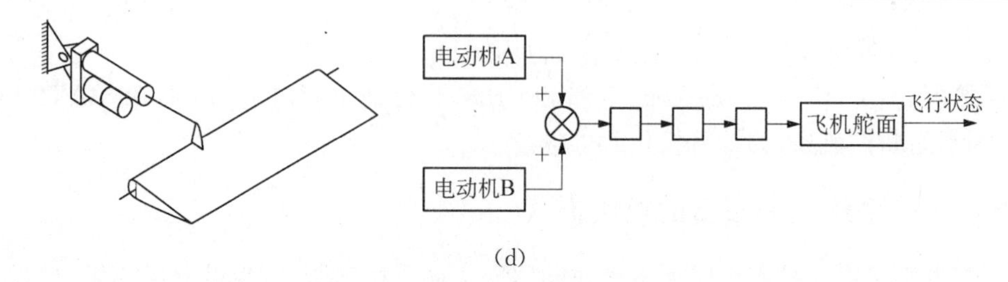

(d)

图 3-21 机电作动器的机械综合方式

在图 3-21 中的 4 种机械综合方式的特点是：

(1) 图 3-21(a)是两台电动机分别经减速器、滚珠丝杠构成的机械传动装置控制两个 1/2 舵面，形成两个完全独立的控制通道。当两个控制通道都正常时，两个 1/2 舵面同时运动，而其中一个通道取电失败，或者通道故障时，仍然有一个 1/2 舵面能够运动。

(2) 图 3-21(b)是两台电动机分别经减速器、滚珠丝杠构成的机械传动装置去控制一个舵面，两个控制通道在舵面上综合。当两个通道都正常时，每台电动机输出 1/2 的功率，而其中一个通道故障时，其余的一个通道要完成驱动整个舵面的任务。该结构的特点是特别需要注意舵面上力纷争问题，即两个通道控制力的均衡问题。这种冗余结构在某个通道电源失效时，能够使整个舵面工作，但需要每台电机有驱动整个舵面的能力。

(3) 图 3-21(c)是两台电动机分别经减速器减速，通过齿轮综合后经一个滚珠丝杠控制整个舵面，两个控制通道在滚珠丝杠前综合。该作动器效果与图 3-21(b)相似，只是综合后的减速齿轮为单通道，应有比较高的可靠性。

(4) 图 3-21(d)是两台电动机输出轴直接经齿轮综合，再经减速器、滚珠丝杠控制整个舵面。该作动器与 3-21(c)相似，只是综合后的减速器结构更多，即单通道结构的部分增加，该部分应有比较高的可靠性。

根据有关资料可知，图 3-21(a)的结构因为没有力纷争问题，机械结构简单，得到更多的使用。

3.5.2 A320ME 飞机电力作动器的供电方式

A320ME 飞机是在飞控系统实现了全电操纵的飞机，即所有的舵面控制均采用了静电液作动器(EHA)，因此在电力作动器的供电方法上有比较全面的考虑。多电飞机 A320ME 电力作动器的使用如表 3-8 所示。

表 3-8 多电飞机 A320ME 使用的电力作动器

电作动器名称	作动器数量	定义
副翼(aileron)	4	LH-I/B, LH-O/B, RH-I/B, RH-O/B

（续表）

电作动器名称	作动器数量	定义
扰流片(spoiler)	10	LH1, LH2, LH3, LH4, LH5 RH1, RH2, RH3, RH4, RH5
升降舵(elevator)	4	LH-I/B, LH-O/B, RH-I/B, RH-O/B
方向舵(rudder)	3	上,中,下
平尾(THS)	2	1号THS, 2号THS
襟翼(flap)	2	flap1, flap2
缝翼(slat)	2	slat1, slat2

1）电力作动器供电方式

图3-22示出了的A320ME飞机在表3-8中所示电力作动器,在四个重要交流汇流条(AC ESS bus 1～4)上的用电情况。

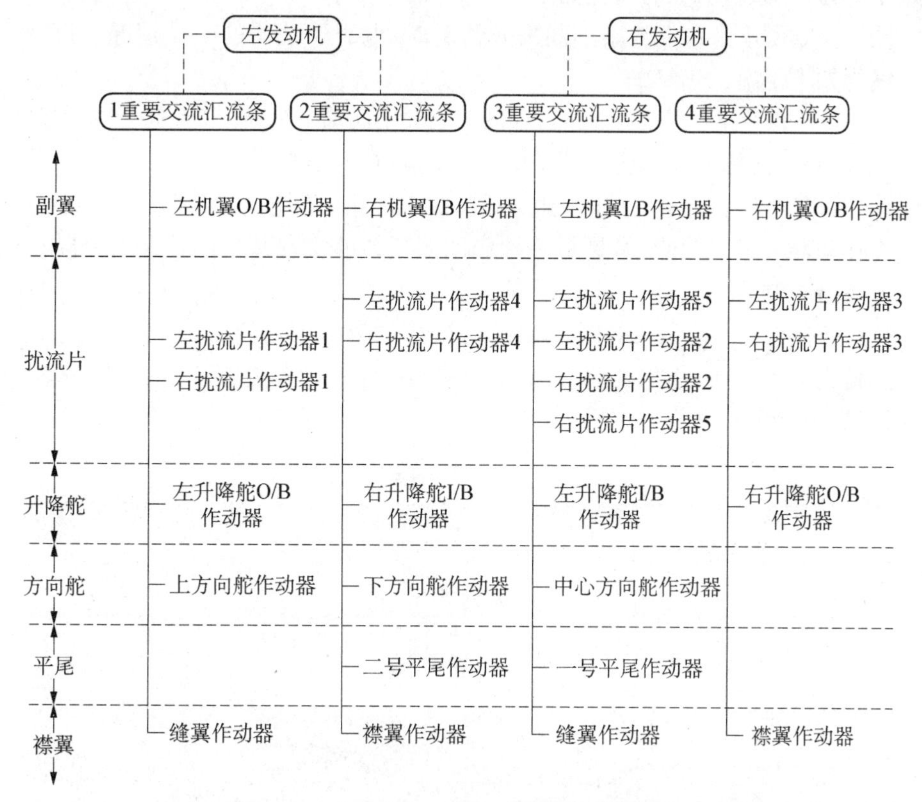

图3-22 A320ME飞机电力作动器的供电方式

由图3-22可见,A320ME飞机的电力作动器在重要交流汇流条上的配置,有以下特点：

(1) 每种电力作动器,都尽可能地分布在不同的汇流条上。例如副翼(aileron)

和升降舵(elevator)均为 4 个作动器,均分别分布在 4 条重要交流汇流条上。这样当任意一台发电机故障,导致该通道的汇流条失电,则其余的作动器仍然可以动作。

(2) 每种电力作动器做到左右交叉配置,即左面的部分作动器由右边的汇流条供电,而右边的部分作动器由左边的汇流条供电。例如四个副翼(aileron)作动器,属于左机翼的作动器 LH-O/B 和 LH-I/B 分别安装在 1 号汇流条和 3 号汇流条上,而属于右机翼的作动器 RH-O/B 和 RH-I/B 分别安装在 2 号汇流条和 4 号汇流条上。这样当一台发动机熄火时仍有部分作动器能够运动。

(3) 如前所述,A320ME 飞机中重要交流汇流条 2 和 3 有更高的容错能力,每种作动器都有部分安装在 2 号和 3 号汇流条上,以便在应急电源供电时,每种作动器都有能够运动的作动器。

2) 电力作动器的容错供电能力

图 3-22 所示的 A320ME 飞机的电力作动器在重要交流汇流条上供电情况,对于每个电力作动器,供电的情况如图 3-23 所示。

图 3-23 所示为在汇流条不同失效情况时,电力作动器的工作情况,可以简单地归纳为如下情况:

(1) 当任意一条汇流条失效时,如图 3-23 中的前 4 列所示,大部分作动器能够进行工作,对于飞机的操纵会有一定的影响,但影响会比较小。

(2) 当有两台汇流条失效时,如图 3-23 中的第 5 列至第 10 列所示,相当一部分电力作动器失去了功能,但是每一种作动器还能够实现基本的控制,即能够维持基本的飞行控制。

(3) 当有三台汇流条失效时,如图 3-23 中的第 11 列至第 14 列所示,大部分电力作动器失去了功能,例如副翼、升降舵都只有一个作动器能够工作,维持基本的飞行控制已经很困难了。

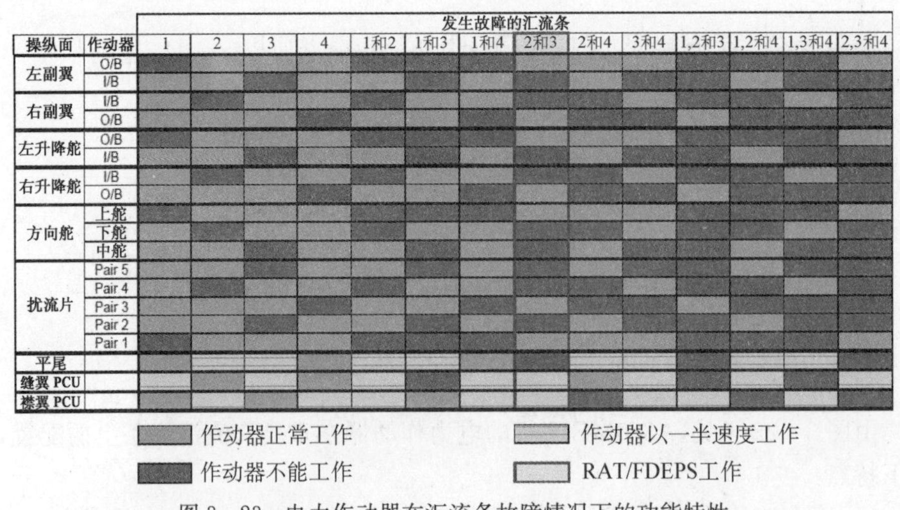

图 3-23 电力作动器在汇流条故障情况下的功能特性

在图 3-23 中的两种情况值得注意:①显示“1 和 4 栏”失效的情况,表示应急电源 FDEPS 作为唯一动力源,也就是所有的发动机全部熄火的情况;②显示“2 和 3 栏”失效的情况,表示除了主发电机 2 和 3 故障外,FDEPS 也出现了故障。

以上两种情况,可以从图 3-23 的表格中看到,仍然能够完成足够飞行控制。

3.5.3 A380 飞机电力作动器的供电方式

空客公司的 A380 飞机是于 2005 年首飞的第一架多电飞控商业运输机,在飞控系统的作动器中,采用了两种能源混合使用的方案。

1) A380 飞机的电力作动器

多电飞机 A380 以两套液压系统(绿色黄色)和两套电力系统(E1, E2)实现对飞控系统作动器的控制,被称为“2E/2H”的功率源配置。A380 飞机的作动器分布如图 3-24 所示,其中电力作动器包括静电液作动器(EHA)和电备份液压作动器(EBHA),数量更多的是 FBW 控制的液压作动器。

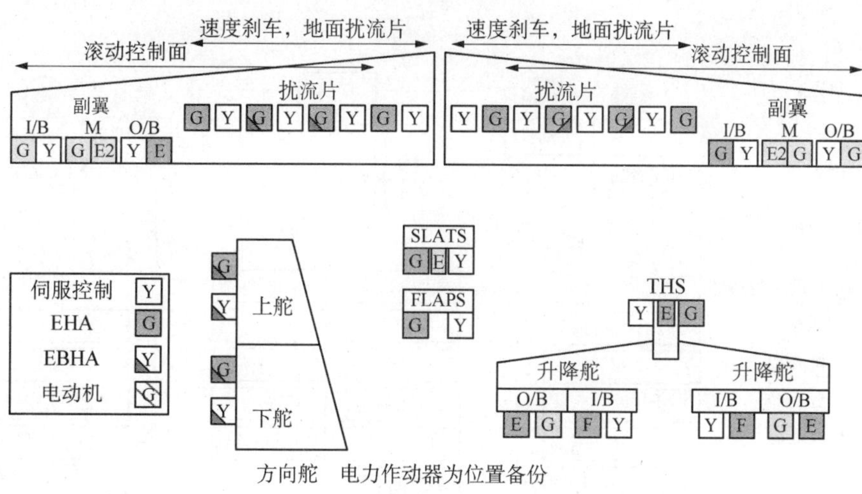

图 3-24 A380 不同功率源的作动器的分布

将图 3-24 中的作动器的情况列表,为表 3-9。从表中数据可见,除了 EBHA 本身就是电备份结构外,EHA 的应用也是作为备份使用的。

表 3-9 A380 飞机的作动器类型

名称	EHA	EBHA	液压	电作动器的分布
方向舵	0	4	0	上舵面 2 个,下舵面 2 个
升降舵	4	0	4	EHA 均为电备份
水平安定面	1	0	2	EHA 为电备份
缝翼	2	0	4	EHA 为电备份
襟翼	0	0	2	无电力作动器
副翼	4	0	8	每边 2 个 EHA,作为中间、内侧的备份

（续表）

名称	EHA	EBHA	液压	电作动器的分布
扰流片	0	4	12	每边从外数，第 3 和第 5 为 EBHA
总计	11	8	30	

2）能源的 2E/2H 结构

A380 飞机的 2E/2H 结构如图 3－25 所示。就安全性考虑，几个方面应该强调：就功率源的冗余度而言，因为两套电力系统取代了一套液压系统，能源系统的数量从三增加到四。更重要的是，液压与电动非相似的功率源的引入产生了附加的安全余度。这给一般故障提供了进一步的保护，例如维护错误会影响所有液压系统。更重要的是电能在线路铺设方面提供的灵活性更大，这导致能量分配线路更容易的分离以及液压系统所不能提供的隔离与重构能力。

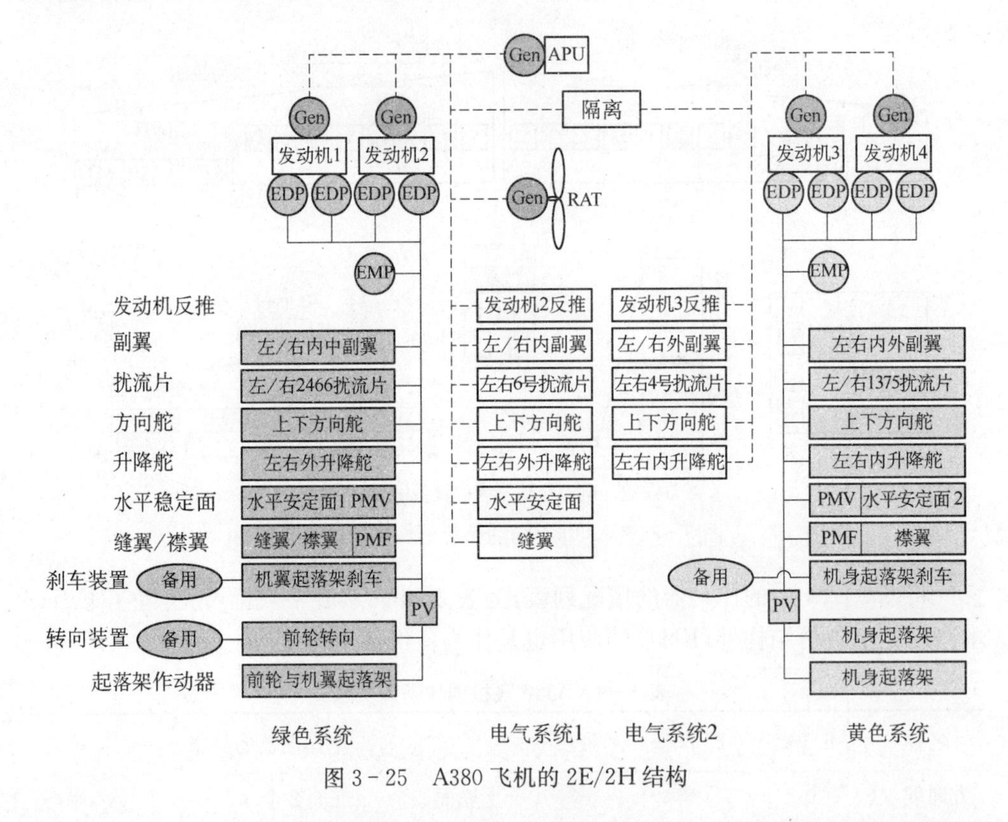

图 3－25　A380 飞机的 2E/2H 结构

由于去除了潜在的液压泄漏源，液压元件总数量的减少导致平均故障间隔时间和分配可靠性的改善。

对应液压系统（泵，油缸，过滤器，油管）的产生和分配元件的消失和由 EHA/EBHA 替代相应的伺服控制导致重量和费用的减少。

因为 EHA 优于电动马达和三级液压系统组成的伺服阀的效率，所以所需电能的下降导致全面性能的改善。

3) 电力作动器的供电方式

A380飞机为了实现对电力作动器的供电,在供电系统中专门设置了电力作动器的EHA汇流条,包括交流EHA汇流条(AC EHA bus)和直流EHA汇流条(DC EHA bus)。如图3-26所示的红框内的汇流条。显然,电力作动器的主要功率来自交流EHA汇流条,而部分小功率的控制器、测试设备等由直流EHA汇流条供电。

图3-26中的交流EHA汇流条(AC EHA bus)由交流汇流条3(AC bus 3)供电,而直流EHA汇流条(DC EHA bus)由直流汇流条2(DC bus 2)供电。显然根据图3-25中的2E/2H结构,应该存在对称的另一组图3-26没有表示出的EHA汇流条。即应该有由交流汇流条2(AC bus 2)供电的交流EHA汇流条和由直流汇流条1(DC bus 1)供电的直流EHA汇流条。

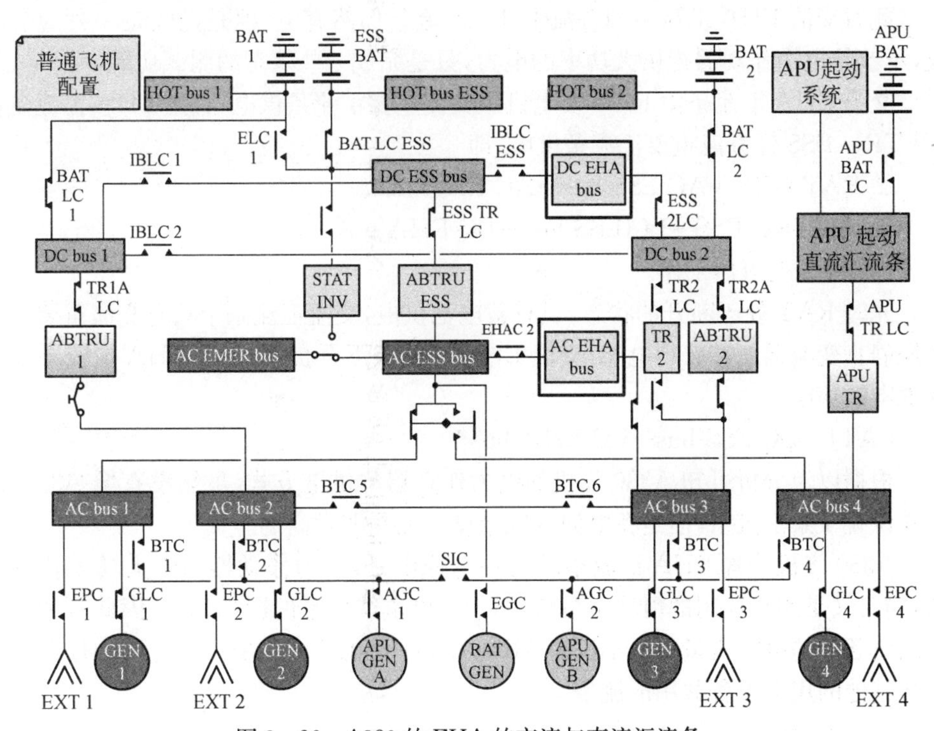

图3-26 A380的EHA的交流与直流汇流条

根据图3-26的供电系统结构,交流EHA汇流条(AC EHA bus)和直流EHA汇流条(DC EHA bus)的供电方式为:

(1) 供电系统正常。

交流EHA汇流条由主发电机3经交流汇流条3供电,直流EHA汇流条由TRU2经直流汇流条2供电,即

a. VF GEN3→AC bus 3→AC EHA bus。

b. AB TRU2→DC bus 2→DC EHA bus。

(2) 双发故障(不包括主发电机 3)。

交流 EHA 汇流条仍然由主发电机 3 经交流汇流条 3 供电,直流 EHA 汇流条仍然由 TRU2 经直流汇流条 2 供电,即

a. VF GEN3→AC bus 3→AC EHA bus。

b. AB TRU2→DC bus 2→DC EHA bus。

(3) 单发工作(VF GEN3 故障、VF GEN4 正常)。

交流 EHA 汇流条由主发电机 3 经交流汇流条 3 供电,直流 EHA 汇流条仍然由 TRU2 经直流汇流条 2 供电,即

a. VF GEN4→AC bus 3→AC EHA bus。

b. AB TRU2→DC bus 2→DC EHA bus。

(4) 应急发电机工作(RAT 发电机工作)。

此时交流 EHA 汇流条和直流 EHA 汇流条仍然有电,但是已经是一种应急情况,不能给电力作动器提供大功率的电力,只是完成一些状态的测试功能。

交流 EHA 汇流条由 RAT 发电机经交流重要汇流条供电,直流 EHA 汇流条由 AB TRU ESS 经直流重要汇流条供电,即

a. RAT GEN→AC ESS bus→AC EHA bus。

b. AB TRU ESS→DC ESS bus→DC EHA bus。

(5) 静止变流器工作。

此时 RAT 处于断开的状态,只有蓄电池供电,交流汇流条中只有交流重要汇流条经静止变流器能够获得电能,交流 EHA 汇流条不再获电,直流 EHA 汇流条能够从蓄电池获电:

BAT1→DC ESS bus→DC EHA bus。

根据以上分析可知 A380 飞机的电力作动器的供电方式,虽然没有像 A320ME 那样设置 4 条汇流条,但是在电源的冗余度方面是非常高的。

A380 飞机设置 EHA 汇流条的另一个原因是,电力作动器属于大功率扰动负载,同时又是闭环控制的恒功率负载,对于电网电能质量的影响很大,因此常常允许该汇流条上的电能质量可以不满足 MIL - STD - 704F 的标准。因此电力作动器不宜与其他的用电设备共用汇流条。

3.5.4 B787 飞机电动机负载的供电方式

B787 飞机是现代民用多电飞机的典型代表,是多电技术使用最全面的飞机,例如飞控系统、环控系统、气动系统和机轮刹车系统均部分采用或者全部采用电气系统代替。由于这些设备的功率都比较大,因此采用了特别的供电方法。

1) B787 飞机的电力作动器

在 B787 飞机上,飞控系统的舵面控制采用了两种能源混合使用的方案,其中电力作动器均采用的是机电作动器(EMA)。B787 飞机的部分机电作动器如表 3 - 10 所示。

表 3-10　B787 飞机的部分机电作动器

部位	EMA 数量	液压作动器数量	电作动器的分布
增升	2	2	液压和电气双余度结构,EMA 为备份
缝翼	2	4	EMA 为备份
平尾	2		将电动机和位置传感器集成到作动器
扰流片	4	12	其中第 4、5、10、11 片为 EMA

B787 飞机除了飞控系统的机电作动器外，还有若干电动机负载，包括液压泵电动机(HYD)、燃油泵(fuel pump)、氮气发生系统(NGS)、冲压风扇电动机(ram fan)和应急喷油泵(OJMC)等。

2) B787 飞机电动机负载的供电方式

A380 和 B787 飞机同为多电飞机，在飞控系统使用了电力作动器，而且主电源都是 360～800 Hz 的变频电源，但在为电力作动器供电方式上有所不同。

(1) 在 A380 飞机上电力作动器电力电子控制器采用了交-直-交变换结构，其中交-直变换采用了自耦变压整流器(ATRU)。而在 B787 飞机上，由 4 台自耦变压整流器(ATRU)将 230 V/360 V～800 Hz 的变频电源变换为±270 V 直流电源，电动机的控制器可以直接使用该±270 V 直流电源。

(2) 由于 A380 飞机配电系统仍然采用汇流条配电方式，并且为电力作动器专门设置了 EHA 汇流条。而在 B787 飞机上采用的负载自动管理方式，是通过软件来定义负载的重要性或在什么条件下供电，因此没有专用汇流条。

B787 飞机为电动机的供电方式如图 3-27 所示，四条±270 V 直流汇流条为各种电动机控制器 MC(motor controller)供电，对座舱空气压缩机 CAC(cabin air

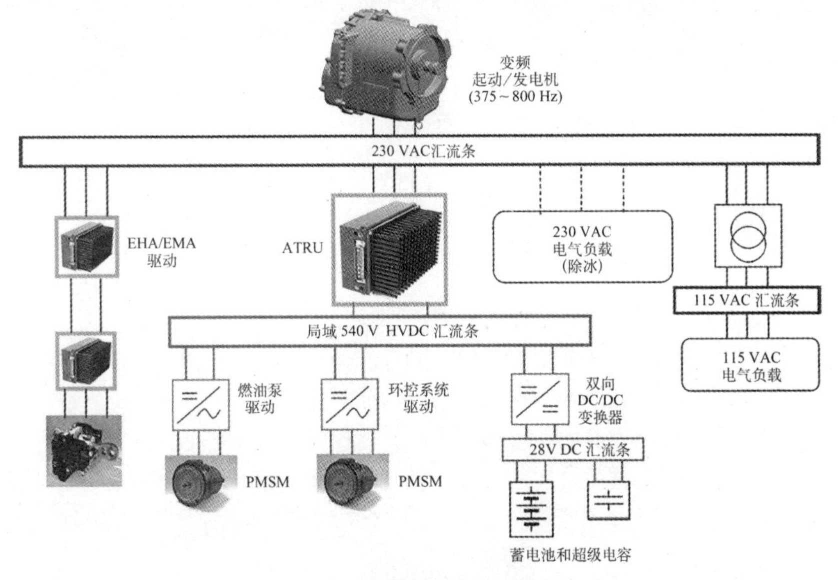

图 3-27　电动机控制器的供电方式

compressor)、液压泵电动机(HYD)、燃油泵电动机(fuel pump)、氮气发生系统(NGS)、冲压风扇电动机(ram fan)、应急喷油泵(OJMC)等进行驱动。

由图3-27可见,飞控系统的EHA和EMA作动器,在B787飞机上并没有使用±270 V直流电,而是直接采用230 V变频交流电,独立地进行电能交换,完成电力作动器的驱动。

4 民机配电与管理系统

飞机配电系统的主要功能是将飞机电源系统的电能传输并分配至机载用电设备；同时，还具有保证配电系统出现故障时，防止故障蔓延扩散的控制与保护功能。飞机配电系统由输电线路、供配电管理装置、保护设备和检测仪表等设施组成。

随着电子技术的发展，在飞机电气系统中，供配电和管理技术得到最明显的发展，采用了微处理器、数据总线、固态功率控制器等技术，使得配电系统向智能化、自动化、数字化的方向发展。

4.1 传统民机配电系统和布局

飞机上电能的传输线路称为飞机电网，其中电网中电能的汇集处称为汇流条。不同类型的飞机设计的汇流条各不相同，即电网的结构各有特点。例如图 4-1 所示的电网是一种有两台主发电机、一台 APU 发电机供电系统，其中设置有两条主汇流条连接发电机，为大功率用电设备供电，另外设置有转换汇流条为二次电源等设备供电。

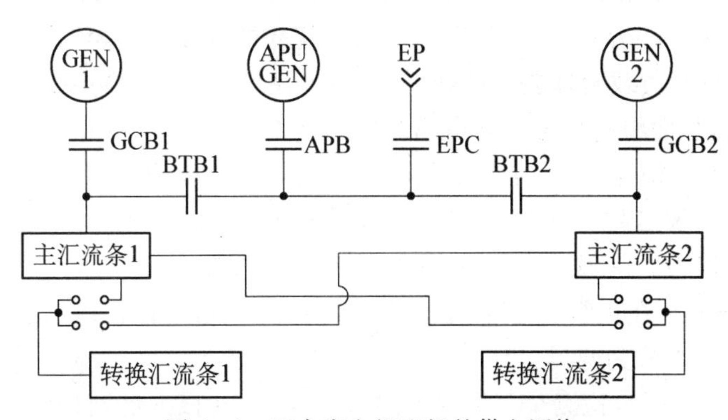

图 4-1 双主发电机飞机的供电网络

按常规电网概念，供电系统除电源外，还应由输电与配电两部分组成，而由于飞机输电路径比较短，在讨论供电系统技术问题时，将两者合在一起考虑，可称为输配电系统，而在飞机领域统称为配电系统。

4.1.1 飞机配电系统的性能要求

飞机电网的分布决定于飞机用电设备的分布,几乎遍布于飞机全身。因此飞机配电系统十分复杂,且易于发生故障。根据飞机配电系统工作特点,为了保证安全飞行和完成任务,其设计与装配必须满足一定的技术要求。

1) 常规飞机配电系统的性能要求

一般情况,飞机对配电系统要求满足以下技术要求:

(1) 飞机配电系统必须有高的可靠性和强的生命力。要求在正常和各种故障状态下保证用电设备不间断供电,特别要保证安全返航用设备的连续供电。发生短路故障时,应有排除故障的能力,或限制故障的范围,避免故障扩大,防止导致火灾等事故。

(2) 保证用电设备端电能的质量。电能质量高低直接影响到用电设备的性能和仪器的精确度。不仅在正常供电时要保证供电质量,而且要保证在各种故障情况下仍有较高的供电质量。

(3) 电网重量轻。对于低压直流电网,电压低,电流大,导线粗,减轻电网质量更需采取必要措施。

(4) 易于安装、检查、维修和改装。

(5) 要采取滤波和屏蔽设施,减少对电子和通信设备的电磁干扰。为消除飞机上的静电干扰,飞机上各金属部分应有良好接触(电连接使之成为一个整体),并需安装静电放电器。

2) 多电飞机配电系统的性能要求

在多电飞机的配电系统设计中,除了要能够满足普通飞机的设计要求外,还要能够满足以下几个新的要求。

(1) 要求具有容错供电的能力:所谓的容错要求,是一种故障后系统仍能保持正常运行的要求。经分析可知,只有四通道系统才能满足上述容错性的要求。

(2) 要求具有负载管理能力:因此将在供电系统中采用供电系统处理机和电气负载管理中心,从而将直接影响配电系统的布局。

(3) 应具有自检测能力:在多电飞机上要求具有自检测的能力。如都应具有飞行前自检测和系统实验、飞行中连续地或周期性监控供电系统,以及为维护人员提供故障信息等能力。一般情况下,自检测具有三种功能:

a. 自检测——在正常运行时,通过起动和停机来自动地检测、存储和指示故障状态。运行检测又分为两类:

(a) 连续性运行自检测——主要检测系统参数,并根据询问指示故障类型和采取相应地的校正行动;

(b) 周期性自检测——周期性的检测保护装置的保护性,如断路器、接地故障探测器和相位传感器。

b. 维护自检测——在飞行前和飞行后根据要求进行,检查系统或设备是否正常。

c. 试验自检测——主要用于设备更换时以及脱机和工厂检测，试验设备性能是否正常。

4.1.2 飞机电网的线制

目前，飞机上的电源系统分为直流电源系统和交流电源系统两大类，因此对应的飞机电网也分为直流电网和交流电网两大类。

1) 直流电网的线制

在直流电源系统的飞机上，配电系统的电网分为单线制和双线制两类，如图 4-2 所示。

在单线制电网中，发电机和用电设备的正端采用导线，采用飞机的金属壳体作为负线。单线制电网是飞机直流电源系统中常用线制。单线制电网的结构如图 4-2(a) 所示。单线制电网的优点是电网用导线少，质量轻，安装和维护方便，缺点是任一导线与机壳接触都会发生短路故障，因而对导线的绝缘要求高。

在双线制电网中，发电机和用电设备的正负端均采用导线。双线制电网的结构如图 4-2(b)所示。双线制电网的优点是导线与飞机壳体接触不会发生短路，因而可靠性比单线制电网高；缺点是在传输功率和相同电压降的条件下，电网因使用导线多而比单线制电网重。在早期的飞机上由于供电线路不长，且机身多是木质结构或混合结构，双线制电网使用比较普遍。在现代飞机上，双线制电网只用于局部电网，一般用于设备负线不能与飞机壳体有可靠电接触的场合，例如某些飞机发动机上的电气附件。

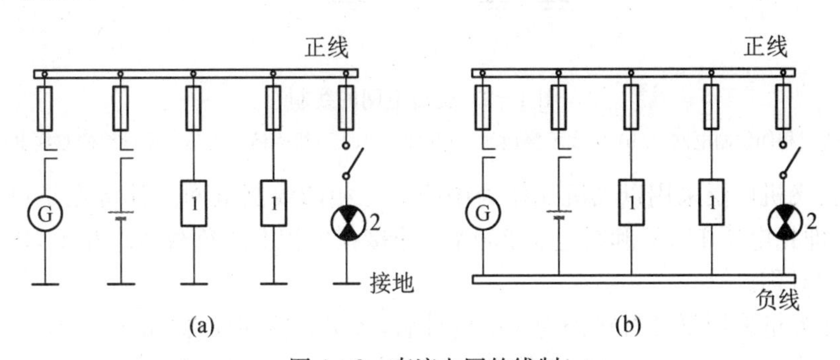

图 4-2 直流电网的线制

(a) 单线制电网 (b) 双线制电网

在单线制电网的飞机上，特别重要的用电设备可采用双线制，以防止这类用电设备产生误动作的可能。在无人驾驶飞机上，为增加电气设备的可靠性和生命力，也可采用双线制电网。

2) 交流电网的线制

在交流电源系统的飞机上，配电系统的电网分为单相交流电网和三相交流电网两类。单相交流电网有单线制和双线制两种，与直流电网的单线制和双线制类似。

目前，广泛采用单线制交流电网。三相电网是目前飞机上应用最多的一种电网。有三种接线形式，即以飞机壳体为中线的四线制电网，其结构如图 4-3(a)所示；中线不接地的三相电网，其结构如图 4-3(b)所示；飞机壳体作为第三相导线的双线电网，其结构如图 4-3(c)所示。图 4-3 表示有单相用电设备和三相用电设备的连接方法。

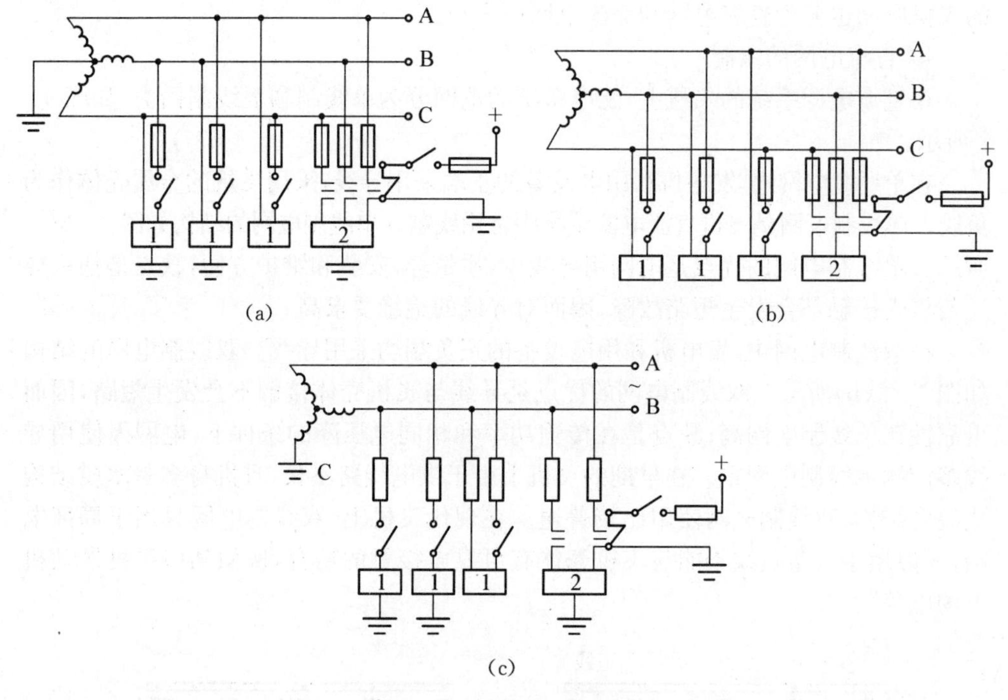

图 4-3 交流电网的线制

(a) 三相四线制电网 (b) 中线不接地的三相电网 (c) 飞机壳体作为第三相导线的双线电网

现代飞机广泛采用以飞机壳体为中线的三相四线制电网。其特点是可获得两种电压，即相电压 115 V 和线电压 200 V。连接在各相上的负载力求相等，以保持三相系统的对称。

而在大量采用复合材料作为飞机构件后，飞机壳体的局部(或较大部分)将不再是金属结构，飞机壳体将不能替代导线来起到输送电能的作用。

4.1.3 飞机配电系统类型

按输电线路的电网结构形式，飞机配电系统可分为集中、混合、分散和独立四类配电方式。

1) 集中式配电系统

集中式配电系统中所有电源的电能均汇集于中心配电装置，并联于唯一的公共电源汇流条上，用电设备也将由此获得所需电能。电源和用电设备的电缆线的保护装置、电源的控制和调节装置都集中在中心配电装置上，中心配电装置位于空勤人员能直接接近的地方。用电设备的控制装置位于相应的功能配电盘和操纵台上。

集中式配电的原理电路如图 4-4 所示。其主要优点是当一台发电机损坏时,用电设备仍能由其他发电机继续供电,操作维护方便。因此,这种配电方式在直流配电系统中仍有广泛应用。而缺点是配电系统质量大,中心配电装置笨重,一旦受到损坏,所有用电设备均断电。

另外,两台发电机并联供电,对于直流电比较方便,而对于交流电网则控制比较复杂,现在民机上很少使用。

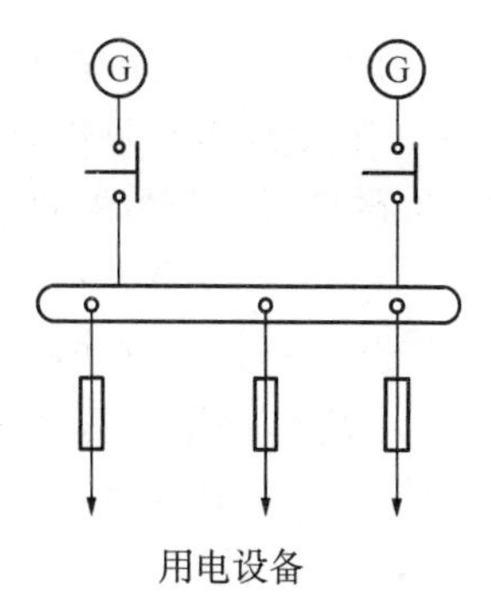

图 4-4 集中式配电原理

2) 混合式配电系统结构

混合配电系统中由电源产生的电能都输送给中心配电装置。除设置有中心配电装置外,还分区设置多个分配电装置,它们安装在飞机的不同部位。大功率用电设备直接由中心配电装置供电,其他用电设备所需电能,从就近的分配电装置获取。

混合式配电的原理电路如图 4-5 所示。在这种系统中,各用电设备可分别就近由上述两种配电装置获取电能;而一些大功率用电设备,一般由中心配电装置供电。这种配电系统可大大减小导线用量,简化中心配电装置,减轻其质量。但只要中心配电装置遭到破坏,全部用电设备的供电立即中断,与集中式配电一样。这种配电方式目前广泛用于中型飞机。

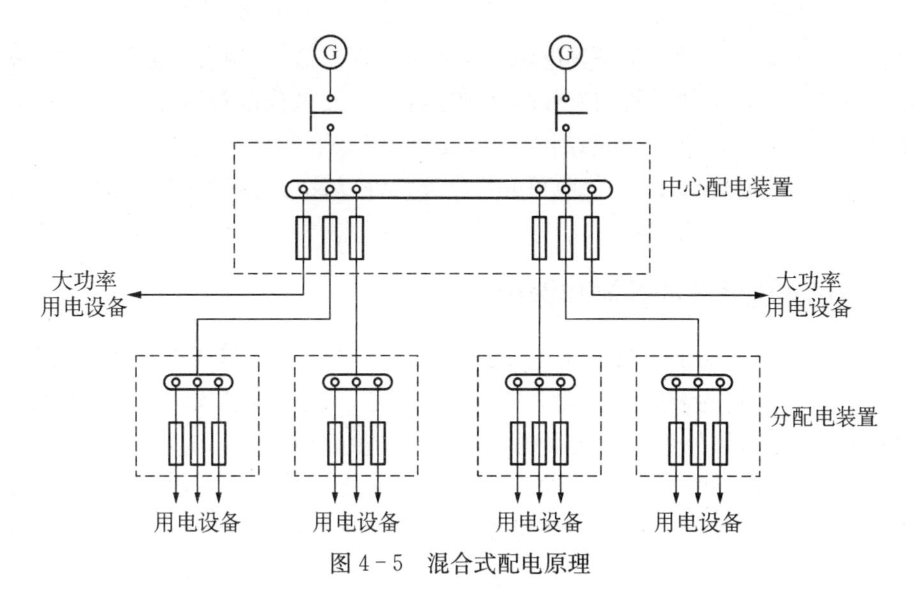

图 4-5 混合式配电原理

3) 分散式配电系统结构

分散配电系统设置有相互连接的多个中心配电装置,系统中每个电源的电能传送至最近的中心配电装置,大功率用电设备由中心配电装置供电,并与就近的中心配电装置连接;同时设置有分配电装置给其他用电设备供电,每个分配电装置的电能由就近的中心配电装置提供。此种配电方式下,用电设备的电能可由多个通路获取。独立配电是指供电系统中,每个电源各自设置配电装置和相应用电设备相连接,往往由多个集中配电子系统或混合配电子系统组成。

分散式配电方式如图 4-6 所示。系统中各发电机不并联运行,即每个电源各自的电源汇流条和用电设备汇流条互不并联,但能转换。分散式配电方式适用于电路分支多、用电设备连接导线截面较大的场合,尤其在两台发动机的飞机上得到广泛使用,如当前两台发动机的民用飞机,几乎都采用这类配电方式。由于其电源不并联运行,控制保护简单,系统可靠性高,但有可能出现"拍频"干扰,设计系统时要注意。

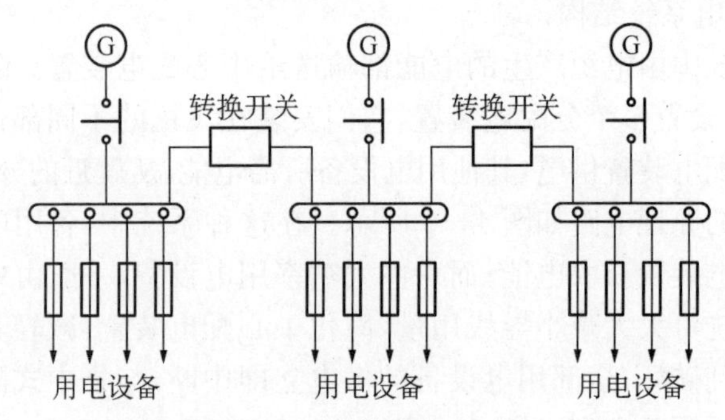

图 4-6 分散式配电原理

飞机配电系统质量通常是其电源系统质量的好几倍,大型飞机更是这样。减轻配电系统质量可以增加飞机的有效载荷和航程。一般机载设备增加 1 kg,飞机就要增加 3～4 kg 的质量,包括飞机结构因素、发动机和燃料的增重等。

总之,配电方式对系统的供电可靠性和连续性以及与之有关的飞机战斗生存力等重要战技指标有较大影响。

4.2 飞机配电系统的控制和保护

供配电系统的功能是确定输电线路中功率开关设备正确闭合或断开,其中对此进行管理与控制的装置称为配电控制管理中心。在正常状态下,它能实现供电电源的正常转换,如外部电源与飞机主电源间转换,辅助电源与主电源间转换,外部电源与辅助电源间、主电源间的相互转换等功能。其次当主电源出现故障时,它能实现电源与汇流条间的切换,将故障主电源隔离,并保证机载重要用电设备的供电。

4.2.1 飞机配系统的控制功能

一种双发电机构成的常规配电控制系统的布局如图 4-7 所示。配电控制管理中心在进行配电控制中,会将交流发电机的输出功率加载到一个或多个主交流电源汇流条上,并且按照要求对电力进行控制与分配。

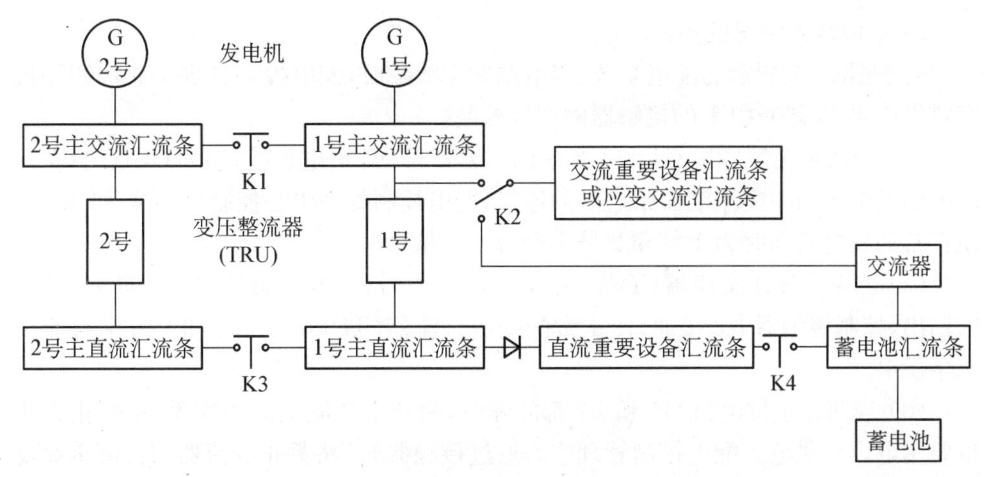

图 4-7 常规配电系统布局

1) 正常情况下的控制功能

对于图 4-7 所示的配电系统,在正常的情况下,配电控制管理中心按照下面的要求进行配电控制。

(1) 非重要交流用电设备的供电控制。

非重要交流用电设备指不影响飞行安全的交流设备,一般连接在主交流汇流条上。配电控制管理中心将两台发电机的电功率分别加载到两条主交流汇流条上,并通过这两条汇流条向非重要交流用电设备提供 115/200 V 交流电,以及分别向两台变压整流器(TRU)供电。

(2) 重要交流用电设备的供电控制。

重要交流用电设备指保证安全飞行而必不可少的交流设备,连接在交流重要设备汇流条上。配电控制管理中心把电能输送到交流重要设备汇流条和(或)应急交流电源汇流条上,由该汇流条向重要交流用电设备提供 115/200 V 交流电。

(3) 非重要直流用电设备的供电控制。

非重要直流用电设备指不影响飞行安全的直流设备,一般连接在主直流汇流条上。配电控制管理中心把两条主交流汇流条的电能分别加到两台变压整流器(TRU)上,TRU 进行交-直变换后分别向两条主直流汇流条供电,再通过主直流汇流条向非重要直流用电设备提供 28 V 直流电。

(4) 重要直流用电设备的供电控制。

重要直流用电设备指保证安全飞行而必不可少的直流设备,连接在直流重要设备汇流条上。配电控制管理中心把电能加到直流重要设备汇流条上,通过直流重要设备汇流条向连接在该汇流条上的保证安全飞行而必不可少的直流用电设备提供 28 V 直流电。

通过转换措施,可使应急电源向应急电源汇流条和(或)重要用电设备汇流条供电,以及使外电源向机上用电设备供电。

2）电源故障情况的控制功能

对于图4-7所示的配电系统，当电源发生故障时，配电控制管理中心按照飞机容错供电要求，进行以下的接触器的切换控制。

(1) 当两台主发电机G1和G2中的一台故障时，发电机控制器(GCU)会断开故障的发电机与主交流汇流条之间的连接，配电控制管理中心控制接触器K1接通，使正常的发电机同时为1号和2号主交流汇流条供电。

(2) 当两台变压整流器(TRU)中的一台故障时，配电控制管理中心断开TRU的输出，控制接触器K3接通，使正常的变压整流器(TRU)为1号和2号主直流汇流条供电。

(3) 当两台主发电机G1和G2都故障时，两台主交流汇流条均无电，停止为非重要用电设备供电。配电控制管理中心通过接触器K2将静止变流器与交流重要设备汇流条接通，同时通过接触器K4接通蓄电池汇流条与直流重要设备汇流条。

(4) 如果主发电机至少有一台正常，当两台变压整流器(TRU)均故障时，则配电控制管理中心通过接触器K2仍然将交流重要设备汇流条与主交流汇流条接通，同时通过接触器K4接通蓄电池汇流条与直流重要设备汇流条。

4.2.2 飞机电网的保护功能

飞机电网保护是指飞机供电系统出现过载或短路状态时对电线(电缆)的保护。飞机电气设备使用不当，电机、电器、电线等电气设备的绝缘老化，受机械损伤或战斗损坏等原因，都可能使电网发生短路或过载。电网短路时将出现很大的短路电流，随之产生大量热量和很大的机械力，致使设备损坏，供电中断，甚至造成事故。飞机上，短路会产生电弧，将使短路处金属熔化或燃烧从而出现间歇性短路，这是极具危险的故障。所以，必须设置电网保护装置，当发生故障或出现不正常工作状态时，将故障部分迅速切除。

1）电网保护装置的基本要求

根据飞机电网工作特点，其保护装置的基本要求为以下几点。

(1) 可靠性：要求保护装置能在电网发生短路故障或不正常状态时，能够正确而可靠地工作。

(2) 选择性：电网发生故障时，保护装置应只切除故障部分，而保证其他网路继续正常运行。

(3) 动作的快速性：保护装置切除故障动作要迅速，以防止事故蔓延扩大，减轻其危害程度。

(4) 准确性：保护装置保护动作发生的参数指标要与故障参数指标协调，能实现正确的保护动作，而不发生误保护、误动作。

(5) 灵活性：对保护范围内所出现的故障或不正常状态有足够的反应能力。

除此之外，还要求保护装置简单可靠，使用和维护方便。同时，在飞机工作环境条件变化时，保护装置的特性要有一定的稳定性。

2）飞机电网的保护装置

飞机直流电网中广泛使用的保护装置有熔断器（熔体）和热断路器（双金属自动开关），这两类保护装置都具有反延时特性，即断开或熔断的动作时间与通过的电流成反比，如电流越大，断开时间越短，如图 4-8所示的安-秒特性。它们都属最大电流保护装置，用来保护馈电线和用电设备。

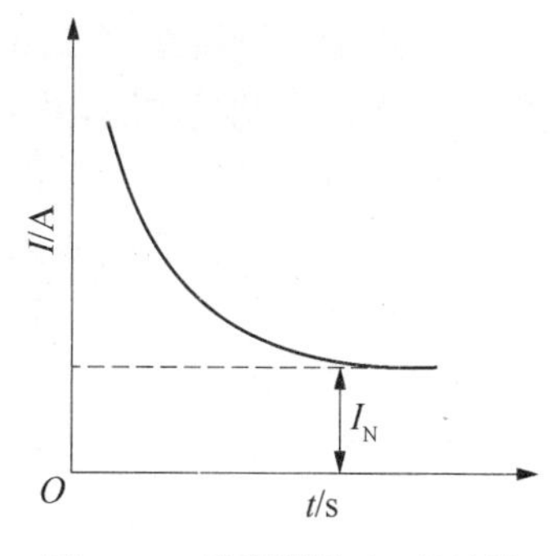

图 4-8 熔断器的安-秒特性

在飞机交流供电系统中，对于单相、三相电网（馈电线）的保护，可以使用直流电网保护中所采用的熔断器和热断路器。目前，已有专为交流电网用的单相（115 V/200 V）自动保护装置和三相（200 V）自动保护装置。后者当一相过载时，三相电路都将被断开。

要求瞬时动作保护和定时动作保护时，可采用磁断路器，它是带触点的电磁机构。最简单的磁断路器电气接线原理如图 4-9 所示。触点 K 可以手动使之闭合，绕组 O 中的电流超过临界电流（规定值）时，由该电流产生的电磁力使电磁铁衔铁 A 动作，保险片（卡片）3 释放，触点 K 断开。这种磁断路器的瞬时安-秒特性曲线如图 4-10(a)所示。通常称其为高限保护装置。如果在电路中装上延时继电器或延时电路，可得定时磁断路器，它的安-秒特性曲线如图 4-10(b)所示。

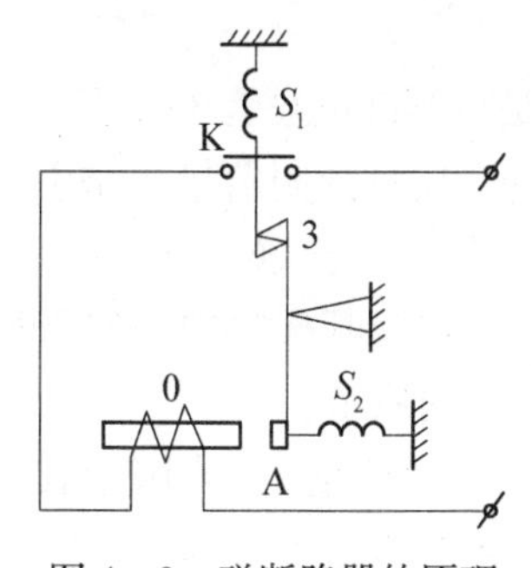

图 4-9 磁断路器的原理

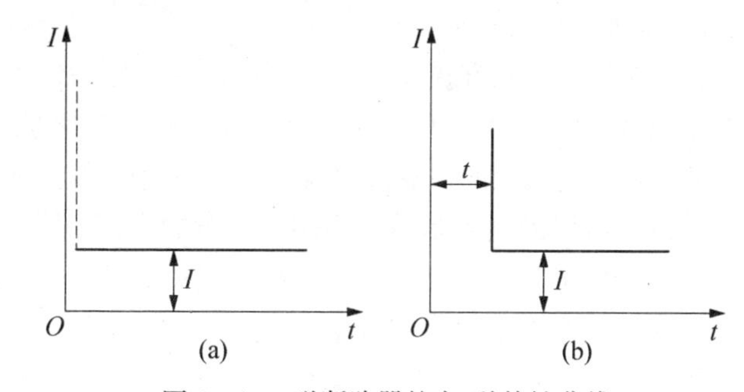

图 4-10 磁断路器的安-秒特性曲线

4.2.3 配电控制管理方法

配电控制管理中心采用功率开关设备实现电源和用电设备供电或断电的控制，例如常规的断路器、接触器或现代的固态功率控制器等。根据配电控制管理中心对功率开关设备的控制管理方式，飞机配电系统又可分为常规、遥控和固态三种类型。

1）常规配电控制

早期的飞机配电系统绝大多数都采用常规配电控制。控制装置采用了诸如继电器、接触器、断路器、限流器等机电式配电设备。为了使空勤人员能直接操纵和控制这些配电设备，配电中心就安装在驾驶舱内。

常规配电控制系统如图 4-11 的上半个飞机图所示，由于发电机馈电线必须从发电机端敷设到驾驶舱，然后再从驾驶舱返回到机身中部的负载中心，因而主馈电线又长又重。特别是大飞机，因飞机用电量大，常规配电控制将使电缆质量大的矛盾突出。一般飞机驾驶舱部分的用电量只占总用电量的25%左右，采用常规配电控制需将全部电力先输送到驾驶舱，然后再将75%的电力从驾驶舱返回到机身中部的负载中心，这显得十分不合理。

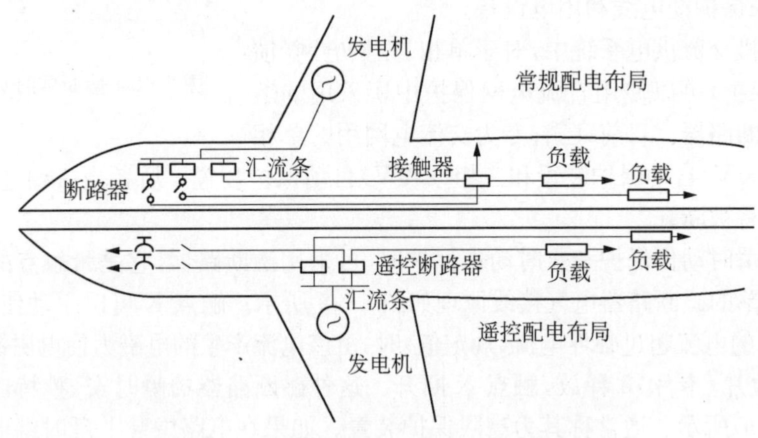

图 4-11　常规配电布局和遥控配电布局的结构

2）遥控配电控制

遥控配电控制方式如图 4-11 的下半个飞机图所示，是将其配电盘置于飞机座舱外，配电系统中的功率开关设备的通断控制由遥控方式实现，仅将控制信号线路引入座舱。在相同的长度和根数的情况下，控制信号线的质量远小于馈电线的质量。

一些遥控配电控制是对不用于座舱的那部分电力进行遥控，其配电中心置于机身中部。由于主馈电线只需敷设到飞机中部，可大大减轻电网质量。

遥控配电控制的关键设备是遥控断路器，在 20 世纪 80 年代前，都采用老式遥控断路器，由空勤人员操作，遥控断路器线路要接于驾驶舱中的指示/控制装置，所以还需将控制信号线路引入座舱。虽然导线总质量有所减轻，但导线总长度反而比常规配电控制有所增加。

20 世纪 80 年代后，研制出了新遥控断路器。采用微处理机来实现控制和监测功能，并与计算机化的总线管理综合，实现了采用多路传输和微处理机技术的遥控配电控制，其布局已经不是图 4-11 所示的遥控配电系统，而是新型的自动配电系统。

3）固态配电控制

固态配电系统是基于现代计算机技术、固态功率控制器、数据总线技术的先进配电系统。它采用多路传输系统及固态功率控制器来控制负载的通断并保护配电网络。固态配电方式如图 4-12 所示，取消了众多的离散信号控制线，由计算机通过多路传输数据总线传递控制信号和状态信息，经固态功率控制器对用电设备进行控制和保护，由座舱内的综合显示装置显示系统状态。该配电控制系统，因为是负载的按通与断开是采用固态功率控制器来实现的，故称其为固态配电控制系统。

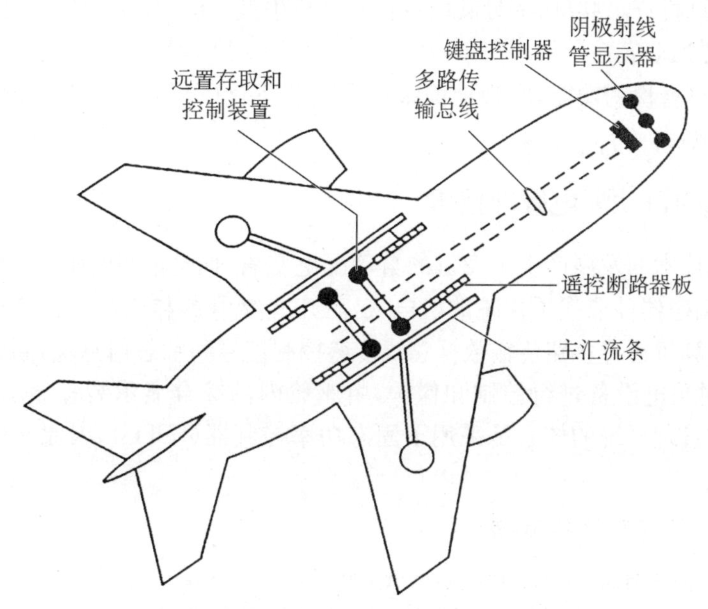

图 4-12 采用多路传输技术和微处理机的遥控配电布局

固态配电系统采用分布式汇流条配电方式，飞机座舱内无须设置配电中心的装置，用电设备就近与配电汇流条相连，由固态功率控制器进行控制和保护。因此，在这种配电方式下，微型计算机全部或部分代替了飞行人员的操作，进行负载的自动控制和管理，减轻了飞行人员的负担。

由于采用了多路传输技术，电线长度和质量将进一步减少。同时由于采用微处理机来完成所要求的控制和监控功能，提高了配电系统的效率和可靠性。再由于用键盘控制器和显示器取代了众多的指示/控制装置，也缓和了驾驶舱控制板上设备的拥挤程度。

固态配电技术是飞机电气系统自动配电与管理的基础，飞机采用自动配电管理后，供电系统有以下特点：

(1) 电网质量小，配电汇流条设置在用电设备附近，电源至用电设备间的馈电线可取尽量短的路径，并显著地减少了控制线。

(2) 具有容错供电的能力，即供电系统出现故障后仍能向用电设备供电。

(3) 实现了负载自动管理，自动协调电源所能供给的功率和用电设备所需的功率，有效地提高了电源利用率，有秩序地加载与卸载，避免了多个大容量负载同时突加或突卸，改善了供电品质，减轻了飞行人员的负担，避免了误操作引起的事故，缩短了负载监控时间。

(4) 固态功率控制器具有接通断开负载、实现电路故障保护和提供开关状态信息的功能,保护作用通过直接检测电流来实现,而不是采用热保护方式,改善了保护选择性。

(5) 计算机资源共享,一旦其中一台计算机失效,其工作可由别的计算机分担,保证系统连续运行。

(6) 具有自检测功能,实现地面维护自检和飞行中周期性自检,提高了维修性和飞机出勤率。

4.3 飞机的自动配电管理技术

计算机技术的发展产生了飞机的自动配电与管理。随着电力电子和微电子技术的发展,固态器件取代了传统的机电式、触点式继电器和接触器。自动配电与管理系统由计算机通过多路传输数据总线传递控制信号和状态信息,由固态功率控制器(SSPC)对用电设备进行控制和保护,由座舱内的综合显示装置显示系统状态。自动配电与管理系统的核心是采用了固态功率控制器(SSPC),因此又称为固态配电管理系统。

4.3.1 固态功率控制器

固态功率控制器(solid state power controllers, SSPC)是由半导体器件构成的智能开关装置,用于接通断开电路,实现电路保护和接受前级计算机的控制信号并报告其状态信息。功能与传统的机械式热自动开关、熔体与继电器串联的组合器件及其他控制保护器相似,而性能则大大优于传统的装置,能快速接通和断开电路,不产生电弧,高空性能好,特别适合于航空应用;内部没有活动部件,无机械磨损,故障率低,可靠性高;过载时按反延时特性“跳闸”,保护电气负载设备和线路;有智能芯片的 SSPC,反延时可以采用软件编程来实现;设有电气隔离措施,抗干扰能力强。

1) 28 V 直流固态功率控制器

28 V 直流固态功率控制器主要由控制保护模块、电源模块和隔离电路模块三部分组成,其原理如图 4-13 所示。

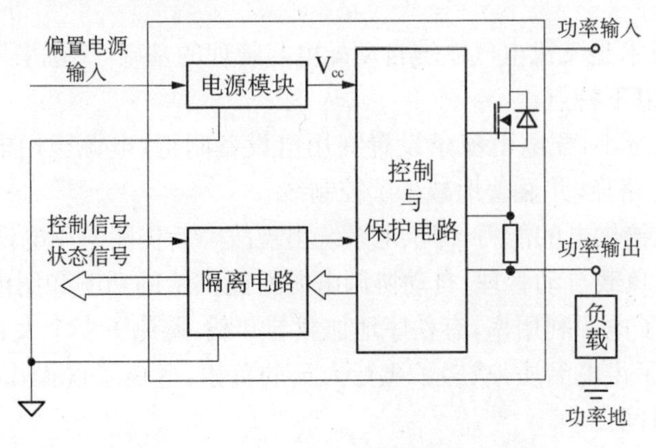

图 4-13 28 V 固态功率控制器原理

控制与保护电路模块是固态功率控制器(SSPC)的核心模块,它实现了功率驱动控制、I^2t 反时限过流保护、短路保护以及状态检测锁存等功能。隔离控制电路是直流固态功率控制器与电气负载管理中心的输入输出接口部分,实现与电气负载管理中心(ELMC)状态信息的交换;状态信号的接口电路是固态功率控制器与电气负载管理中心的接口,它起着传递信号的作用。由于电气负载管理中心采用弱信号(TTL 电平或 CMOS 电平)对 SSPC 进行控制和状态检测,为了避免电磁干扰(EMI)及其他信号的干扰,固态功率控制器与上位机通信的信号需要电气隔离。电源模块为固态功率控制器提供内部供电电源。

2) 270 V 直流固态功率控制器

270 V 固态功率控制器总体结构与 28 V 固态功率控制器基本一致,由电源模块、隔离电路模块和控制保护模块组成,其原理如图 4-14 所示。

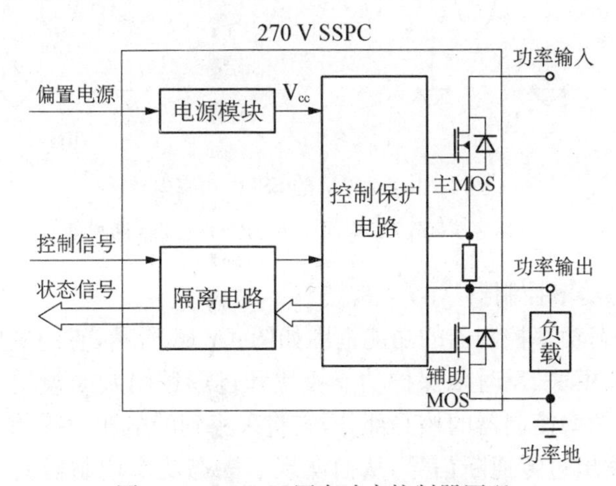

图 4-14 270 V 固态功率控制器原理

图 4-14 中的电源模块、隔离电路模块结构与 28 V 的 SSPC 一致;在控制保护模块中,由于 270 V SSPC 中增加了辅助功率管,电路结构略有不同。

辅助功率管在电路中起到泄漏箝位和保护的作用:

(1) SSPC 关断状态下,功率回路中仍然会有少量的漏电流存在,当负载呈现一定的容性时,如图 4-15(a)所示,长时间关断状态下,漏电流将会在负载上累积一定的电压。在 SSPC 关断时,如果该电压大于安全电压时,会对安全产生危害,所以必须对功率输出端的电压进行箝位。当漏电流产生的功率输出端的电压超过安全电压时,泄漏箝位电路使辅助功率管开通,使功率输出端的电压维持在安全电压以下。

(2) 固态功率控制器接阻容性负载关断瞬间(即主功率管关断瞬间),如图 4-15(a)所示,泄漏箝位电路也将使辅助功率管开通从而形成快速放电回路,使负载电压快速下降。

(3) 固态功率控制器阻感性负载关断时(主功率管关断瞬间),如图 4-15(b)所示,将在电感两端产生上负下正的感应电压,此感应电压和 270 V 电压同极性加在主功率管两端，如果感应电压很大，将会损坏主功率管。而辅助功率管内部寄生的反并联二极管则为关断瞬间的阻感性负载提供了电流续流回路，避免在主功率管上产生很大的感应电压，起到保护主功率管的作用。

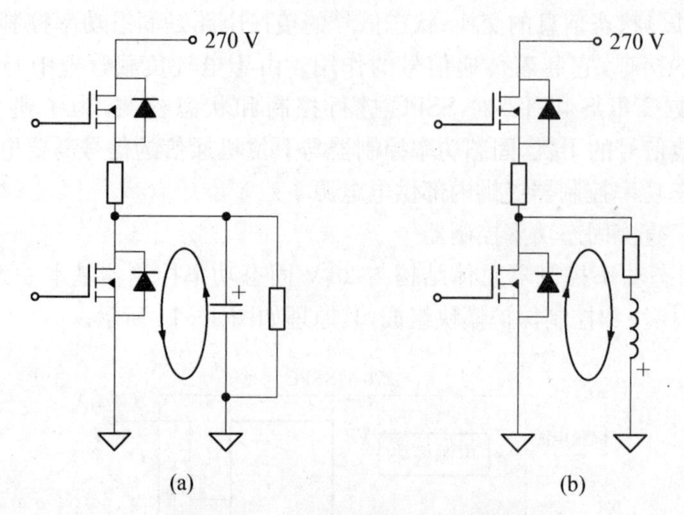

图 4-15 270 V 的 SSPC 功率电路

(a) 阻容性负载关断瞬间 (b) 阻感性负载关断瞬间

3) 交流固态功率控制器

单相交流固态功率控制器的功能框图如图 4-16 所示，它的主要功能模块有电源模块、状态隔离模块、反时限保护功能模块和过零逻辑判断模块。过零逻辑判断模块是交流固态功率控制器的核心部分，它将采集到的电压过零信号和电流过零信号经过处理后，发出过零通断信号，从而实现了固态功率控制器的零电压导通和零电流关断。

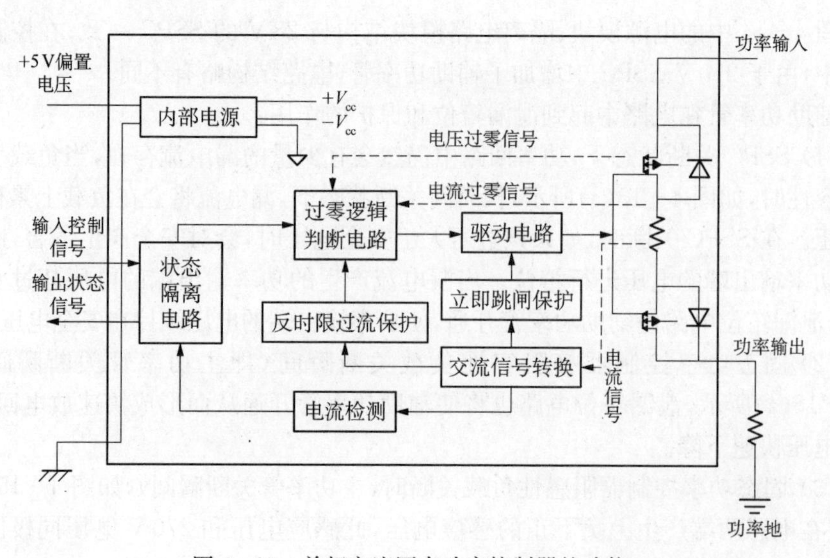

图 4-16 单相交流固态功率控制器的功能

三相交流固态功率控制器(SSPC)如图 4－17 所示，它是在单相交流固态功率控制器的基础之上发展起来的，可以看成是三个单相交流固态功率控制器的组合。三相 SSPC 拥有单相交流固态功率控制器的全部功能，如零电压导通、零电流关断、反时限过流保护、状态检测等。但这不是简单的拼凑，与单相固态功率控制器相比，它主要有两点不同：

(1) 根据三相负载的要求，三相固态功率控制器要同时通断。

(2) 当其中的一相出现故障关断时，另外两相也要相应地关断。

所以，在实际应用中将单相交流固态功率控制器组合成三相时，需要另外添加图 4－17 中的外围配置电路。

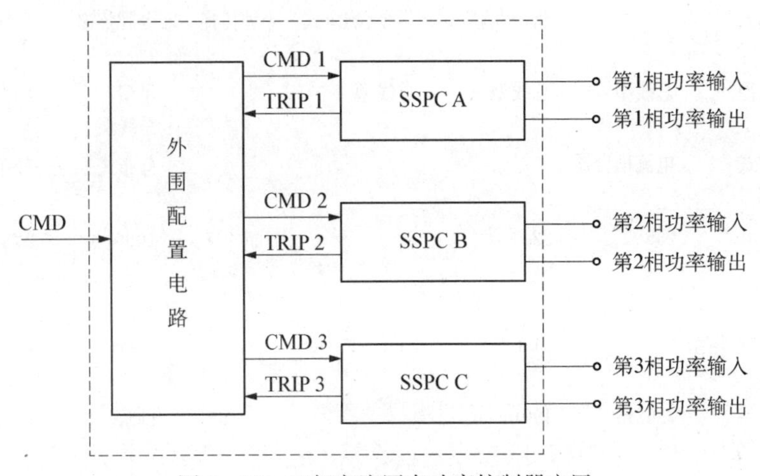

图 4－17　三相交流固态功率控制器应用

4.3.2　飞机配电管理中的数据总线

飞机自动配电管理系统的主要优势之一，是采用了多路数据总线，取消了众多的离散信号控制线，能够由计算机给出控制信号，由 SSPC 对用电设备进行控制和保护，由座舱内的综合显示装置显示系统状态。

1) 航空用多路数据总线

目前在航空中采用的数据总线主要有：ARINC 航空数据总线、CSDB 商用航空数据总线、MIL－STD－1553B 及其他军用航空数据总线、LTPB 线性令牌传递总线、FDDI 光纤分布式数据接口、SCI 可扩展一致性接口等。航空数据总线综合对比如表 4－1 所示。

表 4－1　常用的航空数据总线对比

总线	ARINC429	ARINC629	MIL－STD－1553B	MIL－STD－1773	HSDB	LTPB	FDDI
传输	12.5 kbps	2 Mbps	1 Mbps	1 Mbps	20 Mbps	20 Mbps	100 Mbps

（续表）

总线	ARINC429	ARINC629	MIL-STD-1553B	MIL-STD-1773	HSDB	LTPB	FDDI
速率	100 kbps						
信号码型	双极性归零码	曼彻斯特Ⅱ型码	曼彻斯特Ⅱ型码	曼彻斯特Ⅱ型码	曼彻斯特Ⅱ型码	曼彻斯特Ⅱ型码	4B/5BNRZL
传输介质	双绞线屏蔽电缆	双绞线屏蔽电缆	屏蔽电缆	光纤	同轴电缆、光纤	同轴电缆、光纤	光纤
通信方式	单向	双向	双向	单向	双向		
传输协议	广播式		指令/响应式	指令/响应式	令牌传递	令牌传递	令牌传递
拓扑结构	总线型	总线型	总线型	总线型		星型 总线型	环型
控制方式	集中式	电流耦合器				分布式	分布式
消息字节数		256	32	32	4096	4096	2250
寻址能力	255种类型数据		5 bit	5 bit		32 bit	48 bit
总线长度		7.62 m	190 m			1 km	1000 km
最大节点数	接收器<20		32	32		128	500
冗余方式	冗余双总线	冗余双总线	冗余双总线	冗余双总线	冗余双总线	双介质同步冗余	双环冗余
应用飞机	A310，A300，A600，B757，B767	B777	F-15，F-16，B-52，KC-135	SAMPEX探测卫星，F-18，F-117实验		F-22，RAH-66	美海军GNCR，B777，“自由”号空间站

现代飞机的配电系统中，并不是单一使用某种总线，而是根据几种总线的优点协同使用，如在B787和A380飞机上就是综合使用了CAN，TTP/C和ARINC 664几种总线，组建成一个安全可靠的总线网络。为了更好地提高飞机通信的安全可靠性，B787飞机配电系统总线网络中的任一总线和总线控制器都采用了双冗余备份连接的方式。总线在国外先进飞机配电系统中的应用，已经大幅提高了飞机配电系统和飞机整体的性能。

2）1553B 总线通信协议

计算机数据通信系统可有各种不同的用途，其通信协议的差别很大。按通信系统传输信息的基本单位来划分，可有三类通信协议，即面向字符的传输控制规程、面向比特的传输控制规程、面向消息的传输控制规程。其中，前两类没有实时性要求和系统的故障诊断与管理功能。航空电气综合控制系统要求实时性和高可靠性，需采取第三类面向消息的控制规程。1553B 通信协议，是第三类控制规程的典型实例。

（1）“面向消息”通信协议的基本特点。

a. 强调整个系统的实时性，即传输一个固定不变的消息所需时间要短，1553B 中规定了码速率为 1 Mbps。

b. 总线效率高，为此强制性规定了指令响应时间、消息间隔时间和每次消息传输的最大和最小数据块长度等涉及总线效率的指标。

c. 采用合理差错控制，即反馈重传纠错（ARQ），兼顾了实时性，又保证了数据传输的完整性。

d. 支持航空电子系统中的同步/异步通信特性。

e. 具有应用方式指令（系统管理工作命令），实现故障调查和容错管理的功能。

（2）1553B 通信协议简介。

1553B 通信协议规定每次传输一个消息的完整过程应包括指令字和数据字（或指令字和状态字）两个部分。每种字的一个字长为 20 位，其中有效信息位 16 位，前三位是同步字头，最后一位是奇偶位。（发送端对 16 位有效位进行补奇，而在接收端进行奇校）。有效信息（16 位）及奇偶位在总线上是以曼彻斯特码传输的，码速率 1 MHz/s，即每位传输时间为 1 ns。

a. 指令字。指令字只能由现行激活的总线控制器发送，其内容规定了该次传输消息的具体要求，如指令字格式所示。

b. 数据字。既可以由总线控制器传输到某终端，也可以从终端输至总线控制器，或者从某终端输往另一终端，由指令字和相应的消息格式决定。

c. 状态字。仅由终端发出，用以验证总线控制器是否发出有效命令。前三位也是同步字头，特点与指令字相同。状态字总是终端为响应总线控制器的指令字要求而发出，并由总线控制器判别其状态。当系统由监视器来辨识终端状态时，需要同步字头以外的特征位来区别指令字和状态字。

（3）1553B 通信的消息传输格式。

1553B 总线协议中，共定义了 10 种可能的消息传输格式，如图 4－18 所示。这 10 种消息传输格式可以分为三类：

a. 数据传送类（3 种）：有总线控制器（BC）与终端（RT）之间相互传送数据的格式，终端（RT）到终端（RT）的传送数据的格式。这种数据传送为应答式，即总线控制器（BC）给终端（RT）指令，终端（RT）必须用状态字给以回答。

b. 方式指令类(3 种):对系统进行故障诊断或系统管理的指令,有不带数据字的格式,以及总线控制器(BC)与终端(RT)之间相互传送带数据的方式指令,指令字中的数据字表示方式指令的方式代码。这种数据传送也是应答式。

c. 广播方式类(4 种):所谓广播方式,就是各终端(RT)只是接受指令和数据,不需要返回状态字。广播的类型包括总线控制器(BC)对终端(RT)广播,终端(RT)对终端(RT)广播,不带数据字的方式指令广播和带数据字的方式指令广播。

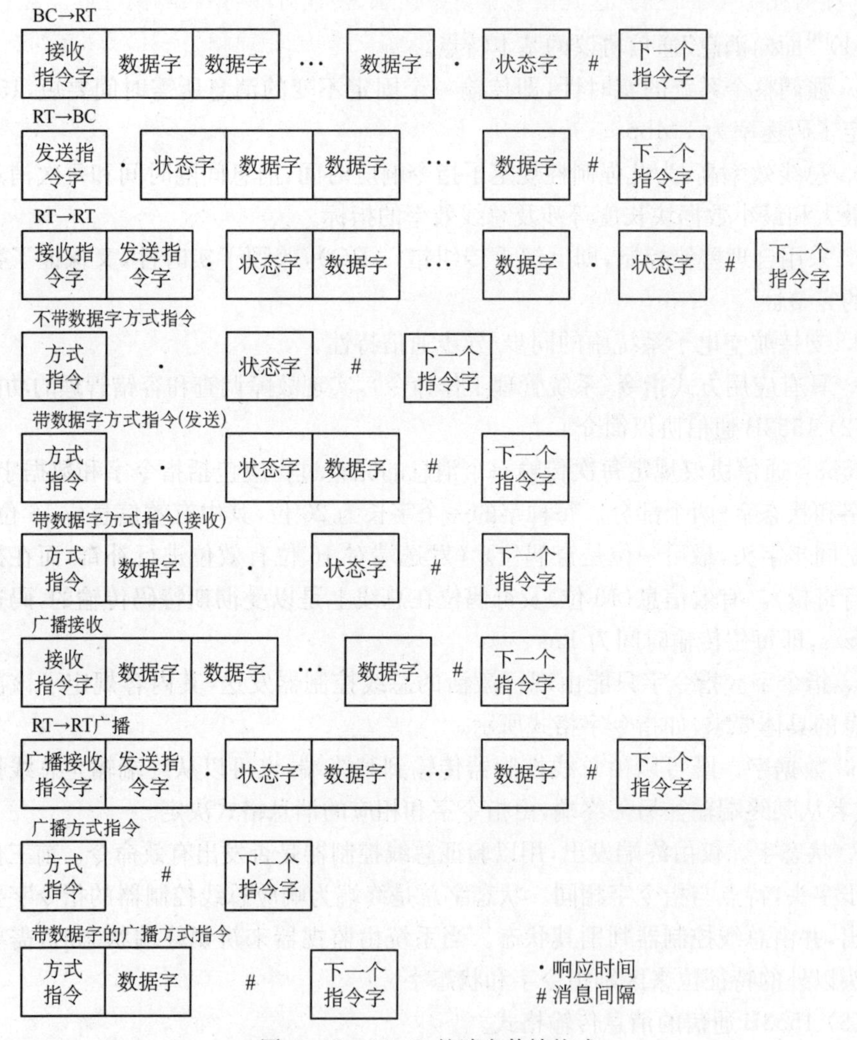

图 4-18 1553B 的消息传输格式

消息格式中·表示响应时间,每·的规定范围为 4~12 ns; # 表示消息间隔时间,规定≥4 ns。

3) 航空 ARINC 429 总线

ARINC 429 是一种航空电子总线,它将飞机的各系统间或系统与设备间通过双绞线互连起来，是各系统间或系统与设备间数字信息传输的主要路径，是飞机的神经网络。目前已经是商务运输航空领域应用最广泛的航空电子总线，如空中客车的A310/A320，A330/A340飞机，波音公司的B727，B737，B747，B757和B767飞机，麦道公司(1997年与波音公司合并)的MD11飞机等。

ARINC 429是一种单向广播式数据总线，传输介质由双绞屏蔽电缆组成(一股红色，一股蓝色，屏蔽接地)。ARINC 429总线结构简单、性能稳定，抗干扰性强。最大的优势在于可靠性高，这是由于非集中控制、传输可靠、错误隔离性好。

ARINC 429总线系统的结构是由某一设备的发送装置和另一设备的接收装置以及总线组成。数据一般从数据源的发送端流入单个接收端，或者多个并联的接收端。总线数据的传送速率是：高速传输的位速率为100(1±1%)Kbps，低速传输的位速率为12.0～14.5(1±1%)Kbps。

ARINC 429总线上传输的数据有二进制型(BNR)，飞机上许多参数如航向、高度、油量等都用BNR格式。还有二-十进制型(BCD)，如DME距离、真空速、总温等使用BCD格式。被编成BNR或BCD格式的数字数据，以串行发送序列经输出装置(发送端)按三电平双极归零调制方式发送，即发送的数据脉冲有高(+10 V)、低(−10 V)、零(0 V)三个电平状态，高电平逻辑值为1，低电平逻辑值为0。这种传输方式由字的间隔隔开，间隙由4位零电平持续时间作为数据字的同步基准，间隙后发送的第一位即表示一个新数据字的开始。

基本信息单元是由32位构成一个数据字，每个数据字被分为5组，即：

(1) 标志码(lable)，第1～8位，用于表示信息类型。

(2) 源/目的识别码(SDI)，第9～10位。当需要将一些专用字传输到一个多系统的特定系统时，就可以用SDI来识别字的目的地。SDI也可以根据字内容来判明一个多系统的源系统。

(3) 数据区(data)，第11～29位。

(4) 符号状态位(SSM)，第30～31位。用于标识数据字的特性，如方向、符号等。SSM也可以表明数据发生器硬件的状态，是无效数据还是实验数据。

(5) 奇偶效验位(parity)，第32位，奇偶效验。

飞机采用ARINC 429数据总线的优点是克服了模拟传输带来的高成本、传输线多、可靠性差等缺点，又减轻了飞机和设备的重量，提高了信息传输的精确度，缺点是增加了软件的开销。总的来说，ARINC 429数据总线减少和解决了民航飞机机载电子系统中一些至关重要的问题，诸如乘客的安全性、设备的可靠性、生产和维护的成本等。

4) 大飞机先进机载数据总线AFDX

AFDX(avionics full duple X switched ethernet)为航空电子设备之间的数据交换提供了电气和协议的规范，它借鉴以太网成熟的技术，适应了机载航空电子系统的网络传输延迟确定性、安全性、可靠性、维护性的要求。它在A380，B787等飞机上的成功应用表明，它已经代表了机载数据总线发展趋势。AFDX是在ARINC

429 总线和 1553B 总线基础之上开发的，不仅可以兼容 ARINC 429 总线和 1553B 总线，而且改进了他们带宽不足等缺点。

先进的全双工交换式以太网 AFDX 航空数据总线，能提供很高的数据传输速率，并大幅度减轻机上电缆重量，其数据传输速率是 ARINC 429 的几千倍。与传输速率为 2 Mbps 的 ARINC 629 标准及 100 Kbps 的 ARINC 629 标准相比，AFDX 的传输速率远远高于它们，其主要特性能够满足未来大飞机主干网络的通信需求。再加上其部分技术借鉴以太网成熟的技术，AFDX 作为未来大飞机航电系统通信的首选标准当之无愧。

AFDX 系统由航空电子系统、AFDX 端节点和 AFDX 互联器等几部分组成，如图 4-19 所示。

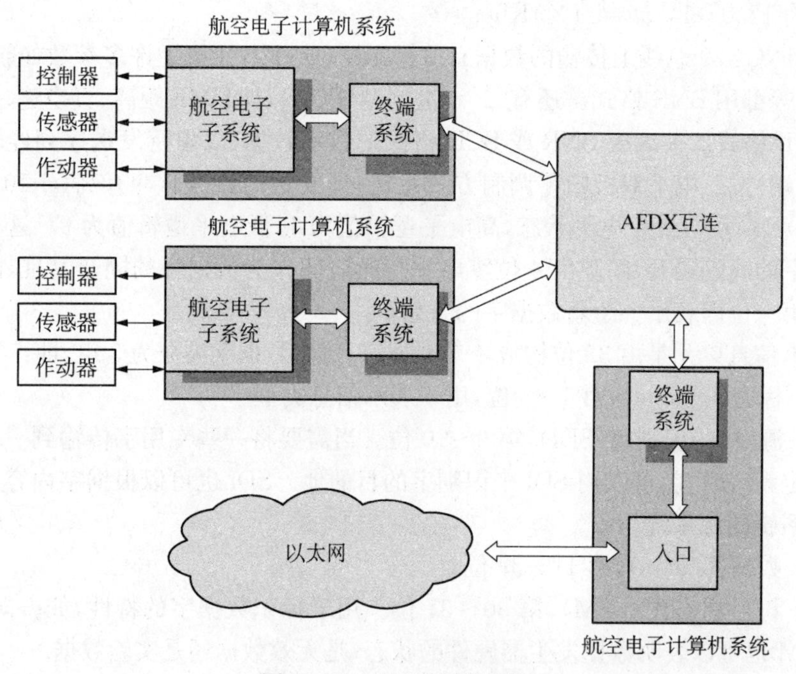

图 4-19 AFDX 网络系统

图 4-19 所示的 AFDX 系统包括以下组成部分：

(1) 航空电子系统：它是飞机上传统的航空电子系统，像飞行控制计算机、全球定位系统、疲劳监测系统等。航空电子计算机系统为航空电子系统提供了计算环境，由端节点实现航空电子系统与 AFDX 的连接。

(2) AFDX 端节点：为航空电子系统与 AFDX 的连接提供了“接口”，每一航空电子系统的端节点接口保证了与其他航空电子系统安全、可靠的数据交换，该接口向各种航空电子系统提供了应用程序接口(API)，保证了各设备之间通过简单的消息接口实现通信。

(3) AFDX 互连器：它是一个全双工交换式以太网互联装置，它包含一个网络切换开关，实现以太网消息帧到达目的节点，该网络切换技术是基于传统的 ARINC 429 单向消息传输、点对点和 MIL - STD - 1553 总线技术。

正如图 4 - 19 所示，由两个端节点为三个航空电子系统提供了通信接口。第三个端节点为网关应用提供接口，实际上，它是为航空电子系统与外部的 IP 网络节点提供了通信路径，外部的 IP 网络节点可以是数据传输或采集设备。

4.3.3 电气负载管理中心(ELMC)

飞机电气负载管理中心(ELMC)是具有处理能力的分布式负载管理中心。在处理软件的控制下，它以供电系统处理机(PSP)的命令、分布式电力汇流条电压和应急模式选择器的状态为依据，使负载管理中心的固态功率控制器和转换继电器动作。

1) 电气负载管理中心(ELMC)的结构与功能

根据电气负载管理中心(ELMC)的功能和性能要求，ELMC 被分为 5 个模块单元：电源模块、汇流条监控模块、电气远程终端(ERT)、负载监控模块以及通信模块，整个 ELMC 的功能框图如图 4 - 20 所示。

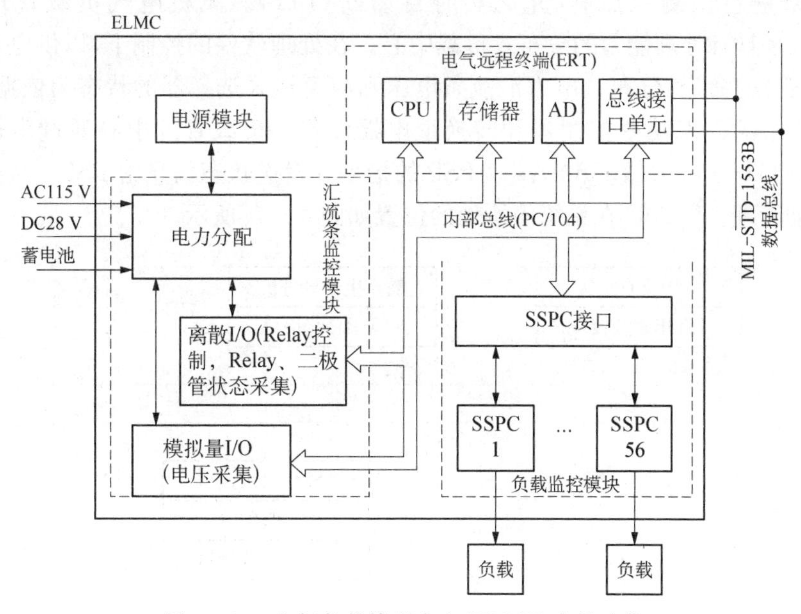

图 4 - 20 电气负载管理中心(ELMC)内部功能

汇流条监控模块负责实时检测汇流条、继电器及二极管的状态并负责控制继电器的转换，负载监控中心实时监控负载的状态，电气远程终端及时接收汇流条监控单元和负载监控单元送来的状态信息，根据系统的性能要求，判断是否发生故障。如果发生故障，及时地进行故障隔离与故障恢复，并通过 1553B 总线通知 PSP。

ELMC 装置对于负载自动管理，实际上可分为两种情况。

(1) 当飞机处于正常飞行状态时，仅由飞行任务阶段数据来决定负载的通断，也就是说，与当前飞行任务相关的负载接通，而与飞行任务无关的负载则断开。

(2) 当系统出现过载时,一般可分两级进行管理:第一级,当检测出系统过载后,就把 ELMC 从过载或故障的发电机通道转换到另一个可用的发电机通道,从而消除过载情况。第二级,如果过载依然存在,就切除个别负载,那些和当前任务关系最小的负载首先被切除。如果转换 ELMC 会引起发电通道过载的话,将越过第一级进行处理。

另外,在进行负载自动管理时,系统应根据实际情况设置多个负载管理优先级。通常情况下,与飞行安全相关的负载的优先级设置为一级,即所有负载都处于能够工作中,而在其他优先级中,只有那些与具体任务阶段有关的负载才能工作。由于每个优先级代表不同的用电水平,这就使任务负载能更精确地和电源系统的发电容量相匹配。

2) 电气负载管理中心(ELMC)的通信方法

电气负载管理中心(ELMC)通过 1553B 总线(CAN 总线)与电源系统处理机(PSP)保持联系,并接收 PSP 的指令,使 ELMC 对固态功率控制器(SSPC)分布式电力汇流条进行检测与控制,并能实时自诊断(BIT)。飞机电气负载管理中心(ELMC)是具有处理能力的分布式负载中心。在处理软件的控制下,以供电系统处理机(PSP)的命令、分布式电力汇流条电压和应急模式选择器的状态为依据,使负载管理中心的固态功率控制器和转换继电器动作。负载管理中心通过串行总线(MIL-STD-1553B 或 CAN)接收 PSP 的指令并发送状态信息给 PSP。从而实现负载自动管理。ELMC 在系统中所处的位置如图 4-21 所示。

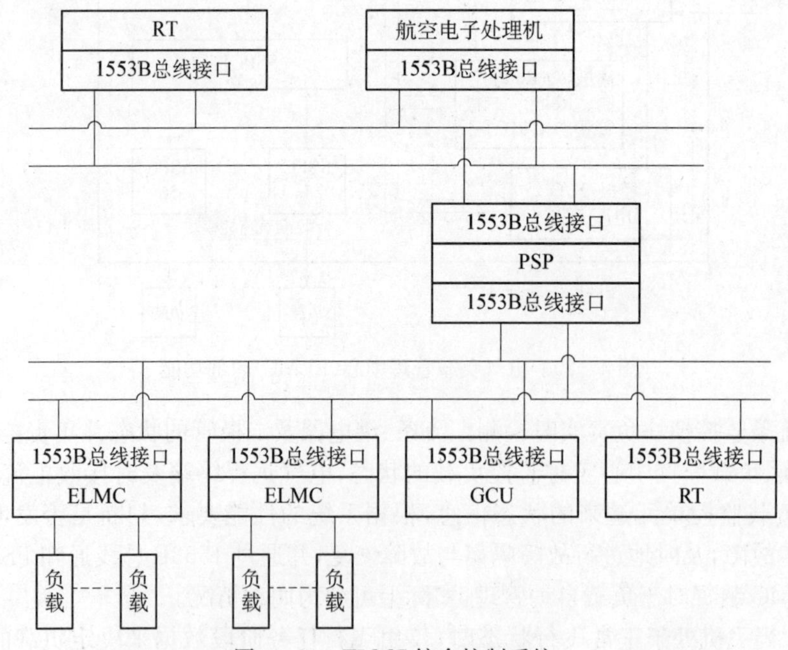

图 4-21 ELMC 综合控制系统

电气负载管理中心(ELMC)是先进飞机配电系统的主要部件,它负责接收电气系统处理机(PSP)通过数据传输总线下达的布局命令和供电请求,并实时采集负载状态及汇流条状态,然后解算相关的电气负载方程,经由内部的局部总线发送给固态功率控制器(SSPC),控制负载的供电,从而实现配电自动化。

ELMC的功能是实现一级汇流条向配电汇流条供电;控制中心则是在处理软件的控制下,以电源系统处理机(PSP)的命令、二级配电汇流条及负载当前状态和当前飞机飞行模式的状态为依据,对负载管理中心中的固态功率控制器和转换继电器进行动作。也需要系统能够满足实时性和稳定性的要求。

4.3.4 多电飞机供电系统处理机

在图4-21所示的电气系统结构中,供电系统处理机(PSP)为控制中心,他采用1553总线与电气负载管理中心(ELMC)、发电机控制器(GCU)和远程终端(RT)通信,发送指令,并且通过ELMC接受SSPC和SSCB的状态信息。即供电系统处理机(PSP)控制整个供电系统。

PSP在正常状态下,它从电气控制系统的其他终端处接收状态数据,从航空电子系统接收请求命令。一旦控制和飞行状态发生变化,航空电子系统控制器将提供这方面的最新信息。PSP利用这些信息计算负载管理优先级、发电机配置系统配置需求以及求解电力需求方程,然后PSP向负载管理中心(ELMC)、远程终端(RT)发送合理的控制命令,从而实现系统的正常操作。在系统起动和停车时,PSP也对电气控制系统进行控制。PSP的主要功能是控制和管理飞机电气系统,它主要负责完成以下几项功能:

(1) 接收状态数据。

为了能够对电源系统和配电系统进行监控监测,PSP必须接收供电系统和电气终端的数据。这些数据包括GCU、ELMC和RT发送的数据。GCU发送的数据可以提供发电机是否正常、通道是否过载等信息。ELMC发送的数据包括交流和直流馈电线的状态、SSPC的复位状态和断路状态;可以接收外部电源的状态、辅助发电机的过载和故障状态。

(2) 确立负载管理的优先级。

根据发电机的布局和状态、交流和直流馈电线的状态、电力系统的汇流条分布以及航空电子系统发送的任务和飞行阶段请求,通过PSP的应用软件可计算出负载管理的优先级。这一优先级反映了目前飞机飞行阶段的操作模式,也反映出是该进行负载管理中心的转换、负载控制还是该进行卸载。通过计算含有优先级和供电请求的布尔表达式来完成供电系统的负载控制。

(3) 解电源请求方程式。

当飞机内的负载需要接通电源时,航空电子系统会向电气控制系统发出一个电源请求。这个请求被供电系统处理机接收后,PSP应用软件就解相应的电源请求方程式,并决定应接通哪个或哪些固态功率控制器(SSPC)。然后,PSP就向ELMC

发送 SSPC 接通请求。

(4) 控制系统的启动和关闭。

为了保护电气设备,保证系统的有序启动,PSP 负责控制系统的初始化。系统一上电,PSP 就对远程终端进行初始化,计算初始优先级和电源请求方程,并把结果发送给各终端。同时 PSP 还对系统软、硬件进行自检。同样为了保护电气设备,当 PSP 控制系统关闭时,会向各终端发送关闭信息。

(5) 控制电气系统数据总线。

PSP 是电气控制系统的总线控制器,对总线资源进行控制和管理。为了增强系统的可靠性,系统通常设置两个电源系统处理机。在一般情况下,一个供电系统处理机(PSP)控制整个电源系统。在正常状态下,它从电气控制系统的其他终端处接收状态数据,从航空电子系统接收请求命令。一旦控制和飞行状态发生变化,航空电子系统控制器将提供这方面的最新信息。PSP 利用这些信息计算负载管理优先级、发电机配置系统配置需求,求解电力需求方程,然后 PSP 向负载管理中心(ELMC)、远程终端(RT)发送管理的指令,主 PSP 工作在总线控制器方式下。另一个 PSP 作为备份工作在远程终端方式下,只接收数据,解系统方程式,不向外发送命令。如果主 PSP 发生故障,备份的 PSP 就作为总线控制器对整个系统进行管理。此外,两个 PSP 通过 I/O 接口传送信息,以保证两个 PSP 不同时工作在总线控制器方式下。

(6) 与航空电子系统相连。

PSP 即是电气控制系统的总线控制器,又是航空电子系统的远程终端。它通过串行总线和航空电子数据总线相连,从航空电子系统接收控制、请求命令,并向航空电子系统发送状态信息和显示信息。

(7) 进行系统自检测和故障诊断。

为了提高系统的可靠性和容错性,PSP 应能对自身的软件和硬件进行自检测。为了减少维修时间,PSP 应用软件还具有故障诊断功能,能把故障隔离到现场可更换元件(LRU)级。另外,PSP 还应能够进行故障预测,如对 GCU, SSPC 和传感器等进行故障预测。

4.4 先进的飞机自动配电管理系统

目前民机 B787 使用的自动配电管理系统是最先进的,它采用了多种数据总线,将配电系统范围分成一次配电和二次配电,实现了负载的自动管理。这里介绍两种先进的自动配电管理系统,一种是美国空军 1991 年提出的 MADMEL 计划,另外简单介绍 B787 飞机的配电系统的特点。

4.4.1 多电飞机配电管理系统

美国空军 1991 年提出的一个多电飞机电源管理和配电系统(power management and distribution system for a more-electric aircraft, MADMEL)计划,分五个阶段

进行,这里介绍的是地面试验系统。此计划的目标是为多电飞机(more-electric aircraft, MEA)设计、研制一套先进的发电和配电系统。MEA强调了电源的应用,取代液压的、气动的以及机械的能源,从而优化了飞机的性能,延长了使用寿命同时也大大减小了生产成本。

1) MADMEL的容错供电性能

多电飞机(MEA)的概念不断提高对机载电源系统(EPS)的要求,这不仅是根据功率需求,而且是根据更高的容错性和可靠性提出的。而容错性和可靠性要求研制一套新型的供电、配电和管理系统。

多电飞机电源管理和配电系统(MADMEL)的结构如图4-22所示,由2台集成动力单元(integrated power unit, IPU)的功率控制单元(power control unit, PCU)完成电源的控制和管理,由4台PCU完成汇流条的配电控制,4台ELMC完成负载的管理。

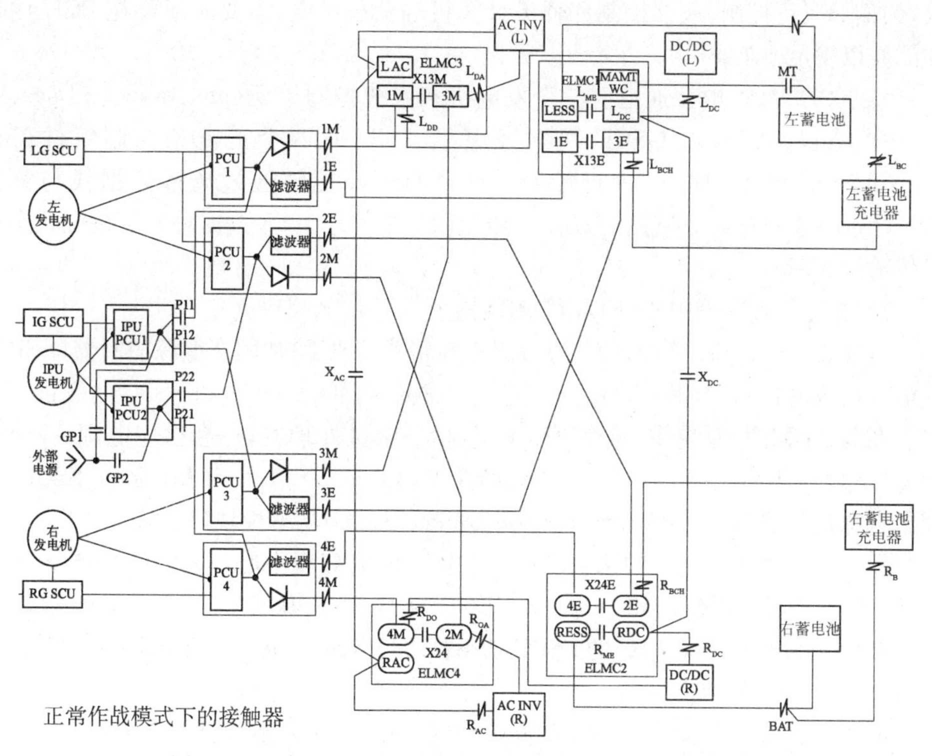

图4-22 多电飞机电源管理和配电系统(MADMEL)结构

图4-22所示的MADMEL结构,要求满足下列的容错供电要求:

(1) 对于飞行关键负载,要求EPS的故障容错能力为两次故障-工作(fail-op, fail-op)。

(2) 对于任务关键负载,要求EPS的故障容错能力为汇流条级别的,由ELMC

控制的故障-工作(fail-op)。

(3) 除非起动/发电机本身故障,发生一次电气故障不影响发动机起动能力。

(4) 一次电气故障,或者一次发电机故障,能够输出满负荷的电力。

图4-22所示的MADMEL试验系统的EPS结构,是个可以提供270VDC,28VDC,115VAC/400Hz交直流混合的供电系统。

两台主发动机和一个集成动力单元(integrated power unit,IPU)驱动构成三通道结构的270VDC直流电源,地面电源也为270VDC,与IPU通道接口。每路270VDC通道的电源由变频发电机输出的交流电源经安装在PCU中的整流器输出,其输出接到电动机汇流条和电子汇流条上。四个电动机汇流条为所有电功率电动机供电,其负载包括像雷达、作动器的逆变器和环控系统(ECS)压缩机等用电设备,这些汇流条不完全符合MIL-STD-704E在电压纹波和波形失真方面的供电质量要求。另外四个电子汇流条要求完全满足MIL-STD-704E供电质量的要求,为例如飞行控制、武器控制和任务计算机等负载供电,需要时还要在PCU内增加滤波以满足要求。

每个270VDC电源通道有一个发电机和系统控制单元(generator and system control unit,GSCU),GSCU可对发电机、PCU及两个汇流条控制组件(bus control assemblies,BCA)进行控制。每个GSCU能够通过离散数据线与其他GSCU进行通道状态、传输状态的内容的通信,并通过1553数据总线将系统状态信息传输给VMS。

2) 电气负载管理中心(ELMC)的结构

电气负载管理中心(ELMC)通过固态断路器(SSCB)和固态电源控制器(SSPC)对电气负载进行管理,其管理能力决定于ELMC内部的SSCB和SSPC的数目。

在MADMEL系统中,每个ELMC包括一个微处理器,一套供应电源,一个电源I/O接口LRM,一个270VDC固态断路器(solid state circuit breaker,SSCB)和固态电源控制器(solid state power controller,SSPC)功率模块(LRM)。

图4-22中被标记为ELMC1&2的电气负载管理中心,包含了一个28VDC SSPC功率模块(LRM)和一个28VDC SSCB功率模块(LRM),而被标记为ELMC3&4为两个115VAC的SSPC功率模块(LRM)。每个功率模块(LRM)包含有多达16个SSPC或SSCB。

ELMC的核心是固态功率控制器(SSPC)和固态功率断路器(SSCB),270VDC和28VDC的SSPC和SSCB有5A,12.5A和22.5A几种规格,而每个115VAC的SSPC的规格为10A。每个电气负载控制单元(ELMC)还存在一个与(EMPC distribution units,EDU)的接口,即对270VDC的机电功率控制器(electromechanical power controller,EMPC)进行控制和状态采集,以控制大于25A电流的负载,电流等级为25A,50A和75A。

SSPC对每个负载提供控制和电路保护功能,其作用类似传统的继电器和断路器。SSCB仿效传统的断路器，即普通的常闭的SSPC。SSPC和SSCB具有对过载曲线和短路范围进行可编程的功能，其过载曲线采用I^2t算法，而大浪涌电流应在10 μs作出快速短路保护，每个SSPC和SSCB为远程可控(on/off/reset)，并通过MIL-STD-1553数据总线传送到控制显示单元(control display unit, CDU)，为操作人员了解SSPC状态(on/off/trip)提供数据。

3）分布式智能配电系统结构

在MADMEL系统中，根据电能从飞机主电源到用电设备传输的层次，将分布式智能配电系统划分为三级拓扑结构，组成如图4-23所示系统：

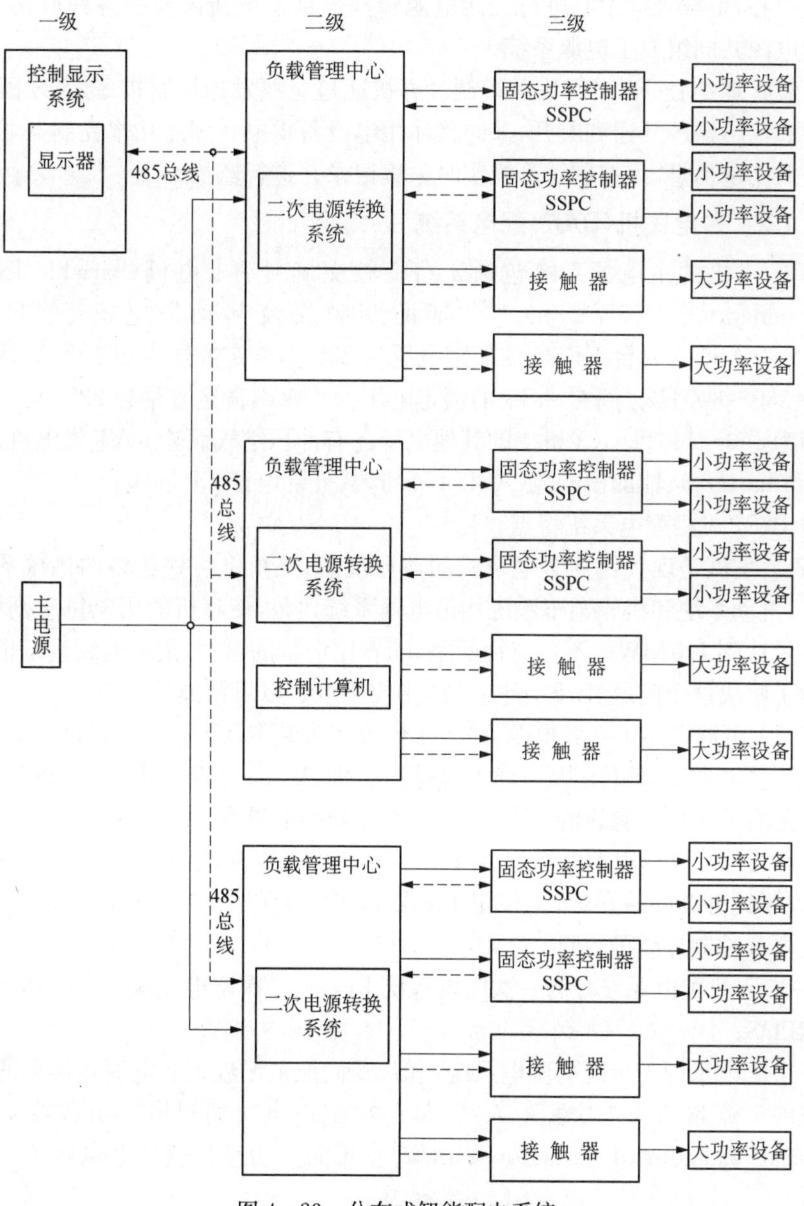

图4-23 分布式智能配电系统

(1) 一级配电系统包括机上主电源(三相交流 115 V/400 Hz 或高压直流 270 V 等)和控制显示系统。

(2) 二级配电系统由若干个负载管理中心(ELMC)并列组成,一个负载管理中心管理若干个三级配电系统。

(3) 三级配电系统包括固态配电系统(其核心组件为 SSPC)和大功率用电设备配电系统。

这三级配电系统相互连接,通过总线相互通信,共同构成了分布式智能配电系统。分布式智能配电系统中的一级配电系统将主电源的电功率并列传输至各个负载管理中心,负载管理中心进行二次电源转换得到系统所需要的各种形式的电能,它与主电源共同组成了电源系统。

负载管理中心(ELMC)中的控制计算机通过总线发送控制指令,实现固态功率控制器和接触器的开通和断开,来向具体用电设备供电。固态功率控制器通过总线反馈负载用电信息,由控制计算机实时采集记录并进行监控。

4.4.2 多电民机(B787)配电系统

B787 飞机的主电源系统包括 4 台变频交流起动发电机(variable frequency starter generator, VFSG)和 2 台辅助变频交流起动发电机(APU starter generator, ASG),每台 VFSG 的额定电压为 235 V,额定容量为 250 kVA,频率变化范围为 360～800 Hz。每台 ASG 的额定电压为 235 V,额定容量为 225 kVA,频率变化范围为 360～440 Hz。飞机上的其他电源还有冲压空气涡轮 RAT 发电机、主蓄电池(main battery)、辅助蓄电池(APU battery)、外部电源 EP 插座。

1) B787 飞机配电系统特点

B787 飞机是现代民用多电飞机的典型代表,飞机上一些典型的机械系统如空调系统、气动系统和机轮刹车系统均由电气系统代替,使飞机的用电量急剧增加,电网总容量达到 1.5 MW。不可忽视的是,随着用电量的增加,配电电缆重量也随之增加。为了解决这个问题,B787 配电系统主要采取了以下措施:

(1) 主电源采用了变频电源,减少了恒速传动装置(CSD)的重量;

(2) 主电网交流电压从 115 V 提高到 230 V,部分直流电压从 28 V 提高到 270 V,在输送同样电能的情况下,减轻了配电导线的重量;

(3) 采用了以远程配电组建 RPDU 为核心的远程配电系统,采用了 SSPC 控制负载、电子跳开关(electronic circuit breaker, ECB)保护和网络控制等技术,大大减轻了配电和控制导线的重量。

B787 飞机配电系统分为一次配电系统 PPDS、二次配电系统 SPDS 和远程配电系统 RPDS。

一次配电系统与传统的配电系统相似,我们把主汇流条和电源转换后的不同电压等级的汇流条归为一次配电系统,从一次配电系统通过电器负载控制接触器(electrical load control contactor, ELCC)直接向大功率负载供电也属于一次配电系统。

二次配电系统是从一次配电系统得电后再向各个负载配电，此处将远程配电系统归为二次配电系统。在 B787 飞机电网中，2 个二次配电组件 SPDU 和 17 个远程配电组件(RPDU)构成二次配电系统。一次配电系统由 BPCU 通过 ELCC 直接对 46 个高压大功率负载进行供电管理，如图 4-24 所示。

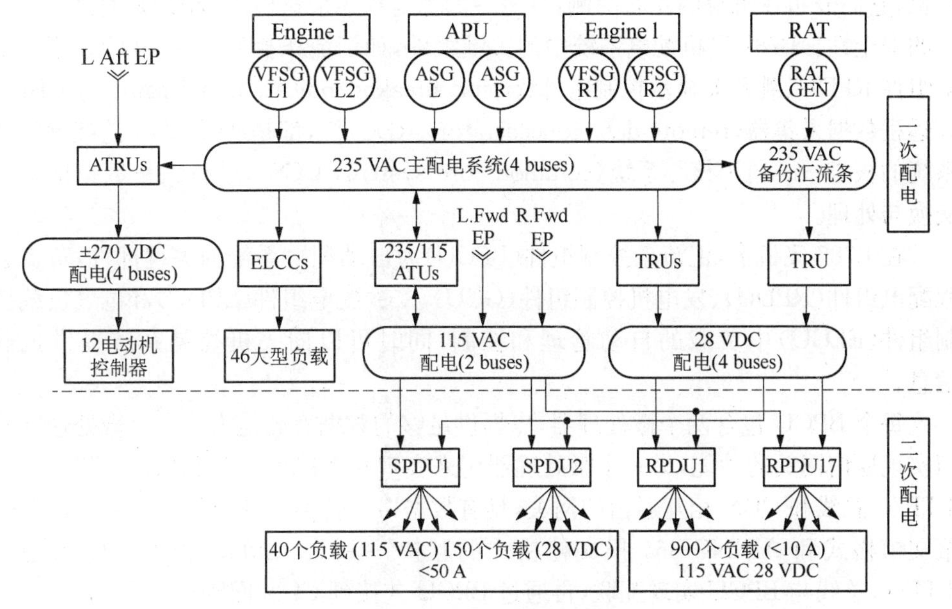

图 4-24　B787 飞机配电系统

2) B787 飞机配电系统使用的数据总线

随着现代大型飞机多电化进程的发展，飞机配电系统的复杂度和集成度也越来越高，总线是决定系统集成度高低的关键性因素。如图 4-25 所示，总线在 B787 飞机的配电系统中就起着必不可少的作用。

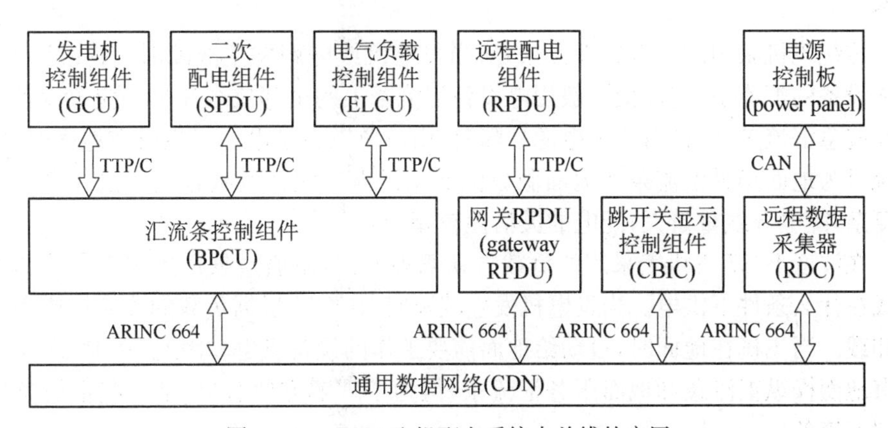

图 4-25　B787 飞机配电系统中总线的应用

B787 飞机上的主通信网络是通用数据网(common date network, CDN),CDN是以 ARINC 664 协议为基础构建的一个确定性的航空电子全双工交换式以太网,由 AFDX 交换机和终端系统组成。CDN 带宽范围为 10～100 Mbps,传输介质使用光纤时通信速率可高达 100 Mbps,使用铜缆时为 10 Mbps。CDN 的核心是 AFDX 交换机,AFDX 交换机可以实现光纤信号和电信号的转换。CDN 包括 10 个 AFDX 交换机,它们分布在机身的左右两侧,且每一侧都是双冗余备份连接的,大大提高了系统的安全性。B787 飞机配电系统中的关键组件,如汇流条控制组件 BPCU、远程配电组件 RPDU、跳开关显示控制组件(circuit breaker indication and control, CBIC)和远程数据采集器(remote data concentrator, RDC)等,都是通过 CDN 连接到配电系统的核心——通用核心系统(common core system, CCS),进行大量数据信息的交换与处理。

在 B787 飞机上,汇流条控制组件(BPCU)为自动配电系统的关键部件,负责远程配电组件(RPDU)、发电机控制组件(GCU)、二次配电组件(SPDU)和电气负载控制组件(ELCU)中负载的自动管理和控制,同时可以向飞机控制系统提供负载信息。

每个 BPCU 包含两个微处理器,以提供足够的数据吞吐能力。一个微处理器专门实现通信网关的功能,另一个微处理器用来实现对系统的控制和保护。BPCU 是 TTP/C 总线和 CDN 相互通信的网关,具有数据格式转换的功能,可以实现 TTP/C 报文帧格式和 ARINC 664 报文帧格式的互换。GCU, SPDU 和 ELCU 都是由 TTP/C 总线与 BPCU 实现互联,再通过 BPCU 连接到 CDN 网络。

3) B787 实现的负载自动管理

在传统飞机配电系统中,一般根据用电设备的重要性和用途把飞机汇流条分为一般汇流条、重要汇流条(转换汇流条)、应急汇流条、地面操纵汇流条和地面服务汇流条等。如图 4-7 所示的配电系统,有为一般用电设备供电的主交流汇流条和主直流汇流条,和有为重要用电设备供电的重要设备交流汇流条和重要设备直流汇流条。

传统飞机采用的负载管理方法是,当发电机或电网发生故障时,首先断开一般用电设备的汇流条,使连接一般用电设备汇流条上的全部负载断电。应急设备必须接在应急汇流条上,在所有主电源故障时,由应急电源供电。当飞机在地面时,电源系统只为地面操纵汇流条和地面服务汇流条供电。这种负载管理方法导致配电系统复杂,配电导线重量大,配电的灵活性较差。

在波音 B787 飞机上采用的负载自动管理方式,是通过软件来定义负载的重要性或在什么条件下供电。当发电机发生故障时,BPCU 根据负载的重要性或用途自动卸载。当飞机在地面时,自动给地面需要工作的设备供电。因此,在 B787 飞机上没有地面操纵汇流条和地面服务汇流条,但为了理解方便起见,把这些汇流条称为虚拟汇流条(virtual bus)。

5 民机用电设备与负载特性

目前大部分民用飞机采用 115 V/400 Hz 的恒频交流电源供电，部分新型民机和多电飞机采用 115 V/360～800 Hz 或者 230 V/360～800 Hz 变频交流电源供电。另一方面，飞机用电设备也在不断地更新，其中最典型的特征是增加了大量的含有整流电路的设备。部分新型设备呈现出非线性、恒功率和大扰动等负载特性，将会对电网的电能质量产生严重影响。

因此为了保证供电系统的电能质量，得到可靠、安全供电的目标，供电系统的兼容性成为重要问题。这就不仅要求航空电源的供电特性达到规定的标准，而且要求用电设备的负载特性也必须满足一定的要求。

5.1 民机用电设备的负载特性

现代飞机的用电设备的数量和种类都发生了很大的变化，其中电子设备的增加是一个最明显的特点。由本书 3.2 节对多电飞机用电设备的功率需求的分析可知，多电飞机将会增加大量的新型用电设备。为了保证电网的电能质量和稳定性，有必要了解这些用电设备的负载特性。

5.1.1 民机用电设备的变化

现代飞机的用电设备的增加与变化，主要受到以下因素的影响。

1) 机载设备电子化程度的提高

现代飞机各子系统数字化技术应用越来越多，几乎所有的机载子系统均采用不同的数字控制器，来完成对设备的数字控制、数字测试、数据通信、故障检测等。这些电子设备虽然属于弱电的范畴，功率不大，但是近年来随着机载系统电子化程度的不断提高，使用的电功率越来越大，成为飞机供电系统的重要设备。

传统飞机电子设备相对比较少时，大部分会采用低压的 28 V 直流电源供电，并且对于需要不间断供电的设备，可以连接在有蓄电池并联供电的汇流条上。但是在电子设备的功率不断增大后，由 TRU 构成的低压直流电源已经难以承受，因此相当一部分电子设备要求直接使用一次电源，即交流电源。

2）新型变频电源的应用

在采用400 Hz恒频电源供电的传统民机上，用电设备中存在着若干不需要调速的异步电动机，被用来驱动液压泵、燃油泵，以及环控系统的各种风扇，厨房制冷设备等。这些电动机可以直接接在电网上，不需要任何电子装置。

如果采用360～800 Hz的变频电源供电，部分异步电动机驱动的装置可以接受转速随频率的变化而变化，不需要增加电力电子装置，但是异步电动机的工作特性会随着电源频率变化；在作为供电系统的负载，会随着电源频率变化呈现非线性的负载特性。

另外部分不能接受异步电动机转速变化的装置，则必须增加电力电子装置来驱动，这就使得原来的电动机负载变为电力电子负载。由于该类电动机的功率一般比较大，成为电网上大功率的电力电子负载。

3）电驱动设备的增加

因采用电驱动取代液压、气压驱动而增加的电动机驱动装置。多电飞机如果采用电作动、电环控、电刹车等，必然导致电动机装置增加。这些需要控制的电动机必须采用电力电子装置，其中最为典型的用电设备是电力作动器，需要电力电子器件实现的逆变器驱动无刷直流电动机。由于该类电动机的功率一般也比较大，有的要求瞬态大功率工作，导致电网上产生大功率的瞬态电力电子负载。

5.1.2 新型用电设备的负载特性

用电设备的负载特性是多样的，这里列举的是三种典型的负载特性。

1）整流器的非线性负载特性

对于交流电源供电的情况，大部分电子设备都需要首先实现AC/DC变化，即将交流电变换为直流电。例如无刷直流电动机的变频器，一般采用交直交结构，即首先进行整流（AC/DC）变换，再进行逆变（DC/AC）变换。

不控整流型负载存在的问题是非线性的负载特性。图5-1是一个典型的三相全波整流电路，目前是使用最多的整流器结构。

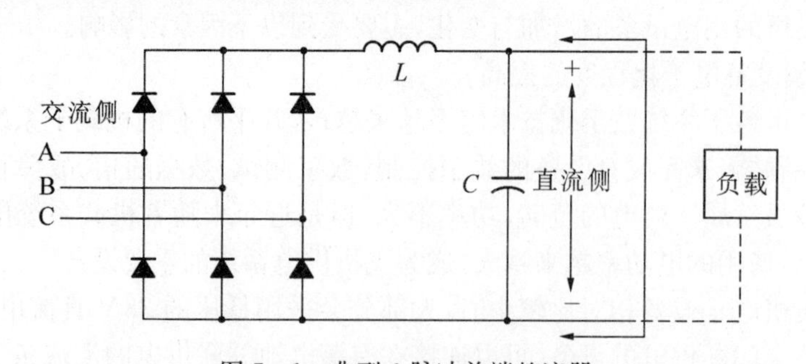

图5-1 典型6脉冲前端整流器

采用这种整流器，得到交流侧相电压相电流波形如图5-2(a)所示。从图中可见，其输入电流是非正弦的，含有大量的高次谐波，其电流谐波分析如图5-2(b)所

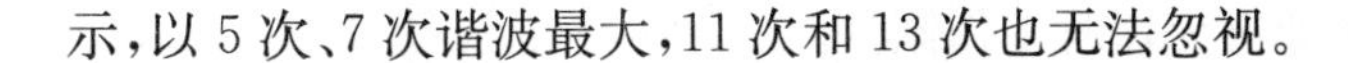
示，以5次、7次谐波最大，11次和13次也无法忽视。

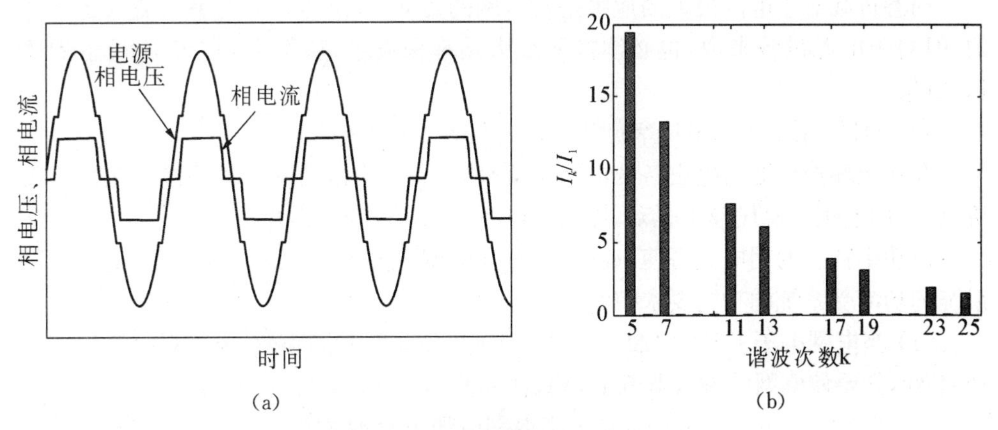

图5-2　三相全波整流器的负载特性

(a) 二极管整流引起的电压电流畸变　(b) 电流谐波分析

正是由于这种设备会为电网带来大量谐波以及无功功率，呈现非线性负载特性，大量使用会严重影响电网的稳定性，因此在航空上已经不允许使用。

随着飞机电力电子设备不断增加，交流电网电能品质问题的日益突出，已颁布的多项标准对负载提出了严格的要求。于是出现了多脉冲不控整流器，以及寻找的各种滤波方法，例如无源滤波、有源滤波、混合滤波等。

2) 伺服控制系统的动态负载特性

动态负载的用电设备，即短时工作制用电设备。是指短时需要大功率、用电时间很短的用电设备。飞控系统的电力作动器为典型的动态负载，由于高的操纵性要求，电动机的峰值功率达到工作时平均功率的6倍以上。这种装置的运行将给供电系统带来严重的浪涌，给供电电源带来很大的压力，严重影响供电系统的稳定。

例如图5-3示出的某电力作动器的功率变化情况，运动前功率几乎为0，起动时峰值功率为20 kW，最大功率达到27 kW，舵面保持时功率为2 kW。大功率出现

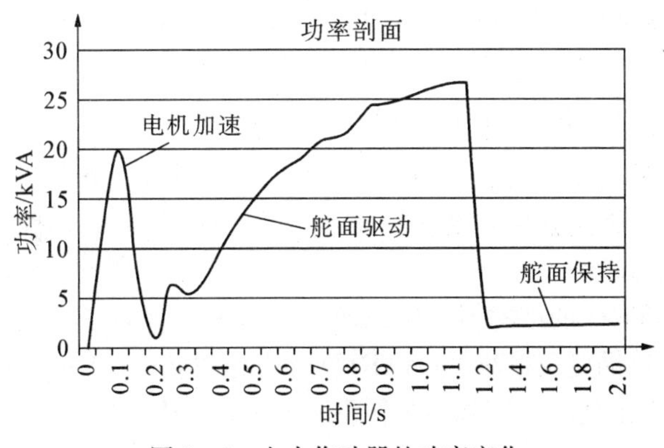

图5-3　电力作动器的功率变化

的时间仅为1.2s,其驱动的电动机为短时工作制。

动态负载对于电网最大的危害是对电网的扰动,其次尽管大功率的需求是短时的,但对于电源设备来说,也必须按照最大功率来设置,从而增大了电源设备的体积、重量。

3) 闭环控制系统的恒功率负载特性

存在闭环控制的用电设备从电网角度来看,呈现为恒功率负载特性。在多电飞机上,采用电驱动取代液压驱动,导致供电系统的恒功率负载增加。

恒功率特性的用电设备使电网上电压和电流的关系如图5-4所示。闭环控制系统的功率受系统的功能要求控制:

(1) 当电网电压上升时($\Delta U>0$),为了维持系统状态不变,要使系统输出功率P_c不变,就要使电网的输入电流下降($\Delta I<0$)。

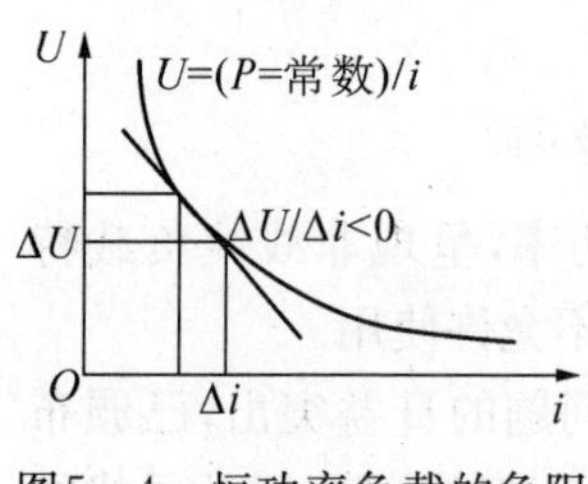

图5-4 恒功率负载的负阻抗特性

(2) 当电网电压下降时($\Delta U<0$),同样为了维持系统状态不变,要使输出功率P_c不变,必须使电网的输入电流上升($\Delta I>0$)。

这样,在电网扰动时出现动态的负阻抗特性,如图5-4所示,其中阻抗为

$$R=\frac{\Delta U}{\Delta I}<0 \tag{5-1}$$

电网存在负阻抗因素,影响了电网的动态模型的阻尼,最终影响了电网的稳定性。因此在闭环控制的用电设备设计中,应有效地控制动态负阻抗的大小。

5.2 多脉冲的自耦变压整流器

为了解决图5-1所示的电路存在的非线性问题,采用多脉冲的自耦变压整流器(ATRU)是方法之一。所谓多脉冲ATRU是借助于自耦变压器移相,实现多相整流,以减小整流过程中的电流低次谐波,从而使负载特性线性化。

目前使用于航空用电设备的多脉冲整流器有12脉冲ATRU、18脉冲ATRU和24脉冲ATRU,其目的是将115V的三相交流电变换为270V直流电。

5.2.1 12脉波ATRU的负载特性

所谓12脉波整流器是指输出的直流电压,在电源的一个周期内有12个脉波。与图5-1所示的6脉波整流器比较,不仅直流侧的滤波器可以减小,还可以降低交流侧负载特性的非线性。

1) 12脉波ATRU的结构与工作原理

三相12脉冲自耦变压整流器(ATRU)结构如图5-5所示,由12脉波自耦变压器(AT)、两套三相全波整流器、两个平衡电抗器(BR1和BR2)和滤波器(L_f和C_f)组成。

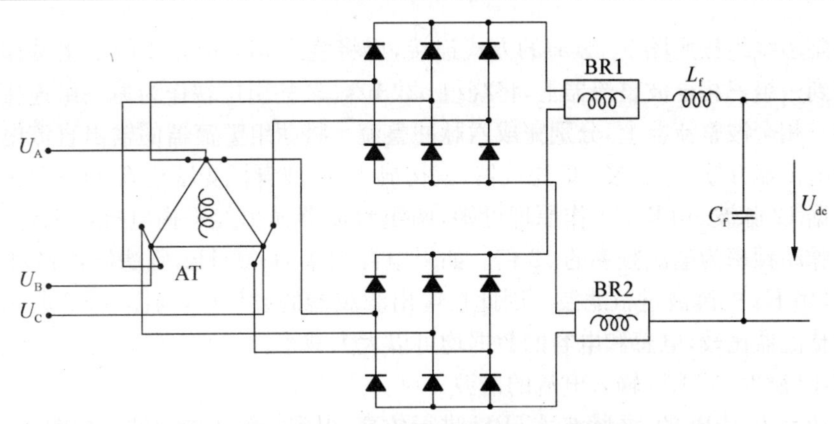

图 5-5 三相 12 脉冲自耦变压整流器结构

图 5-5 中的 12 脉冲自耦变压器(AT)产生两组相位相差 30°的三相电源,由两组二极管构成的三相全波整流桥分别整流为直流电源。再通过平衡电抗器并联输出后,再经输出滤波器滤波输出。

图 5-5 中的自耦变压器(AT)是关键设备,原理如图 5-6(a)所示。原边三相绕组 A, B, C 三角形连接,副边每相绕组中间抽头分为两段,使得 A 相绕组的副边分为 a1 和 a2, B 相绕组的副边分为 b1 和 b2, C 相绕组的副边分为 c1 和 c2。得到 9 个引出端的矢量关系如图 5-6(b)所示,即矢量 $\boldsymbol{a}'$引出端超前 $\boldsymbol{a}$ 引出端 15°,矢量 $\boldsymbol{a}''$引出端滞后 $\boldsymbol{a}$ 引出端 15°,使 $\boldsymbol{a}'$和 $\boldsymbol{a}''$之间相差 30°电角,同理 $\boldsymbol{b}'$和 $\boldsymbol{b}''$之间、$\boldsymbol{c}'$和 $\boldsymbol{c}''$之间也相差 30°电角。计算得到变压器的变比为

$$k = \frac{1}{\sqrt{3}}\tan 15^\circ = 0.155$$

自耦变压器因为电气不隔离,且大部分功率不需要通过电磁耦合传递,自耦变压器在作为变压器设计时,容量应为 ATRU 设计容量的 17%,所以其体积和重量都很小。

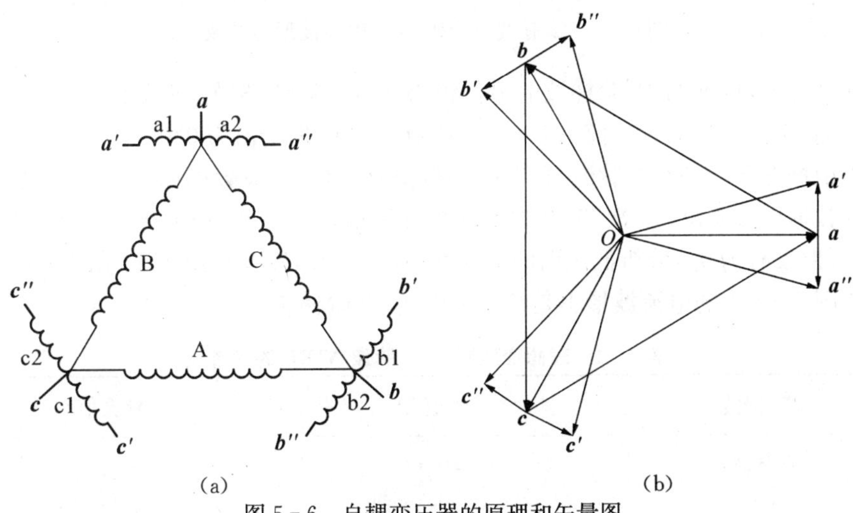

图 5-6 自耦变压器的原理和矢量图

将副边绕组按照图5-6(a)的方式连接,再将绕组 a1, b1, c1 的引出端作为一组连接到一组三相全波整流器上,将绕组 a2, b2, c2 的引出端作为另一组连接到另一组的三相全波整流器上,分别完成六脉冲整流。将两组整流器的输出直流电经电流平衡电抗器并联,输出接 LC 滤波器,就构成 12 脉波自耦变压整流器(ATRU)。

根据 12 脉波 ATRU 工作原理可知,两组整流器输出经平衡电抗器综合后,直流侧的脉动频率为电源频率的 12 倍。如果电源频率为 400 Hz,则滤波器将对 12×400=4 800 Hz 的脉波进行滤波。因此在输出滤波器的设计中,与图 5-2 所示的三相全波整流器比较,电感和电容的数据均可以大大减小。

2) 12 脉波 ATRU 输入电流的谐波

对功率为 5 kW 的 12 脉波 ATRU 进行仿真,得到相输入电流波形如图 5-7(a)所示,如果将电流作傅里叶变换,得到谐波特性如图 5-7(b)所示。

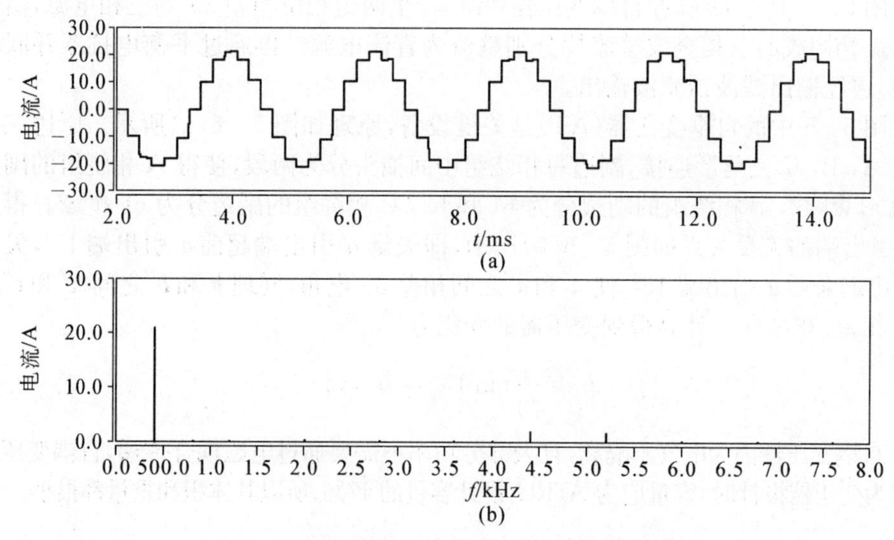

图 5-7 12 脉波 ATRU 输入电流波形与谐波

在理论上,标准的 12 阶梯波的最低谐波为 11 次和 13 次,即没有低于 11 次的谐波。而 11 次谐波的理论值为 0.091,13 次谐波的理论值为 0.077。

将根据图 5-5 的 12 脉波 ATRU 进行仿真,得到谐波数据如表 5-1 所示。由表中的数据可以看出,11 次和 13 次谐波与理论值基本一致,但低于 11 次谐波虽然比较小,但没有为 0。分析低次谐波的存在是因为变压器非理想化、存在滤波电容电感而使图 5-7 中的电流波形不是绝对理想的 12 阶梯波。

表 5-1 理想变压器时 12 脉波 ATRU 的谐波

谐波次数	幅值/A	标幺值
1(基波)	20.72	1
3	0.20906	0.01

（续表）

谐波次数	幅值/A	标幺值
5	0.36196	0.0174
7	0.094186	0.0045
9	0.16506	0.00818
11	1.8868	0.0911
13	1.5877	0.0766
15	0.16373	0.0079
17	0.20247	0.00992
19	0.17415	0.0084
THD	—	0.1513
PF	—	0.9887

尽管自耦变压器的仿真模型采用的是理想变压器，使仿真的电流基波的相位与电源电压的相位差为0，但是功率因数并不为1。这是因为电流中含有高次谐波，此时功率因数为

$$PF = \cos\phi \cdot \frac{1}{\sqrt{1+THD^2}} \tag{5-2}$$

即高次谐波使得输入电流的有效值增大，而使功率因数不为1。

5.2.2　18脉冲ATRU的特性

对于功率比较大的用电设备，12脉波ATRU的电流谐波不能满足要求时，可以采用18脉波ATRU。现在对18脉冲ATRU的基本特性进行分析。

1) 18脉冲ATRU的工作原理

18脉冲整流器结构如图5-8所示，它由18相自耦变压器(AT)、三组整流器、电流平衡电抗器和滤波器组成。

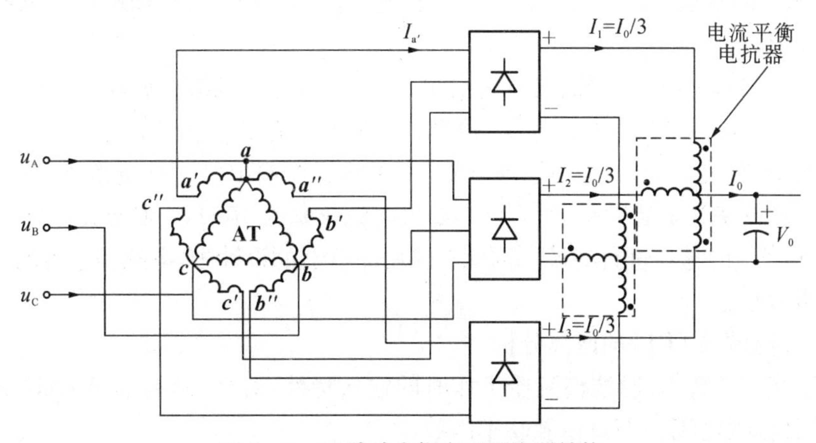

图5-8　18脉冲自耦变压整流器结构

与图 5－5 所示的 12 脉波 ATRU 比较，主要区别为自耦变压器的结构不同，并且有三组三相全波整流电路，电流平衡电抗器需要采用三端的结构，即实现三组整流器输出电流的平衡。

同样在 18 脉波 ATRU 中自耦变压器是关键部件，18 脉冲的自耦变压器原理如图 5－9(a)所示，原边三相绕组 A，B，C 三角形连接，每相副边有 4 个绕组，分别为 a1，a2，a3，a4，b1，b2，b3，b4 和 c1，c2，c3，c4。将原边和副边的绕组按照图 5－9(a)的方式连接，使矢量 $\boldsymbol{a}'$端的电压相位比矢量 $\boldsymbol{a}$ 端电压超前 20°，矢量 $\boldsymbol{a}''$端的电压相位比 $\boldsymbol{a}$ 端电压滞后 20°，A 相隔 B 相也相同。得到矢量图如图 5－9(b)所示。

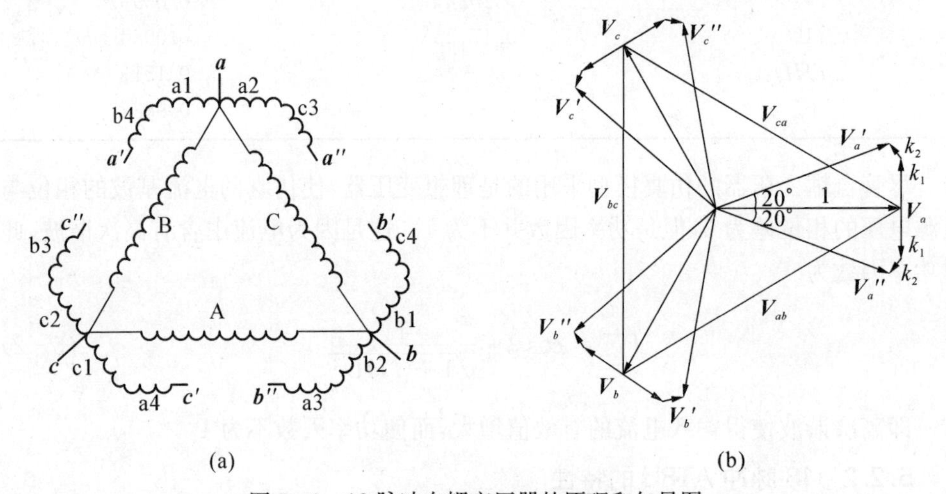

图 5－9　18 脉冲自耦变压器的原理和矢量图

根据图 5－9(b)的矢量图，可以计算变压器的变比为

$$k_1 = 0.177$$
$$k_2 = 0.0402$$

18 脉波的自耦变压器设计时，与 12 脉波相同，也只要按照 17%功率的普通耦合变压器设计即可。

将图 5－9(a)中变压器的矢量引出端 $\boldsymbol{a}$，$\boldsymbol{b}$，$\boldsymbol{c}$ 作为一组，$\boldsymbol{a}'$，$\boldsymbol{b}'$，$\boldsymbol{c}'$作为一组，$\boldsymbol{a}''$，$\boldsymbol{b}''$，$\boldsymbol{c}''$作为一组，分别接在整流器上，再将三组整流器输出经电流平衡电抗器输出。

根据 18 脉波 ATRU 工作原理可知，三组整流器输出经平衡电抗器综合后，直流侧的脉动频率为电源频率的 18 倍。如果电源频率为 400 Hz，则滤波器将对 18×400＝7200 Hz 的脉波进行滤波。因此在输出滤波器的设计中，电感和电容的数据可以进一步减小。

2) 18 脉波 ATRU 的谐波分析

为了能够了解 18 脉波整流器工作时的输入特性，对 18 脉波的 ATRU 进行仿真，分析其输入电流、*THD* 以及功率因数。

仿真模型输入三相电源电压 115 V/400 Hz，18 脉冲整流器的输出电压为 278V,负载功率为 5 kW。仿真得到相电流每个周期由 18 个阶梯组成，如图 5-10(a)所示,将该相电流做傅里叶变换,得到谐波特性如图 5-10(b)所示。

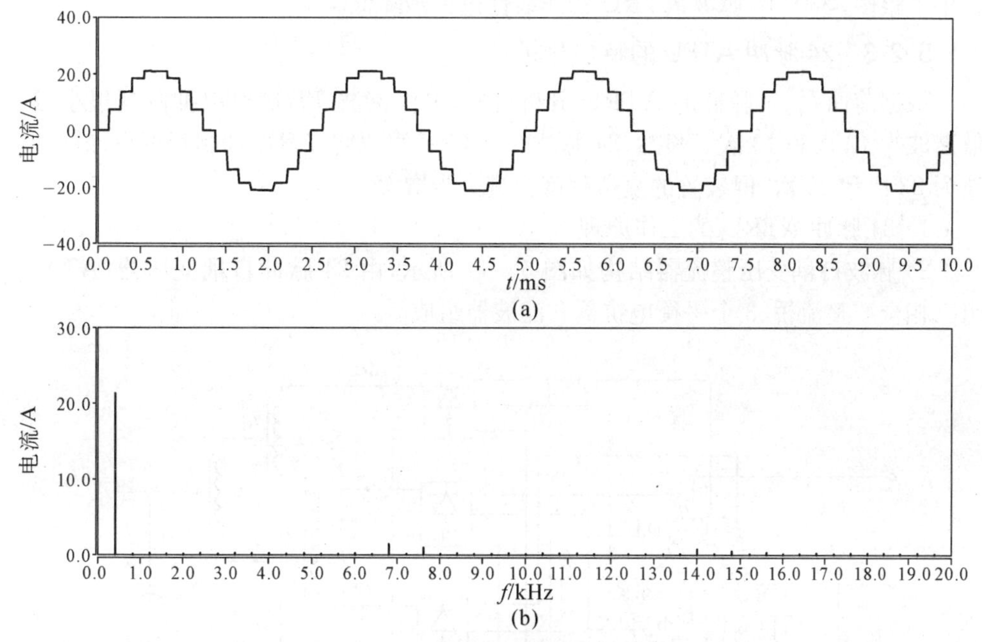

图 5-10 输入电流和谐波分析

通过仿真结果可以看出,输入电流除基波外,17 次和 19 次谐波比较明显,其次是 35 次和 37 次谐波。将谐波的具体数据列于表 5-2。

表 5-2 理想变压器时的输入电流谐波

谐波次数	幅值/A	标幺值
1(基波)	20.6	1
3	0.1495	0.0068
5	0.0912	0.0042
11	0.0693	0.0032
13	0.0743	0.0034
15	0.1313	0.0060
17	1.25	0.0568
19	1.167	0.0531
21	0.1738	0.0079
23	0.0871	0.0040
THD	—	0.09843
PF	—	0.9889

由表 5－2 的数据可见 18 脉波 ATRU 的输入电流：

（1）相电流的 17 次和 19 次谐波均大于 5%，而其他次谐波小于 1%。

（2）输入电流的 THD 为 0.09843，小于 10%，与表 5－1 的 12 脉波 ATRU 比较小了很多，表明 18 脉波 ATRU 的非线性进一步降低。

5.2.3 24 脉冲 ATRU 的特性分析

根据前面对 18 脉冲的 ATRU 分析可知，电流谐波 THD 可以抑制到很小，最低谐波为 17 次和 19 次。显然，24 脉波的 ATRU 可以将 THD 抑制到更小，最低谐波为 23 次和 25 次，但装置的复杂程度会进一步增大。

1）24 脉冲 ATRU 的工作原理

24 脉波自耦变压整流器结构如图 5－11 所示，由 24 脉冲自耦变压器（AT）、4 组三相全波整流桥、3 个平衡电抗器和滤波器组成。

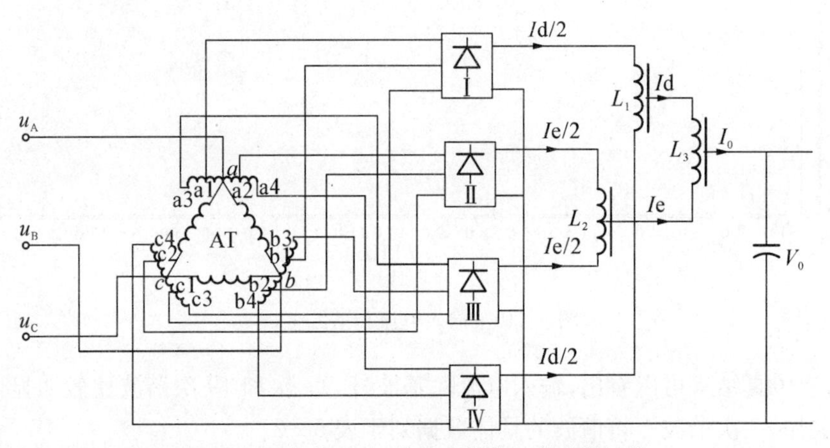

图 5－11 外接型 24 脉波自耦变压整流器结构

与图 5－5 所示的 12 脉波、图 5－8 所示的 18 脉波 ATRU 比较，24 脉波的自耦变压器的引出端进一步增加，并且有四组三相全波整流电路，电流平衡电抗器需要三组两端结构，即实现四组整流器输出电流的平衡。

同样在 24 脉波 ATRU 中自耦变压器是关键部件，24 脉冲的自耦变压器原理如图 5－12(a)所示，原边三相绕组 A，B，C 三角形连接，每相副边有 6 个绕组，分别为 a1，a2，a3，a4，a5，a6，b1，b2，b3，b4，b5，b6 和 c1，c2，c3，c4，c5，c6。将原边和副边的绕组按照图 5－12(a)的方式连接，使矢量 $\boldsymbol{a}_1$ 端的电压相位比矢量 $\boldsymbol{a}$ 端电压超前 7.5°，矢量 $\boldsymbol{a}_2$ 端的电压相位比矢量 $\boldsymbol{a}$ 端电压滞后 7.5°，使矢量 $\boldsymbol{a}_3$ 端的电压相位比 $\boldsymbol{a}$ 端电压超前 22.5°，矢量 $\boldsymbol{a}_4$ 端的电压相位比 $\boldsymbol{a}$ 端电压滞后 22.5°，得到矢量引出端 $\boldsymbol{a}_3$—$\boldsymbol{a}_1$—$\boldsymbol{a}_2$—$\boldsymbol{a}_4$ 之间均相差 15°的相位。A 相和 B 相的引出端也相同，得到矢量图如图 5－12(b)所示。

根据图 5－12 所示的 24 脉波自耦变压器相位图，变压器的三个变比分别为

$$k_1 = 0.13165$$

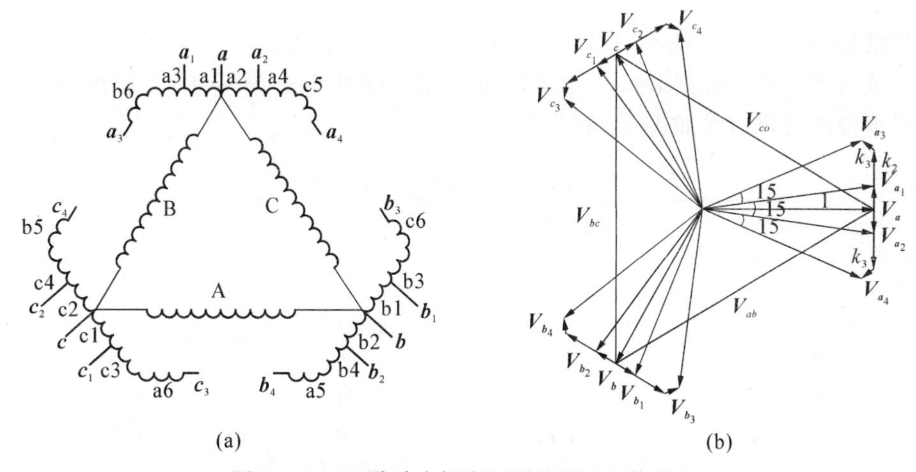

图 5-12 24 脉冲自耦变压器的原理和矢量图

$$k_2 = 0.34664$$

$$k_3 = 0.07869$$

同样根据 24 脉波 ATRU 工作原理可知，直流侧的脉动频率为电源频率的 24 倍。在电源频率为 400 Hz 时，滤波频率为 24×400=9600 Hz，电感和电容的数据均可进一步减小。

2) 24 脉波 ATRU 的谐波分析

对图 5-11 所示的 24 脉波 ATRU 进行仿真，仿真模型输入三相电源电压 115 V/400 Hz，负载功率为 5 kW。仿真得到输入电流波形和谐波分析结果如图 5-13所示，相电流每个周期由 24 个阶梯组成，将该相电流做傅里叶变换，得到谐

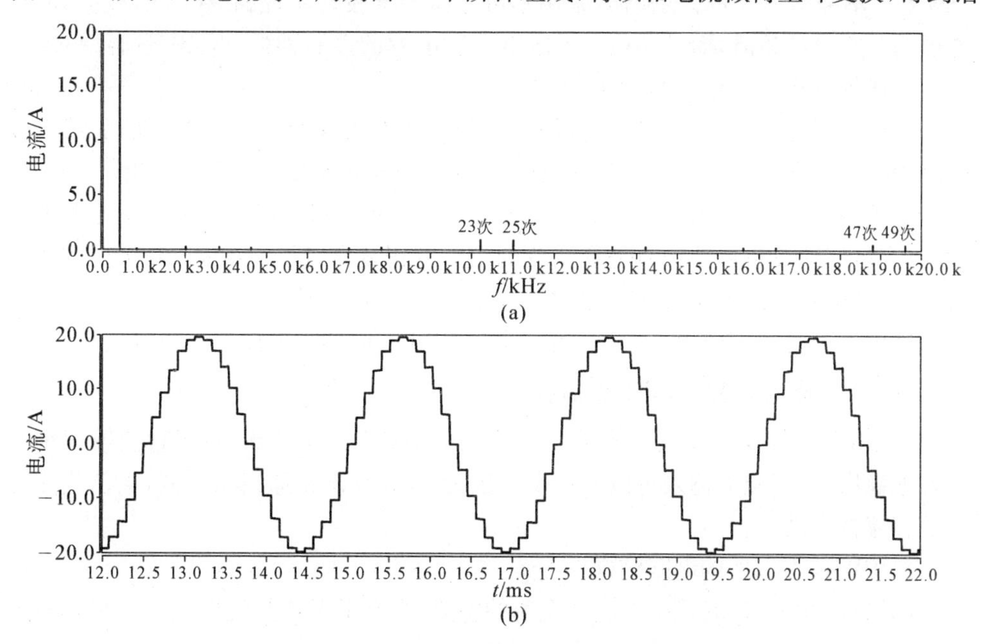

图 5-13 24 脉冲输入电流和谐波分析

波特性如图 5 - 13(b)所示。

通过图 5 - 13 仿真结果可以看出，输入电流除基波外，23 次和 25 次谐波比较明显。谐波的具体数据如表 5 - 3 所示。

表 5 - 3 理想状态下输入电流的主要谐波值

谐波次数	电流幅值	谐波次数	电流幅值
1 次(基波)	1	31 次	0.0113
5 次	0.0087	33 次	0.0115
7 次	0.0108	39 次	0.0082
9 次	0.0097	41 次	0.0082
15 次	0.0087	**47 次**	0.0214
17 次	0.0088	**49 次**	0.0206
23 次	0.043	*THD*	0.07625
25 次	0.0396	*PF*	0.9911

仿真结果可以看出，输入电流除基波外，23 次和 25 次谐波比较明显，其次是 47 次和 49 次谐波。由表中数据还可知，电流谐波总畸变率 THD 小于 18 脉冲 ATRU 的。功率因数经计算 $PF = 0.9911$。

5.3 脉宽调制(PWM)整流器及其控制

用电设备的 AC/DC 变换器，从使用的功率器件的类型，或从变换器的结构，可以分为两种类型。

(1) 不控型 AC/DC 变换器：采用不可控器件二极管实现的 AC/DC 变换，除最普通的三相全波整流，而且还包含了航空二次电源的多脉冲的变压整流器(TRU)，前面所述的自耦变压整流器(ATRU)等。

(2) 受控型 AC/DC 变换器：采用功率开关器件实现的 AC/DC 变换，一般需要微处理器来对开关器件进行控制，能够实现更为理想的 AC/DC 变换性能。

受控型 AC/DC 变换器，原理上被认为有更好的整流特性，作为交流电源的负载，也有更好的负载特性。但是变换器的结构变得复杂，除了功率开关实现的主电路外，还必须有微处理器、电流传感器等，并且需要适用的控制方法。

这里讨论两种受控型 AC/DC 变换器：PWM 整流器和单控型混合整流器。

5.3.1 脉宽调制(PWM)整流器

PWM 整流器是采用功率开关器件控制的 AC/DC 变换器，对于直流输出能够很好地稳压，对于交流输入可以使功率因数为 1，电流谐波降到非常低，被认为是先进的整流技术之一。

1) PWM 整流器的电路结构

如果将 PWM 整流器用于航空设备的整流，由于 PWM 整流器的工作原理有升压特性，无法将 115 V 交流电直接变换为 270 V 直流电，因此在整流器的输入端要增加降压变压器。得到 PWM 整流器的主电路如图 5－14 所示，由输入变压器、输入滤波电感、三相桥电路和输出滤波电路组成。

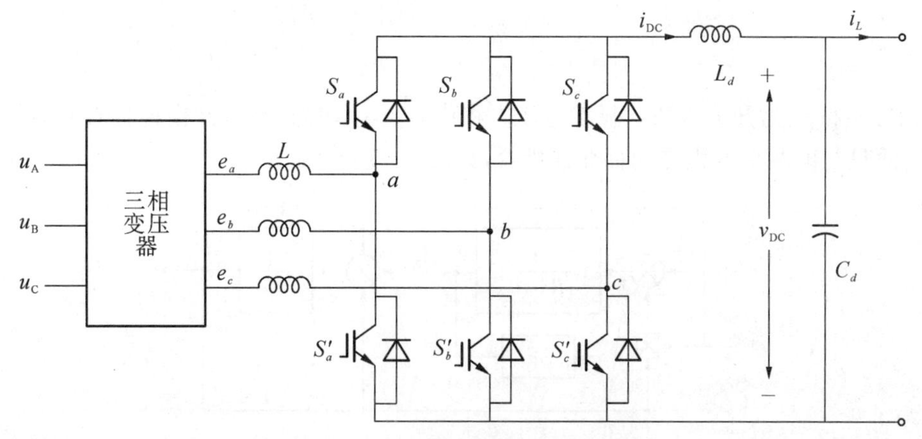

图 5－14　PWM 整流器的主电路

三相变压器将电网电源 u_A，u_B，u_C 降压，作为 PWM 整流器的电源 e_a，e_b，e_c，对于航空用电设备的 AC/DC 变换器，可以将 115 V 交流电降压为 70～80 V。

变压器后必须接有一个三相电感 L，具有对三相交流输入电流（i_a，i_b，i_c）滤波的作用，同时因为 PWM 整流器的 BOOST 电路的工作原理，该电感是其必要的组成部分。如果参数合适，该电感可以用变压器漏感代替。

六只带有反向并联二极管的功率开关（S_a，S_b，S_c，S'_a，S'_b，S'_c）器件，组成三相桥式结构。采用 SPWM 或者 SVPWM 方法控制，能够将电能从交流侧控制流向直流侧，即完成整流过程，也可以将电能从直流侧控制流向交流侧，即完成逆变过程。在完成整流过程中，可以将功率因数和电流谐波控制在理想的状况。

直流输出侧两端接电容 C 起到直流电压稳压和滤波的作用，直流侧负载与电容并联。图中用 v_{DC}，i_{DC}，i_L 分别表示直流侧输出电压，直流侧电流和负载电流的瞬时值。

2) 在同步旋转坐标系（$d-q$）下的数学模型

设三相交流系统的角频率为 ω，$d-q$ 坐标系指以 ω 旋转的两相同步坐标系。在空间上，d 轴滞后于 q 轴 90°。假设 d 轴初始位置与电源电压矢量方向重合，且固定于电源矢量方向与其同步旋转。于是 d 轴表示有功分量，q 轴表示无功分量。将三相静止坐标系电流 i_a，i_b，i_c 变换为 $d-q$ 坐标系的电流 i_d，i_q，三相静止坐标系电势 e_a，e_b，e_c 变换为 $d-q$ 坐标系的电势 e_d，e_q，可得 PWM 整流器在 $d-q$ 旋转坐标系下的模型为

$$\frac{\mathrm{d}}{\mathrm{d}t}\begin{bmatrix} i_d \\ i_q \\ v_{\mathrm{DC}} \end{bmatrix} = \begin{bmatrix} -\frac{R}{L} & \omega & -\frac{s_d}{L} \\ -\omega & -\frac{R}{L} & -\frac{s_q}{L} \\ \frac{s_d}{C_d} & \frac{s_q}{C_d} & 0 \end{bmatrix} \cdot \begin{bmatrix} i_d \\ i_q \\ v_{\mathrm{DC}} \end{bmatrix} + \begin{bmatrix} \frac{e_d}{L} \\ \frac{e_q}{L} \\ -\frac{i_L}{C_d} \end{bmatrix} \tag{5-3}$$

式中：s_d 和 s_q 为开关函数。显然电压方程中，s_d，s_q 均为变量，此模型具有非线性特征，而且与前两个方程之间存在强耦合，如图 5-15 所示。

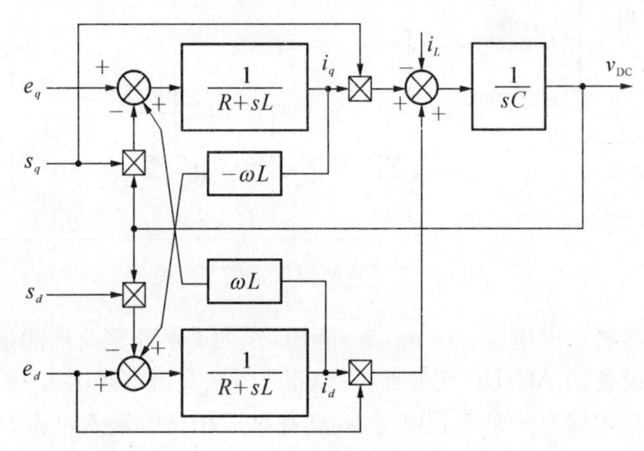

图 5-15　$d—q$ 坐标系中 PWM 整流器的模型

因为 PWM 整流器是一个非线性、强耦合系统，需将则 PWM 整流器在 $d—q$ 旋转坐标系下的模型线性化，将开关变量 s_d 和 s_q 用占空比表示，即设 $u_d = s_d v_{\mathrm{DC}}$，$u_q = s_q v_{\mathrm{DC}}$，得到线性化后的模型为

$$\frac{\mathrm{d}}{\mathrm{d}t}\begin{bmatrix} i_d \\ i_q \\ v_{\mathrm{DC}} \end{bmatrix} = \begin{bmatrix} -\frac{R}{L} & \omega & 0 \\ -\omega & -\frac{R}{L} & 0 \\ \frac{s_d}{C} & \frac{s_q}{C} & -\frac{1}{R_L C} \end{bmatrix} \cdot \begin{bmatrix} i_d \\ i_q \\ v_{\mathrm{DC}} \end{bmatrix} + \frac{1}{L}\begin{bmatrix} -u_d \\ -u_q \\ 0 \end{bmatrix} + \frac{1}{L}\begin{bmatrix} e_d \\ e_q \\ 0 \end{bmatrix} \tag{5-4}$$

在一般情况下供电电源为恒频，则 ω 是常数，则模型实现了线性化。

3) PWM 整流器的控制方法

PWM 整流器的控制系统结构如图 5-16 所示，采用了 SVPWM 控制方法，由电压调节器、电流调节器、电源相位测量、相电流测量、SVPWM 信号发生器和 PWM 整流器组成。

如图 5-16 所示，给定直流电压信号 v_{DC}^* 与测量的直流电压反馈信号 v_{DC} 比较，经电压调节器输出为有功电流给定值 i_d^*，为了使功率因数为 1，设置无功电流 $i_q^* = 0$。电流调节器分别将 i_d^* 和 i_q^* 与反馈信号 i_d 和 i_q 比较，经调节器计算输出控制电压 u_d^*

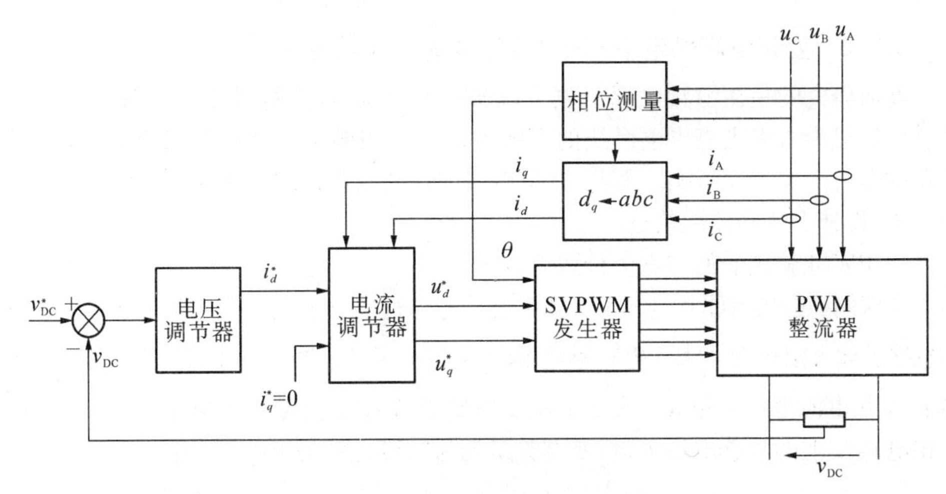

图 5-16 PWM 整流器的控制系统结构

和 u_q^*。SVPWM 发生器根据控制电压 u_d^* 和 u_q^* 产生 SVPWM 控制信号，实现对 PWM 整流器的控制。

相位测量电路通过测量电源电压 u_A，u_B，u_C，得到电源电势的相位 θ。相电流测量电路采样 i_A，i_B，i_C，通过三相静止坐标系($a-b-c$)到旋转坐标系($d-q$)的变换，得到 $d-q$ 坐标系的测量电流信号 i_d 和 i_q，作为电流调节器的电流反馈信号。

4) PWM 整流器特点

通过对设计的某 PWM 整流器进行仿真，得到 PWM 整流器稳态特性有以下特点：

(1) 由于 PWM 整流器能够将交流电源输入功率因数控制在 1 左右，同时能够将输入电流的高次谐波抑制的非常小，从稳态特性看，完全呈现的是阻性负载，可视为线性负载。

(2) 采用 PWM 整流器的电流谐波特性远好于不控整流的 12 脉波整流和 18 脉波整流，其中 12 脉波整流的 *THD* 在 15%左右，18 脉波整流的 *THD* 接近 10%，而 24 脉波整流的 *THD* 值在 7.5%左右，而 PWM 整流器可以控制 *THD* 小于 3%。

(3) 与 ATRU 不同，PWM 整流器的电流谐波不是随着基波增加而成比例地增加。将 PWM 整流器在不同负载的情况下仿真，得到电流谐波的仿真结果如表 5-4 所示。由表中数据可见，整流器输出功率增大导致基波(400 Hz)电流的峰值增大，作为相对值的 *THD* 会减小。

表 5-4 仿真的 PWM 整流器的电流谐波

负载功率/kW	2.0	7.5	15
基波电流峰值/A	12.5	46.7	107
THD/%	2.58	2.22	1.09

5.3.2 变频电源供电下PWM整流器的工作特性

前面研究的是在恒频电源供电下，PWM整流器的控制问题。然而，变频供电系统已经成为未来飞机供电系统的发展方向。电源频率的变化势必会对PWM整流器的运行产生很大影响。因此，这里将研究在变频电源供电下PWM整流器的性能分析、设计方法和控制策略。

1）PWM整流器的稳态矢量图分析

交流侧稳态矢量图是进行PWM整流器稳态性能分析的有效方法。图5-17(a)为忽略了输入阻抗R的某PWM整流器的A相电压矢量图。其中，$\dot{E}_a$表示变压器输出的A相电源电压矢量，$\dot{U}_a$表示PWM整流器A相交流侧输入电压矢量，$\dot{U}_{La}$表示A相电感L上的自感电压矢量，所有矢量均为“有效值”矢量。于是有

$$\dot{U}_{La} = \mathrm{j}\omega L\dot{I}_a \tag{5-5}$$

其中$\dot{I}_a$表示交流侧输入电流矢量，即通过A相电感L的电流。在一般情况下，电源电压矢量$\dot{E}_a$可视为常量，交流侧电压矢量$\dot{U}_a$由PWM调制信号控制，从而$\dot{U}_{La}$便可根据矢量图的三角关系由$\dot{E}_a$和$\dot{U}_a$确定。在进行单位功率因数控制时，输入电流矢量$\dot{I}_a$方向与电源电压$\dot{E}_a$矢量方向是一致的，而$\dot{U}_{La}$超前$\dot{I}_a$ 90°相角。于是，矢量图成为图5-17(b)所示的形式。

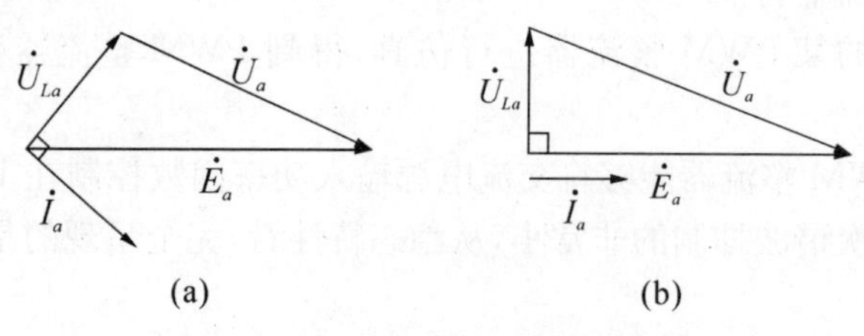

图5-17 PWM整流器的矢量图

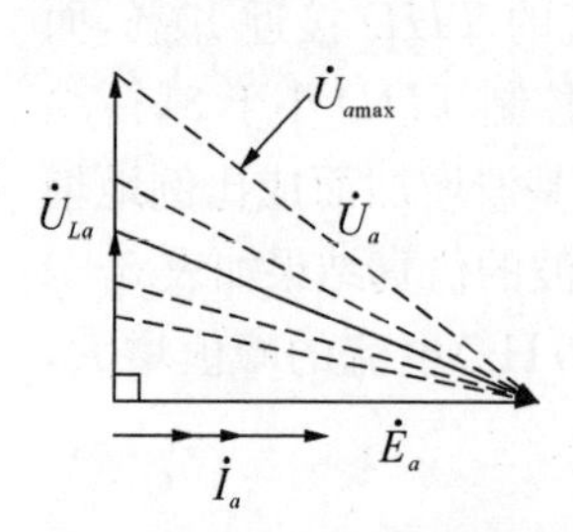

图5-18 单位功率因数下PWM整流器的工作点

对于电源电压恒定的供电系统，电源电压矢量$\dot{E}_a$为常量。在PWM整流器控制时，若直流侧参考电压认为不变，而负载电流$\dot{I}_a$变化使得电感电压矢量$\dot{U}_{La}$的幅值U_{La}变化，此时通过PWM信号使交流侧电压矢量$\dot{U}_a$随着U_{La}变化而调整，当实现单位功率因数控制时，其变化规律如图5-18所示。然而，对于一定的直流侧电压输出，$\dot{U}_a$的幅值U_a有一定的变化范围。其最大值$U_{a\max}$决定于直流侧电压值和PWM信号调制方法，有

$$U_{a\max} = \frac{K_{\mathrm{PWM}}V_{\mathrm{DC}}}{\sqrt{2}} \tag{5-6}$$

其中，V_{DC}表示直流侧电压 v_{DC} 的稳态值，K_{PWM}为常数，对不同的 PWM 调制方法，K_{PWM}不同。例如，用正弦脉宽调制(SPWM)方法时，$K_{PWM}=\frac{1}{2}$；采用空间矢量脉宽调制(SVPWM)方法时，$K_{PWM}=\frac{\sqrt{3}}{3}$。可见，SVPWM 调制方法具有更高的电压利用率。

2) PWM 整流器的稳定运行条件分析

PWM 整流器运行在单位功率因数整流状态时，若忽略损耗，根据功率平衡原理，其交流侧三相输入功率恒等于直流侧输出功率。这个平衡关系可表示为

$$3E_aI_a=V_{DC}I_L=P \tag{5-7}$$

式中：P 表示有功功率；I_L 表示直流侧负载电流 i_L 的稳态值。

根据图 5-18，可以得到方程

$$E_a^2+U_{La}^2=U_a^2 \tag{5-8}$$

将方程(5-5)代入方程(5-8)中，可得

$$E_a^2+(\omega LI_a)^2=U_a^2 \tag{5-9}$$

对方程两边进行分析可以得到下面的不等式：

$$2\omega L\cdot E_a\cdot I_a\leqslant E_a^2+(\omega LI_a)^2=U_a^2\leqslant U_{a\max}^2 \tag{5-10}$$

假设采用 SVPWM 方法调制，则有

$$U_{a\max}=\frac{1}{\sqrt{6}}V_{DC} \tag{5-11}$$

将式(5-11)代入不等式(5-10)，可得

$$E_a\cdot I_a\leqslant\frac{V_{DC}^2}{12\omega L} \tag{5-12}$$

将方程(5-7)代入不等式(5-12)，可得

$$P\leqslant\frac{V_{DC}^2}{4\omega L} \tag{5-13}$$

式(5-13)表示了 PWM 整流器的输出功率和电源的角速度相关，如果应用在 360～800 Hz 的变频电源供电系统，则在高频时输出功率会大大降低。或者用电流来描述，为

$$I_{DC}\leqslant\frac{V_{DC}}{4\omega L} \tag{5-14}$$

若 PWM 整流器的负载为纯阻性，可设其阻值为 R_L，可得

$$P = \frac{V_{DC}^2}{R_L} \tag{5-15}$$

将式(5－15)代入不等式(5－13)，可得

$$R_L \geqslant 4\omega L \tag{5-16}$$

以上的分析是要求 PWM 整流器工作在单位功率因数下必须满足的条件。不等式(5－13)、(5－14)和(5－16)分别给出了 PWM 整流器的功率限制条件、负载电流限制条件以及负载电阻限制条件。

3) 变频电源供电时 PWM 整流器的输出功率

分析上节中得到的三个 PWM 整流器稳定运行的限制条件，即根据不等式(5－13)、(5－14)和(5－16)可以得到以下几个重要结论：

(1) 当电源电压 E、电源频率 ω 和 PWM 整流器的滤波电感 L 一定时，PWM 整流器的输出功率的能力与直流侧电压的平方 V_{dc}^2 成正比，输出电流的能力与直流侧电压 V_{dc} 成正比；

(2) 由式(5－16)可知，PWM 整流器直流侧为阻性负载时，其负载电阻必须大于 4 倍滤波电感上感抗，与直流侧电压 V_{dc} 无关；

(3) 在变频恒压电源供电，且输出直流电压 V_{DC} 给定不变的情况下，特定 PWM 整流器的功率输出能力、电流输出能力、带载能力均与供电电源角频率 ω 成反比。

上述结论表明，可以通过提高 PWM 整流器的输出电压来提高其功率输出能力，这显示了电压型 PWM 整流器的 BOOST 特性。然而，在一般情况下，系统或者负载对整流器输出直流电压是有特定要求的，提高直流侧输出电压的条件通常并不具备。因此，可以通过采用较小的滤波电感 L 来提高整流器的功率输出能力。在变频电源供电时，电源角频率 ω 的变化会直接影响 PWM 整流器的功率输出、电流输出和带载能力，且两者成反比关系。因此，应根据负载的情况，按照最大角频率进行电感的设计。

5.3.3 一种混合整流器及其控制

混合整流是一种将 PWM 整流器与二极管整流器组合的结构，这种混合整流的方法采用二极管整流器变换大部分负载功率，PWM 整流器进行电流补偿并输出小部分功率。

1) 混合整流器的结构与基本原理

混合整流器采用了三相二极管整流器和三相 PWM 整流器的并联结构。但是，由于三相 PWM 整流具有升压特性，使得两者之间无法直接并联。因此，目前所用的并联方法有两种：

(1) 在 PWM 整流器输入端与电源之间接入降压变压器，而输出端直接与二极管整流直接连接，如图 5－19(a)所示。

(2) 在二极管整流的输出端级联 BOOST 电路后与 PWM 整流出入端相连，两

者交流电源输入侧直接相连，如图 5－19(b)所示。

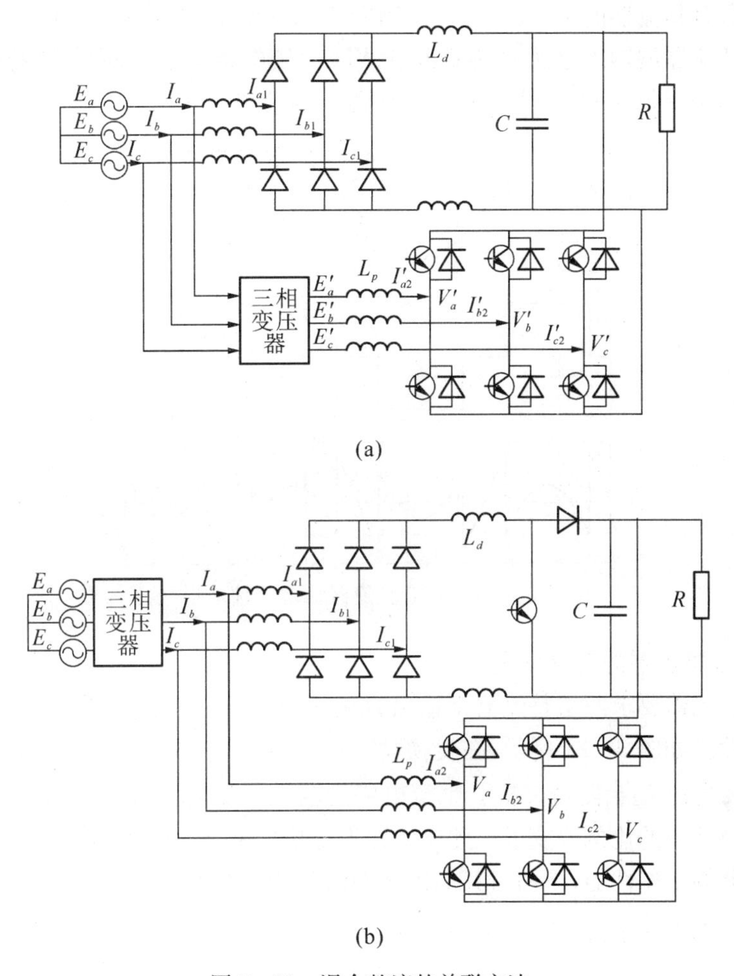

图 5－19　混合整流的并联方法

由于 PWM 整流器的升压特性，图 5－19(b)所示混合整流器需在二极管整流电路的输出端级联 BOOST 电路，通过升压控制使其能够与 PWM 整流器输出电压相同。该电路因为两个整流通道均能对电压进行控制，因此称为双控型混合整流器。该整流器能够实现直流稳压控制，但 BOOST 电路的功率开关器件需要承担大部分功率变换，在应用于航空电网时，在可靠性方面存在很大挑战。另一方面，如果希望将 115 V 交流电变换成 270 V 直流电时，则需要在整个整流器的输入端增加全功率的降压变压器，增大了体积重量。

对于图 5－19(a)所示的混合整流器，因为二极管整流器不能控制，只有 PWM 整流器能够控制，因此称为单控型混合整流器。该整流器能够直接将 115 V 交流电变换成 270 V 直流电，但是不具有稳压控制功能，直流电压的稳定水平决定于交流电源电压的稳定程度。该整流器没有双控型中的 BOOST 电路，并且变压器的功率可以降低,因此电路结构比较简单,可靠性相对比较高。

对于混合整流器的工作原理,可以用图 5-20 所示的 A 相电流波形来讨论,其中二极管整流器的输入电流 i_{a1} 为方波,PWM 整流电路采用 i_{a2} 所示的电流实现对电流波形和功率因数的补偿,使电网输入电流 i_a 为功率因数等于 1 的正弦波。

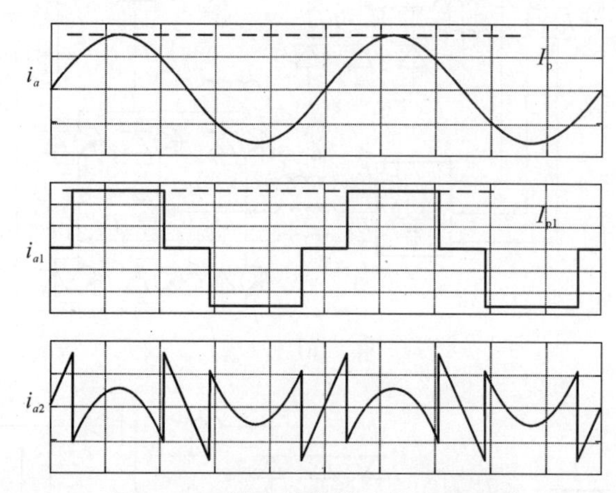

图 5-20 混合整流器 A 相电流波形

2) 混合整流器的功率分配

混合整流器要求两组整流器都输出直流功率,即有功功率,两者功率分配存在若干可能性。如图 5-21 所示,在变换功率一定(即 i_a 一定)的条件下,PWM 整流电路的输入电流 i_{a2} 会随着二极管整流电路的输入电流 i_{a1} 的变化而改变,即两组整流电路变换功率的比例改变了。此比例即为有功功率分配的比例,它的值将会影响混合整流器的工作性能,下面对其最优比例值及分配原则进行分析。

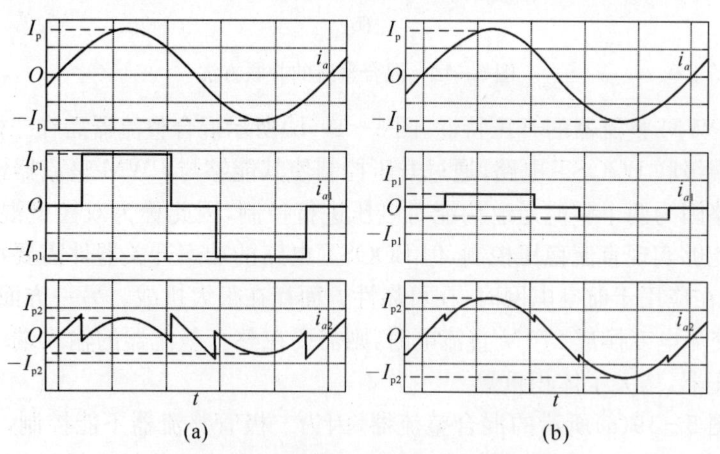

图 5-21 混合整流器 i_{a1} 变化时的电流特性

(a) i_{a1} 值较大 (b) i_{a1} 值较小

(1) 有功功率。

设 A 相输入电压为 $e_a(t)=E_p\cdot\sin(\omega t)$，为 PWM 整流电路和二极管整流电路的共同交流电源，其中 E_p 为电压峰值。由于电源的功率因数被控制为 1，所以 A 相电流可以表示为 $i_a(t)=I_p\cdot\sin(\omega t)$ 其中 I_p 为电流峰值，得到 A 相的瞬时功率为 $p_a(t)=e_a(t)\cdot i_a(t)$。设二极管整流部分 A 相输入电流为 i_{a1}，是幅值为 I_{p1} 的方波，PWM 整流部分输入电流为 i_{a2}，容易得到 $i_{a2}=i_a-i_{a1}$。A 相瞬态功率可以表示为

$$p_a(t)=e_a(t)\cdot i_{a1}(t)+e_a(t)\cdot i_{a2}(t) \tag{5-17}$$

有功功率为瞬时功率在一个周期 T 内的平均值，则 A 相的有功功率为

$$P=\frac{1}{T}\int_0^T p_a(t)\mathrm{d}t=\frac{1}{2}E_pI_p \tag{5-18}$$

根据图 5-20 中所给出的方波波形得到二极管整流电流随时间变化的规律。

$$i_{a1}(t)=\begin{cases} I_{p1} & \frac{T}{12}\leqslant t<\frac{5T}{12} \\ 0 & 0\leqslant t<\frac{T}{12};\quad \frac{5T}{12}\leqslant t<\frac{7T}{12};\quad \frac{11T}{12}\leqslant t<T \\ -I_{p1} & \frac{7T}{12}\leqslant t<\frac{11T}{12} \end{cases}$$

进而推导二极管整流部分的有功功率为

$$P_1=\frac{1}{T}\int_0^T e_a(t)i_{a1}(t)\mathrm{d}t=\frac{\sqrt{3}}{\pi}E_pI_{p1} \tag{5-19}$$

PWM 整流部分的有功功率为

$$P_2=\frac{1}{T}\int_0^T[p_a(t)-p_1(t)]\mathrm{d}t=\frac{1}{2}E_pI_p-\frac{\sqrt{3}}{\pi}E_pI_{p1} \tag{5-20}$$

定义比例关系 $k_p=I_{p1}/I_p$，则在交流电源电压和电流一定的情况下，即 E_p 和 I_p 一定的情况，可以通过改变 k_p 来改变混合整流器的两部分各自承担的有功功率的大小，如图 5-22(a)所示。

(2) 视在功率。

视在功率的定义是电压有效值与电流有效值的乘积，所以我们利用公式 $S=UI$ 来进行计算。

由于混合整流器功率因数为 1，则认为母线视在功率与母线有功功率相等。

$$S=P=\frac{1}{2}E_pI_p \tag{5-21}$$

计算两部分整流电路的电压有效值和电流有效值，其中输入电压都为正弦，

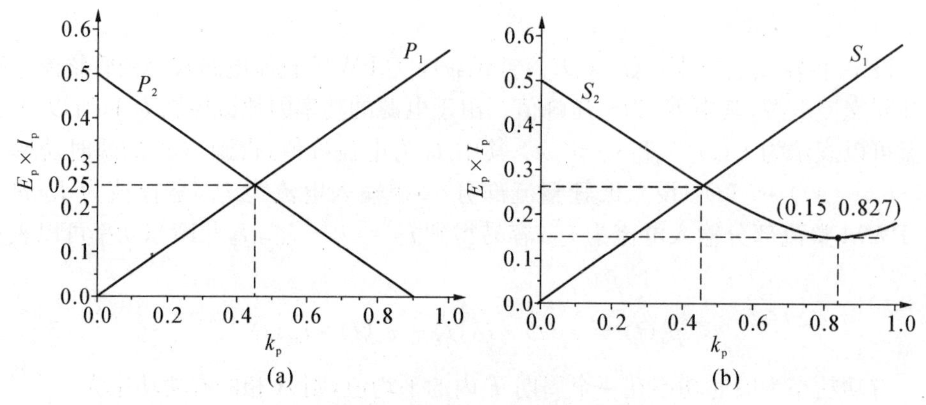

图 5－22 混合整流器的功率分配

(a) 有功功率 (b) 视在功率

可得

$$E_{1\mathrm{rms}} = E_{2\mathrm{rms}} = \frac{\sqrt{2}}{2}E_{\mathrm{p}} \tag{5-22}$$

二极管整流部分电流有效值为

$$I_{1\mathrm{rms}} = \sqrt{\frac{1}{T}\int_0^T i_{a1}(t)^2\mathrm{d}(t)} = \sqrt{\frac{2}{3}}k_{\mathrm{p}}I_{\mathrm{p}} \tag{5-23}$$

PWM 整流部分电流有效值为

$$I_{2\mathrm{rms}} = \sqrt{\frac{1}{T}\int_0^T i_{a2}(t)^2\mathrm{d}t} = I_{\mathrm{p}}\cdot\sqrt{\frac{1}{2}-\frac{2\sqrt{3}}{\pi}k_{\mathrm{p}}+\frac{2}{3}k_{\mathrm{p}}^2} \tag{5-24}$$

得到了各部分的电压电流有效值，可以算出各部分承担的视在功率。二极管整流部分视在功率为

$$S_1 = E_{\mathrm{rms}}\cdot I_{1\mathrm{rms}} = \frac{\sqrt{3}}{3}k_{\mathrm{p}}E_{\mathrm{p}}I_{\mathrm{p}} \tag{5-25}$$

PWM 整流部分视在功率为

$$S_2 = E_{\mathrm{rms}}\cdot I_{2\mathrm{rms}} = E_{\mathrm{p}}\cdot I_{\mathrm{p}}\cdot\sqrt{\frac{1}{4}-\frac{\sqrt{3}}{\pi}k_{\mathrm{p}}+\frac{1}{3}k_{\mathrm{p}}^2} \tag{5-26}$$

得到不同 k_{p} 情况下两组整流电路的视在功率如图 5－22(b)所示。

(3) 功率分配的原则。

在进行二极管整流电路和 PWM 整流电路的功率分配时，可以采用以下几种方法。

a. 整流器综合视在功率最小：视在功率决定了整流电路的功率容量，综合视在

功率最小即表明两组整流电路的总功率容量最小，即混合整流器效率最高。混合整流器的综合视在功率为

$$S_{sum} = S_1 + S_2 \tag{5-27}$$

通过计算可以得到当 $k_p = 0.45$ 时，即 $I_{p1} = 0.45I_p$ 时，S_{sum} 最小。

此时二极管整流电路和 PWM 整流电路的瞬态输入电流都始终和电压同符号，没有出现负功率的情况。

b. PWM 整流电路的有功功率 P_2 最小：

由于

$$P_2 = \frac{1}{2}E_pI_p - \frac{\sqrt{3}}{\pi}k_pE_pI_p = \left(\frac{1}{2} - \frac{\sqrt{3}}{\pi}k_p\right)E_pI_p \tag{5-28}$$

可得到 $k_p = \frac{\pi}{2\sqrt{3}} = 0.91$ 时，可使 PWM 整流电路的有功功率 $P_2 = 0$。该方法的滤波效果等同于有源滤波(APF)。

c. PWM 整流电路的视在功率最小：

根据式(5-16)可以定义

$$y(k_p) = \frac{1}{4} - \frac{\sqrt{3}}{\pi}k_p + \frac{1}{3}k_p^2 \tag{5-29}$$

求极值 $\frac{dy}{dk_p} = 0$，得到当 $k_p = 0.827$ 时，y 最小，即 PWM 整流器承担的视在功率最小，此时 PWM 整流器的功率损耗最小。

将上述三种功率分配方法，计算两组整流电路的有功功率和视在功率，得到表 5-5的结果。表中数据 $k_{p1} = P_1/P$，$k_{p2} = P_2/P$，$k_{s1} = S_1/S$，$k_{s2} = S_2/S$，$k_{sum} = S_{sum}/S = k_{s1} + k_{s2}$

表 5-5　混合整流器功率分配原则

分配原则	k_i	k_{p1}	k_{p2}	k_{s1}	k_{s2}	k_{sum}
S_{sum} 最小	0.45	0.496	0.504	0.520	0.527	1.047
P_2 最小	0.91	1.00	0.00	1.051	0.312	1.363
S_2 最小	0.827	0.912	0.088	0.955	0.297	1.252

若将单控型混合整流器应用于航空电源变换，应使二极管整流电路承担更多的变换功率，而 PWM 整流电路承担尽可能少的变换功率，可以提高整流器的可靠性。由表 5-4 的数据可见，采用 S_2 最小原则，可以使二极管整流电路承担 91%的有功变换功率，而 PWM 整流电路仅为 9%左右。

将 S_2 最小原则与 P_2 最小原则比较，虽然 S_2 最小原则的 PWM 整流电路完成

了一定的有功功率变换，但是其视在功率却较小，同时综合视在功率也较小，是更理想的变换方法。

3）单控型混合整流器的功率分配控制方法

单控型混合整流器的二极管整流电路是不可控的，但是却承担大部分的变换功率，功率分配需要采用新的控制方法。

（1）单控型混合整流器数学模型。

PWM 整流电路是混合整流器中的可控部分，建立出这部分的数学模型，可以给控制模型的建立提供理论基础。由式(5-4)中的 PWM 整流器数学模型，推导出单控型混合整流器中 PWM 整流器部分在同步坐标系下（$d-q$ 坐标系）的线性化数学模型为

$$\begin{bmatrix} \dot{i}_{d2} \\ \dot{i}_{q2} \\ \dot{u} \end{bmatrix} = \begin{bmatrix} -\frac{R}{L_{\mathrm{p}}} & \omega & 0 \\ -\omega & -\frac{R}{L_{\mathrm{p}}} & 0 \\ \frac{3e_d}{C} & \frac{3e}{C} & -\frac{2}{CR_L} \end{bmatrix} \begin{bmatrix} i_{d2} \\ i_{q2} \\ u \end{bmatrix} + \begin{bmatrix} -\frac{1}{L_{\mathrm{p}}} & 0 \\ 0 & -\frac{1}{L_{\mathrm{p}}} \\ 0 & 0 \end{bmatrix} \begin{bmatrix} v_{d2} \\ v_{q2} \end{bmatrix} + \begin{bmatrix} \frac{1}{L_{\mathrm{p}}} & 0 \\ 0 & \frac{1}{L_{\mathrm{p}}} \\ 0 & 0 \end{bmatrix} \begin{bmatrix} e_d \\ e_q \end{bmatrix} \tag{5-30}$$

式中：i_{d2}，i_{q2} 为 $d-q$ 坐标系下 PWM 整流部分输入电流；e_d，e_q 为 $d-q$ 坐标系下电源电压；v_{d2}，v_{q2} 为 PWM 整流部分交流侧电压，即控制电压；R，L_{p} 为电源内阻和输入端电感；ω 为同步角频率；R_L 为总负载电阻；定义变量 $u=v_{\mathrm{DC}}^2$，v_{DC} 为直流侧输出电压。

在此数学模型基础上结合 PI 调节器（比例 K_{p}、积分 K_I），设计 i_{d2} 和 i_{q2} 的反馈控制策略，得到电压控制方程：

$$\begin{cases} v_{d2} = -\left(K_{\mathrm{p}} + \frac{K_I}{s}\right)(i_{d2}^* - i_{d2}) - \omega L_{\mathrm{p}} i_{d2} + e_q \\ v_{q2} = -\left(K_{\mathrm{p}} + \frac{K_I}{s}\right)(i_{q2}^* - i_{q2}) - \omega L_{\mathrm{p}} i_{q2} + e_d \end{cases} \tag{5-31}$$

（2）功率分配控制方法。

功率分配控制系统结构如图 5-23 所示，I_{p}，I_{p1} 和 I_{p2} 为交流母线电流的数据，由于采样和数据处理比较复杂，因此采用直流侧的电流作为控制依据。图 5-23 中 i_{DC} 为负载电流，i_{DC1} 为二极管整流电路输出电流，i_{DC2} 为 PWM 整流电路输出电流。忽略整流器功率损耗，$i_{\mathrm{DC}}=P/V_{\mathrm{DC}}$，$i_{\mathrm{DC1}}=P_1/v_{\mathrm{DC}}$，$i_{\mathrm{DC2}}=P_2/v_{\mathrm{DC}}$，可以将两组整流电路的功率分配转换为直流电流分配。例如选择 PWM 整流电路视在功率 S_2 最小原则时，根据表 5-4 中的 k_{p1} 和 k_{p2} 数据，得到 $i_{\mathrm{DC1}}=0.912i_{\mathrm{DC}}$，$i_{\mathrm{DC2}}=0.088i_{\mathrm{DC}}$。

在图 5-23 的控制系统结构中，虚框中的部分代表了本文所提出的新型功率控制方法——功率分配控制，即

$$i_{DC2}^{*}=k_{p2}i_{DC} \tag{5-32}$$

然后通过采样 i_{DC2} 与其比较，实现反馈控制，PI 调节器对直流量无静差的跟踪，保证了 PWM 整流电路完成的变换功率 P_2 在整个输出功率中所占的比例，即外环控制实现了直流侧功率按照给定比例的分配。内环控制则采用 5.3.1 节中的 $d-q$ 轴反馈控制方程，结合空间矢量控制策略（SVPWM），完成对整个单控型混合整流器的输入电流滤波和功率因数的控制。

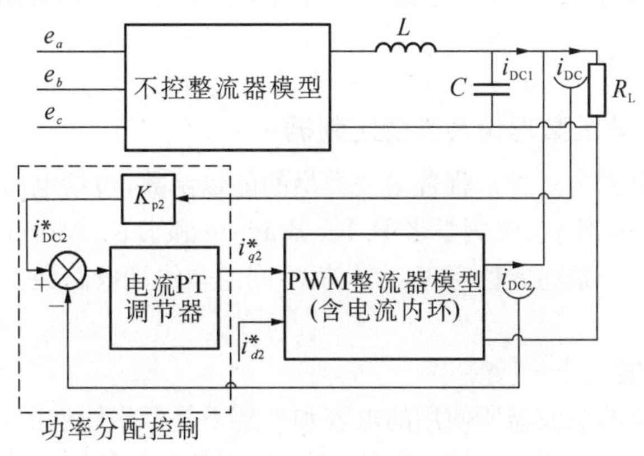

图 5-23　单控型混合整流器的功率分配控制

功率分配控制方法通过对直流量的控制完成了混合整流器电路的功率分配，实现了单控型整流电路的双控工作方式。

5.4　恒功率负载与供电系统的稳定性

闭环控制系统可看作是恒功率负载，因而具有负阻抗特性，该特性会给供电系统的稳定运行带来负面影响。另一方面，连接在航空直流供电网络上的电力传动系统，当采用 PWM 控制时必须考虑电磁兼容问题，一般在直流母线输入端需要增加 LC 滤波器。

5.4.1　恒功率负载系统的稳定性问题

为研究恒功率负载的负载特性，需对 270 V 供电电源进行简化处理。文献提出将带有 LC 滤波器的恒功率负载进行小信号处理，经简化后可得系统结构如图 5-24 所示。

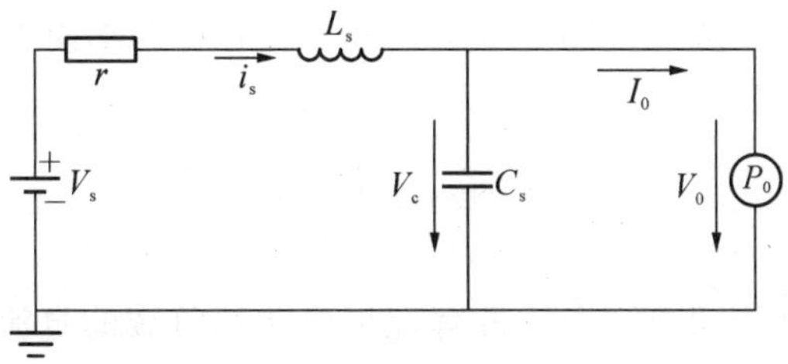

图 5-24　带有理想恒功率负载的直流系统

其中电源由理想直流电源和等效内阻 r 组成。L_s 和 C_s 分别为 EMI 滤波器的电感和电容。P_0 为理想恒功率负载，即满足 $I_0 = P_0/V_0$，忽略了闭环控制系统在维持输出功率不变的控制中的过渡过程。

电力作动器、调压/稳压电源等用电设备都需要采用闭环控制，因此具有恒功率负载特性。恒功率特性的用电设备使电网上电压和电流的关系如图 5-4 所示。

闭环控制系统的功率，当电网电压上升时 ($\Delta U > 0$)，电流会下降($\Delta I < 0$)，反之当电网电压下降时($\Delta U <0$)，电流会上升($\Delta I > 0$)，导致动态阻抗为负，即 $R = \frac{\Delta U}{\Delta I} < 0$。

5.4.2 混合势函数理论及其稳定判据

混合势函数可视为一种李雅普诺夫类型的能量函数，包括电压势函数和电流势函数。在 20 世纪 60 年代，美国学者 R. K. Brayton 和 J. K. Moser 基于系统的混合势函数模型提出了三条稳定性定理，以分析不同的非线性电路在大扰动条件下的稳定性问题。

1) 稳定性判据

虽然实际系统的滤波器所使用的电容和电感不是严格线性的，但这些弱非线性因素对系统不稳定的影响是相当有限的，而恒功率负载的负阻抗特性则是引起系统不稳定的首要因素，因此可以把滤波电容和滤波电感视为线性元件，应用混合势函数理论的定理 3 对系统进行稳定性分析，得到元件的约束条件。

根据图 5-24 所示系统结构，可得到其稳态方程为

$$\begin{cases} V_0 = V_s - I_0 r \\ I_0 = P_0/V_0 \end{cases} \tag{5-33}$$

式中：V_0 和 I_0 为负载端电压和电流，V_s 为电源电压，r 为电源等效内阻，P_0 为负载功率。为保证系统具有稳态平衡工作点，恒功率负载的最大功率应满足

$$P_{\max} < \frac{V_s^2}{4r} \tag{5-34}$$

式(5-34)根据稳态方程给出了稳态平衡工作点判据，该判据表明了等效电源电压，等效电源内阻和恒功率负载最大功率间的关系，为使系统具有稳态平衡工作点，须对一个直流系统所能带的恒功率负载的最大功率做出限制。

同时根据混合势函数理论的定理 3，对于工作在稳态平衡工作点的系统，为使其在大扰动下能恢复稳定工作，需满足

$$\frac{C_s}{L_s} > \frac{P_0}{V_0^2 r} \tag{5-35}$$

式(5-34)和式(5-35)给出了带有理想恒功率负载的直流系统在大扰动下的稳定判据。由此可以看出，在等效电源内阻一定的情况下，通过选择恰当的滤波器

参数,适当的增大滤波电容,可实现恒功率负载系统在大扰动下的稳定性。

2）滤波器参数对系统稳定性的影响

不等式(5-34)和(5-35)从稳定性的角度给出了滤波器参数范围。然而在满足不等式的条件下,不同的滤波器参数会影响系统性能。本节通过推导电源输入导纳,分析其频域及时域特性,研究不同的滤波器参数对系统性能的影响。对于大功率供电系统来说,要求电源等效内阻远小于负载稳态阻抗,即满足 $r \ll V_0/I_0$,以减小电能损耗。于是,根据图 5-24 所示的系统结构,得出其状态方程,对其进行小信号处理,可以推导得到包含电源内阻的电源输入导纳,为

$$Y_{iDC} = \frac{I_s}{V_s} = \frac{C_s s - I_0/V_0}{C_s L_s s^2 + (C_s r - L_s I_0/V_0)s + (1 - rI_0/V_0)} \tag{5-36}$$

式(5-36)表明,在不改变转折频率的情况下,增大 C_s/L_s 值能够增大电源输入导纳的阻尼系数,会降低电网的瞬态电流。

为进一步分析导纳特性,选取等效内阻为 0.2Ω 的 270V 直流电源,带有 5kW 恒功率负载系统,通过改变不同的 C_s/L_s 比值方式研究其频率特性。假设开关频率为 20kHz,根据美军标 MIL-STD-704F,为了抑制开关噪声,需加入滤波器使系统在 20kHz时实现 25dB 的噪声衰减,因而选取滤波器转折频率 f_s 为 1kHz。图 5-25 给出了相同转折频率下,不同 C_s/L_s 值时的导纳频率特性,其中 C_s/L_s 值为 0.37 为临界稳定条件。由图 5-25 可见,增大 C_s/L_s 值可以使导纳稳定,但转折频率的幅值基本不变,表明可以采用被动的改变滤波器参数的方法实现电网电压的稳定性,但是对瞬态电流的抑制是有限的。

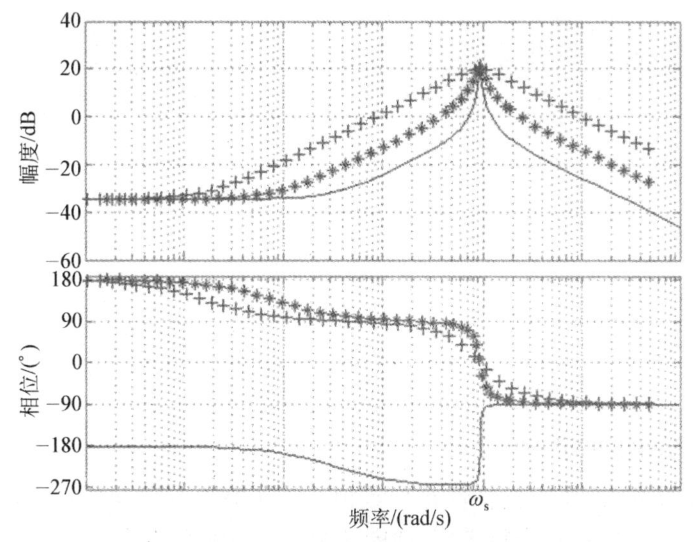

图 5-25 理想恒功率负载系统电源输入导纳波特图

C_s/L_s 取值"—"为 0.185,"+"为 0.37,"*"为 0.88

图 5-26 给出了相同条件下的时域仿真波形，其中电源输入导纳在 1ms 时投入电网。由此可分析电网电压波动时，电网电流的瞬变特性。当 C_s/L_s 比值为 0.185 时，不满足稳定性条件，此时由于系统具有正的极点，阶跃响应波形呈增幅震荡状态，属于发散状态，如图 5-26(a)所示；当 C_s/L_s 比值为 0.37 时，系统处于临界稳定条件，电流出现等幅震荡，震荡幅值较大，如图 5-26(b)所示；当 C_s/L_s 比值为 0.88 时，此时系统满足稳定条件，在短暂震荡后趋于稳定，且初始震荡幅值较大，如图 5-26(c)所示。由以上分析可得，在保证其他参数不变的条件下，滤波电容的增大确实有利于电网的稳定；随着滤波电容的增大，电网震荡时间缩短；另一方面，电网电流的瞬变幅值增大。

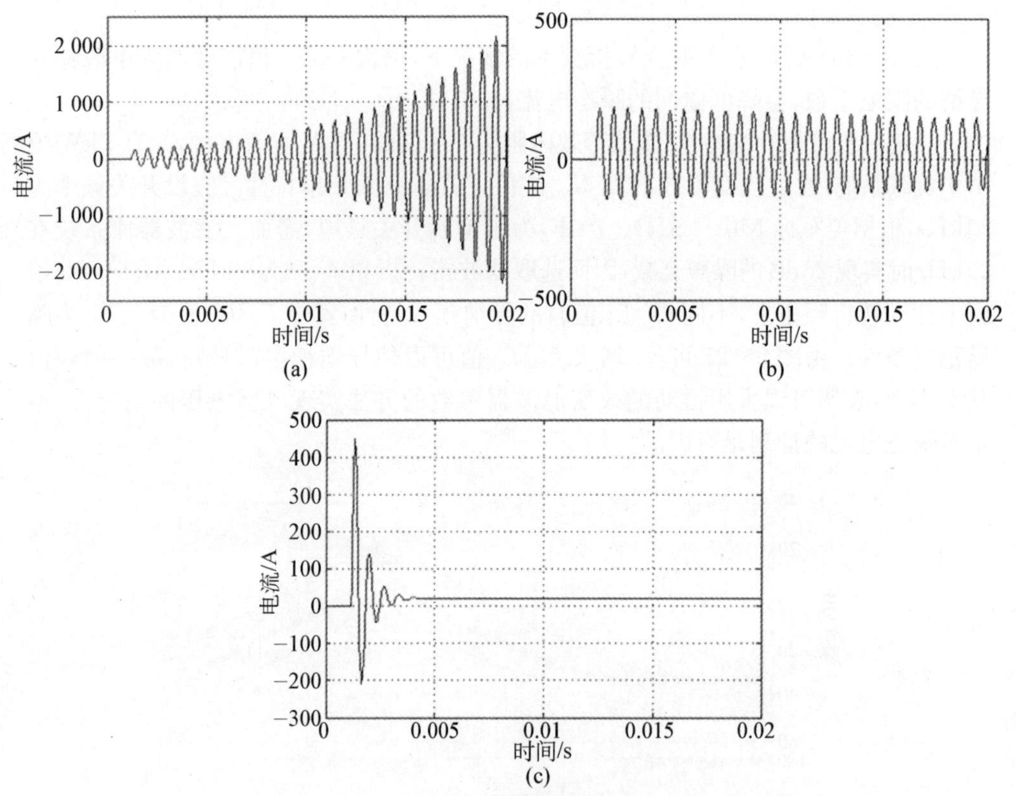

图 5-26 电源输入导纳模型的时域仿真曲线

(a) $C_s/L_s = 0.185$ (b) $C_s/L_s = 0.37$ (c) $C_s/L_s = 0.88$

5.4.3 负阻抗补偿法

由以上分析可知，负阻抗特性是导致恒功率负载引起系统不稳定的主要原因。若能消除恒功率负载的负阻抗效应，便能从根本上消除系统的不稳定。X. Liu 提出负阻抗补偿法，其策略是把直流电压的变化量通过负阻抗补偿器回馈到电流环，来修正系统的输入阻抗，使系统具有动态正导纳，从而实现恒功率负载系统的稳定。

1）负阻抗补偿系统结构

本报告以 270 V 航空高压直流电源带载的电力驱动系统为研究对象，其结构如图 5-27 所示。在图 5-27 中，r 为 270 V 直流电源的等效内阻，L_s 为电源和 LC 结构的 EMI 滤波器的等效电感，C_s 为 EMI 滤波器电容。在不考虑负阻抗补偿时，闭环控制的电机控制系统，使控制系统的电源 V_s 和 I_s 在动态变化时呈现负阻抗特性，即 $\Delta V_s/\Delta I_s < 0$。

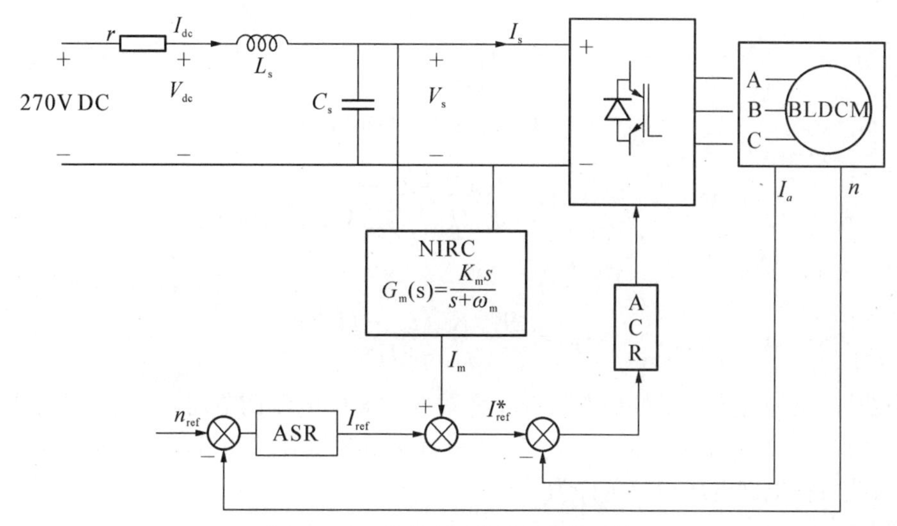

图 5-27 具有负阻抗补偿器的系统

负阻抗补偿方法是采样 EMI 滤波器输出端的电压信号 V_s，经补偿器接入控制系统的电流参考信号，补偿器传递函数为

$$G_m(s) = \frac{K_m s}{s + \omega_m} \tag{5-37}$$

式中：K_m 为补偿增益；ω_m 为补偿转折频率。显然，稳态时补偿电流 I_m 为 0，仅当采样的电压 V_s 发生扰动时，才产生补偿电流。

2）负阻抗补偿的方法

为了分析负阻抗补偿系统的对供电系统的影响，需要建立直流电源输入端的导纳模型。因补偿信号接入的是电动机控制系统的电流参考值，负阻抗补偿原理可在电流控制模型上讨论。

可得控制系统电流环的小信号模型如图 5-28 所示。

定义带有补偿器的控制系统导纳为 Y_{DC}，即由逆变器前端向逆变器看去的导纳值。当系统加入负阻抗补偿器时，控制系统导纳会发生变化，进而提高系统稳定性，改变负阻抗特性。

采用小信号分析时可认为负载转矩变化 ΔT_L 为 0。忽略高次谐波，整理可得

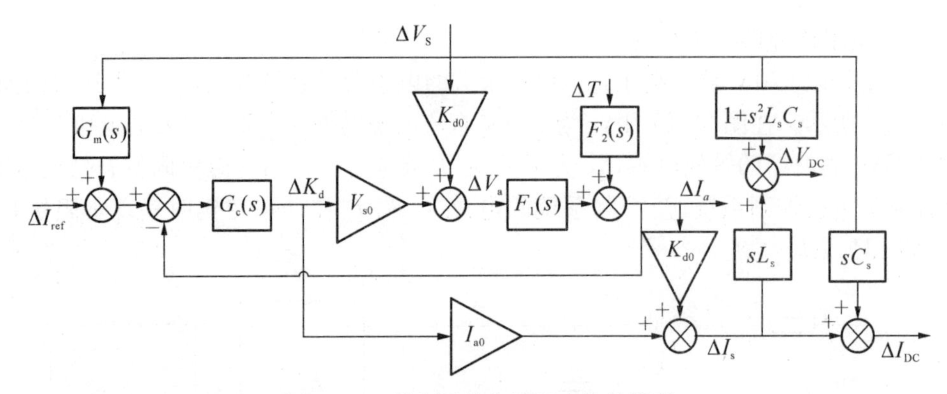

图 5-28 控制系统电流环小信号模型

$$Y_{DC}=\frac{i_{DC}}{v_{DC}}=\frac{sC_s+k_B-I_{so}/V_{so}}{1+sL_s(k_B-I_{so}/V_{so})+s^2L_sC_s} \tag{5-38}$$

其中

$$k_B=\frac{2K_{d0}K_m(t_m+H)}{t_m+2H}$$

式中：下标增加0为变量的稳态值；K_{d0}为图5-28中电流调节器$G_c(s)$输出信号的稳态值；H为逆变器的占空比。式(5-38)就是负阻抗补偿系统的电源输入导纳模型，由式可得电网电压稳定条件为

$$-\frac{I_{so}}{V_{s0}}+k_B>0 \tag{5-39}$$

且频域上应满足

$$\omega_m<\omega_s<\frac{2}{t_e}\left(1+\frac{H}{t_m}\right) \tag{5-40}$$

其中ω_s为EMI滤波器的转折频率。重新整理式(5-39)，并且用电动机的稳态电枢电压V_{a0}、电流I_{a0}和等效内阻R_a来描述，可以得到

$$K_m>\frac{I_{s0}}{V_{a0}+I_{a0}R_a}=Y_{a0} \tag{5-41}$$

显然Y_{a0}为EMI滤波器后电动机控制系统的稳态导纳，即K_m具有导纳的量纲。从不等式(5-41)可以看出，在电源电压一定的条件下，控制系统的功率越大(Y_{a0}越大)，所需补偿增益K_m越大，即需要更强的补偿信号来消除Y_A的负阻抗效应。

3) 补偿系数与稳定性的关系

为了分析补偿系数与稳定性的关系，给出式(5-38)所示的传递函数随参数K_m/Y_{a0}变化的频率特性，如图5-29所示。

由图5-29可见，当$K_m/Y_{a0}=0$时，相频特性小于$-180°$，此时系统处于不稳定状态。当$K_m/Y_{a0}=1$时，相频特性大于$-90°$，系统满足稳定条件，但幅频特性存在谐

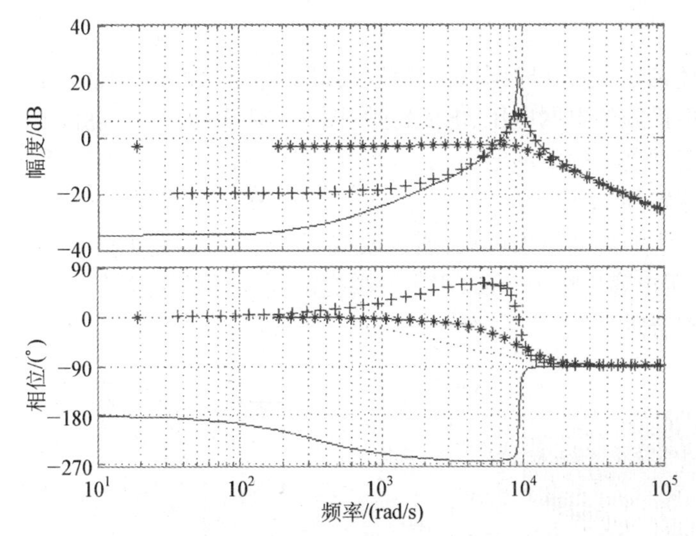

图 5-29 电网电流与电网电压小信号传递函数波特图

K_m/Y_{a0}取值"—"为 0，"+"为 1，"*"为 7，".."为 15

振点。当 $K_m/Y_{a0}=7$ 时，谐振点消失，系统更加稳定。总之，随着补偿器参数 K_m 的增大，系统稳定性增加，控制性能更好。

由式(5-38)可见，增大补偿系数 K_m，即增大比例系数 k_B，可以增大导纳的阻尼。对式(5-38)阶跃特性进行仿真，结果如图 5-30(a)所示。(a)中上图的补偿器参数为 $K_m/Y_{a0}=1$，下图为 $K_m/Y_{a0}=7$。

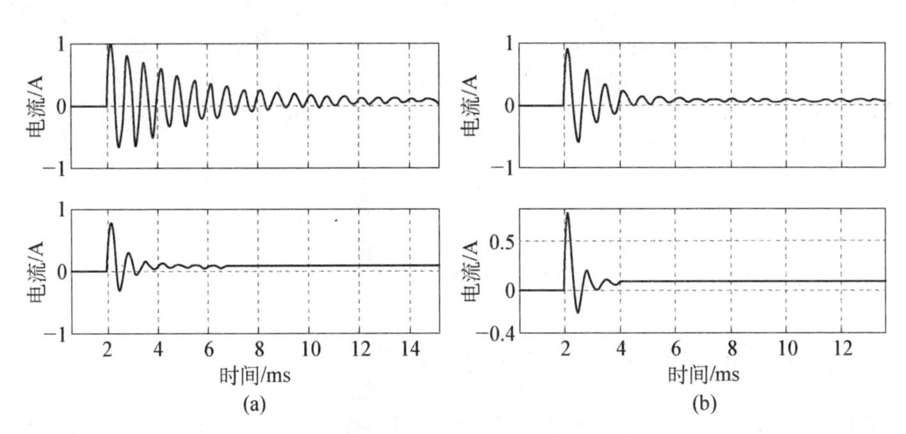

图 5-30 带有负阻抗补偿器的控制系统负载特性

(a) 无内阻 (b) 含内阻

由图 5-30(a)可以看出，$K_m/Y_{a0}=7$ 的时域瞬态特性明显好于 $K_m/Y_{a0}=1$ 的情况，谐振的幅值有所减小，而最明显的是谐振的时间被缩短。由此可见，负阻抗补偿法不仅消除了闭环控制系统产生的负阻抗特性，而且能够通过补偿系数的设计抑制电流瞬变的大小。图 5-30(b)为考虑了电源内阻时稳定性分析，显然如果考虑内阻,则稳定性更好。

某双闭环调速系统在时间域仿真结果如图 5 - 31 所示。其中图 5 - 31(a)是没有采取稳定性措施的电网电压、电流特性;图 5 - 31(b)为 EMI 滤波器的电感和电容参数满足稳定性判据的电网电压、电流特性;图 5 - 31(c)为采用了负阻抗补偿的电网电压和电流特性。

由图 5 - 31 的仿真结果可见,通过改变 EMI 滤波器的电感和电容参数实现电网稳定时,由于电容值增大,导致很大的瞬变电流,而负阻抗补偿方法可以将瞬变电流控制得比较合理。

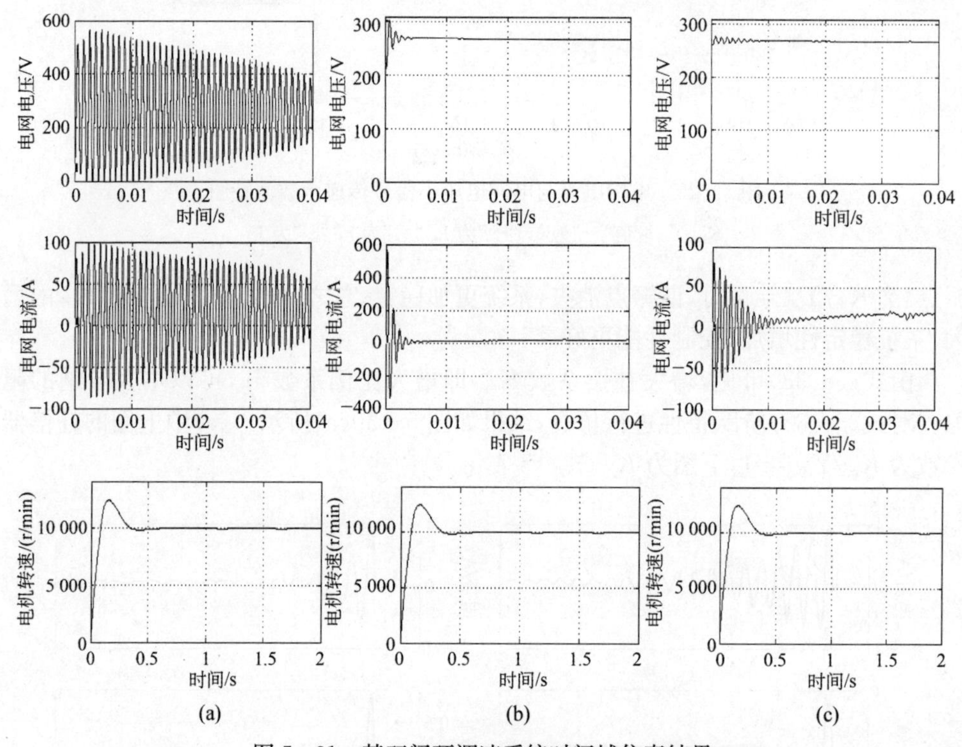

图 5 - 31　某双闭环调速系统时间域仿真结果

5.5　变频电源供电时异步电动机的负载特性

受到航空发动机转速改变的影响,航空变频电源的频率在一定范围内变化(360～800 Hz),而变频电源的电压能够调节并稳定在 115 V。在航空变频电源直接供电时,异步电动机的工作特性将随着电源频率的变化而发生改变。这种异步电机的特殊应用也对设计者提出了新的研究课题。本节分析在航空变频电源直接供电下异步电机运行特性的变化,以及作为供电系统的负载所呈现的负载特性的变化。

5.5.1　航空变频电源直接供电的异步电机运行特性

在航空变频电源(115 V/360～800 Hz)的直接供电下,异步电动机的同步转速受供电频率影响发生变化，从而导致起动特性和稳态特性发生改变。异步电动机在电源频率 f_1 变化时的机械特性与定子电流特性为

$$T_e = \frac{3p_n U_1^2 R_2'/s}{2\pi f_1[(R_1 + R_2'/s)^2 + 4\pi^2 f_1^2 (L_{l1} + L_{l2}')^2]} \tag{5-42}$$

$$I_1 = \frac{U_1}{\sqrt{(R_1 + R_2'/s)^2 + 4\pi^2 f_1^2 \ (L_{l1} + L_{l2}')^2}} \tag{5-43}$$

式中：R_1、R_2' 为定子相电阻和折合到定子侧的转子相电阻，L_{l1}、L_{l2}' 为定子相漏电感和折合到定子侧的转子相漏电感，p_n 为电动机的极对数，变量 T_e 为电磁转矩，U_1 为定子相电压，I_1 为定子相电流，s 为转差率。

如图 5-32 所示，在航空变频电源直接供电下，某 7.5 kW 异步电机的机械特性和电流-转速曲线随供电频率变化。

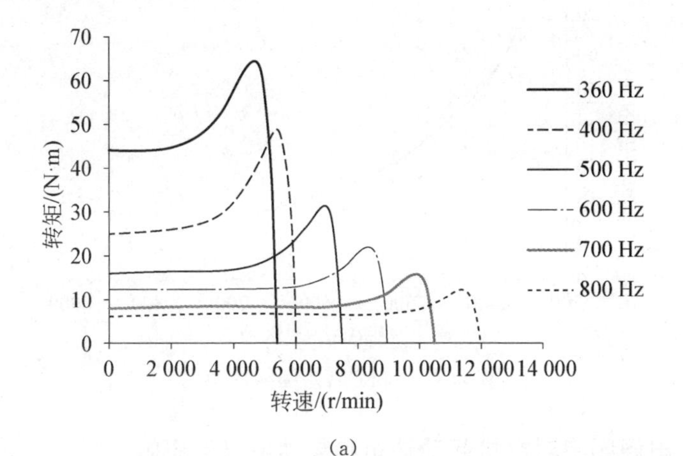

(a)

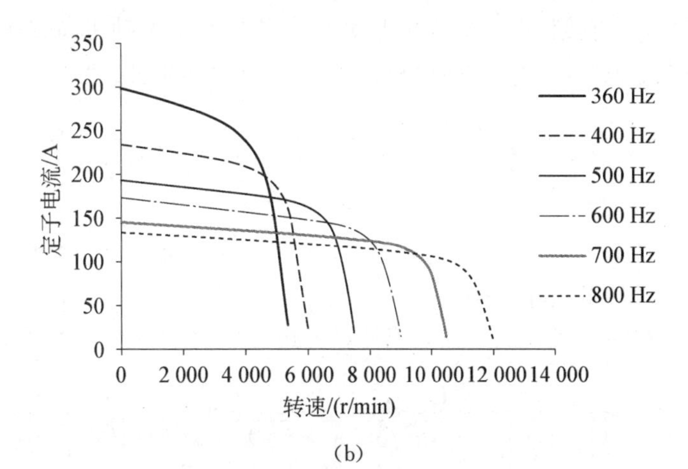

(b)

图 5-32 航空变频电源直接供电下异步电动机的机械特性

(a) 机械特性 (b) $I-n$ 曲线

需要注意的是，异步电动机运行中的转差率 s 应小于临界转差率，即在 $s < s_m$ 的范围内为稳定工作区。在稳定工作区内，电动机的工作转矩 T_e 小于临界转矩 T_{max}，即满足 $T_e < T_{max}$。

当电源频率变化而电源电压不变时，根据异步电动机的临界转矩计算公式

$$T_{max} = \frac{3p_n U_1^2}{4\pi f_1[R_1 + \sqrt{R_1^2 + 4\pi^2 f_1^2 (L_{l1} + L'_{l2})^2}]} \approx \frac{3p_n U_1^2}{8\pi^2 f_1^2 (L_{l1} + L'_{l2})} \tag{5-44}$$

可知，随着电源频率的上升，临界转矩 T_{max} 将平方倍减小，如图 5-33 所示。临界转矩减小，即表示电机稳定工作区会减小很多。显然，要使电机在高频时具有一定的带载能力，在电机设计中应提供足够的过载系数，要求电机设计中必须有很小的漏抗，甚至适当地增大设计功率。

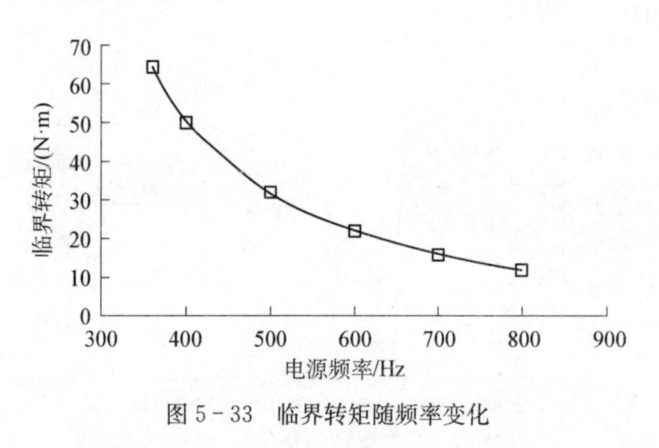

图 5-33 临界转矩随频率变化

5.5.2 电源频率对电机起动转矩和起动电流的影响

对于变频电源直接供电下的异步电动机，如果在航空发动机高转速时异步电机开始工作，即在输入电源为高频时电机直接起动，起动转矩公式为

$$T_{st} = \frac{3p_n U_1^2 R'_2}{2\pi f_1[(R_1 + R'_2)^2 + 4\pi^2 f_1^2 (L_{l1} + L'_{l2})^2]} \approx \frac{3p_n U_1^2 R'_2}{8\pi^3 f_1^3 (L_{l1} + L'_{l2})^2} \tag{5-45}$$

可知，当电源频率上升时，起动转矩 T_{st} 将呈三次方倍减小。那么，在航空高频电源供电时，起动转矩会非常小。

另一方面，异步电动机的起动电流计算公式为

$$I_{st} \approx \frac{U_1}{\sqrt{(R_1 + R'_2)^2 + 4\pi^2 f_1^2 (L_{l1} + L'_{l2})^2}} \approx \frac{U_1}{2\pi f_1 (L_{l1} + L'_{l2})} \tag{5-46}$$

可见，起动电流与供电频率成反比，频率越低，起动电流越大。

综合上述两方面起动性能，在航空变频电源供电时，高频起动会导致异步电机

起动转矩很小，而低频起动将生成较大的起动电流。图 5-34 显示了在不同航空频率下的异步电机起动转矩和起动电流。随着频率的升高，电机的起动转矩和起动电流呈不同程度地减小。

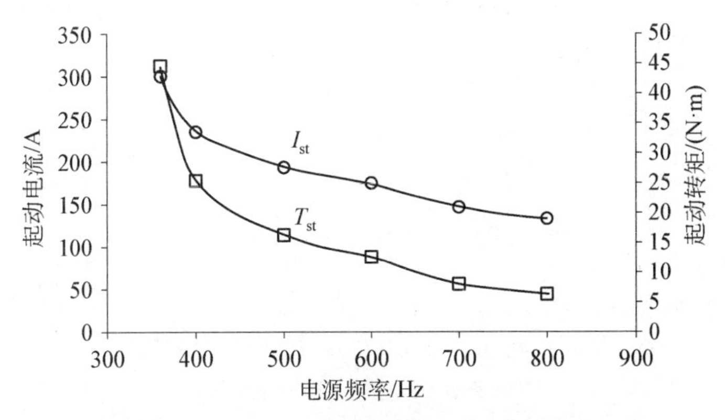

图 5-34　电机在不同频率下的起动转矩及起动电流

由图可见，异步电动机在低频时的起动电流 I_{1st} 达到稳态电流的 9 倍以上，对电网是非常大的冲击，是供电系统的重大挑战。

5.5.3　电源频率对稳定特性的影响

异步电动机的稳态负载特性，可以用输入功率来分析，这里根据驱动负载的类型将输出功率分为两种情况：

(1) 驱动恒功率负载的情况。

异步电动机驱动的是闭环控制的设备，例如变量液压泵，自身能够对流量等进行控制，功率不因电动机的转速变化而变化。

异步电动机驱动恒功率负载时，由于输出功率基本不变而使转子电流变化很小，但是定子输入电流会因电源频率变化而变化。某功率为 7.5 kW 异步电动机稳态的负载特性如图 5-35 所示，其中图(a)为稳态工作电流，其特点为：①转子电流由于电动机输出功率不变，只是因机械损耗、功率因数变化略有上升；②励磁电流因

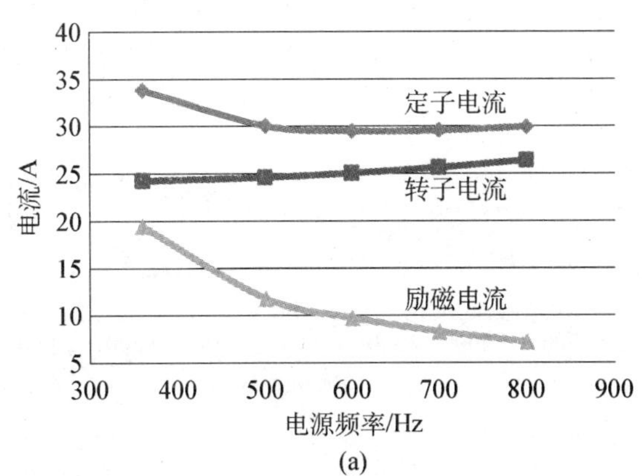

(a)

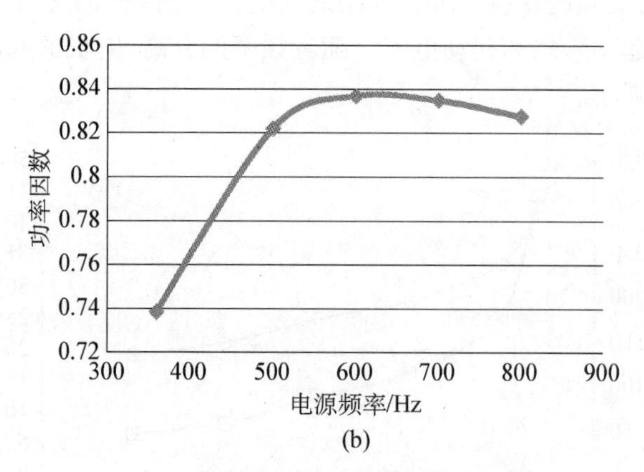

(b)

图 5-35 驱动恒功率负载时的稳态负载特性

(a) 稳态工作电流 (b) 功率因数

电源高频升高时电机变为弱磁状态而逐渐减小；③定子电流由于励磁电流的影响，低频时工作电流比较大。图(b)为功率因数，电源的频率较低时功率因数比较差。

(2) 驱动恒转矩负载的情况。

异步电动机驱动的是转矩基本不变的设备，例如定量的液压泵，在电动机转速变化时，功率随着电动机的转速近似成正比变化。

异步电动机驱动恒转矩负载时，由于功率随着电动机的转速近似成正比变化，从而使转子电流也随着电动机的转速近似成正比变化。某转矩为 6 N·m 的异步电动机稳态的负载特性如图 5-36 所示，其中图(a)为稳态工作电流，其特点为：①转子电流由于电动机输出功率随电源频率上升而近似线性上升；②励磁电流同样因电源高频升高时电机变为弱磁状态而逐渐减小；③定子电流在两个电流的综合影响下，低频时因励磁电流而比较大，高频时因输出功率增大而上升。图 5-36(b)为电动机驱动恒转矩负载时的功率因数，电源的频率较低时功率因数变得更差。

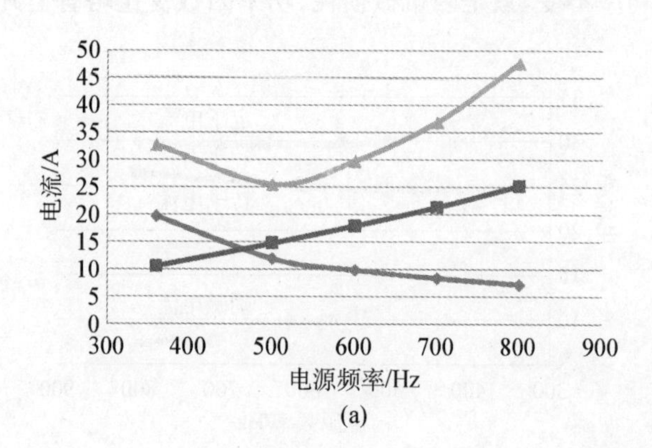

(a)

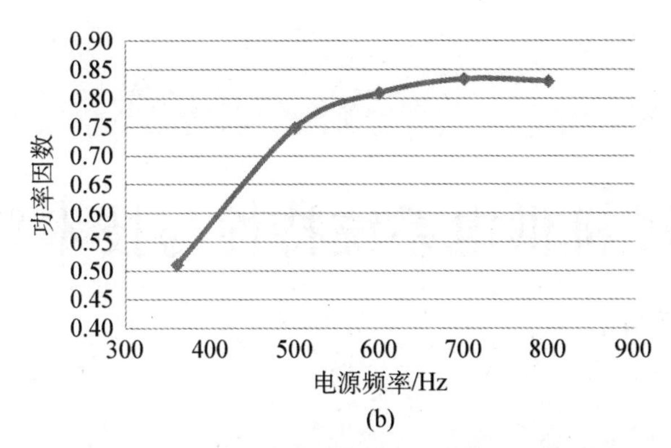

图 5-36 驱动恒转矩负载时的稳态负载特性

(a) 稳态工作电流 (b) 功率因数

对本章进行总结如下：

本章讨论了几种典型的用电设备的负载特性，在第 6 章将会给出这些负载特性需要达到的技术指标。显然对于整流型用电设备需要关注的是非线性负载特性引起的电流谐波问题，对于闭环控制的设备需要关注的是负阻抗引起的稳定性问题，对于变频电源直接供电的异步电动机需要关注的是电动机起动对于电网的扰动。

本章将用电设备作为供电系统的一个部分，是因为其负载特性决定着飞机电网供电的安全性、可靠性。即保证飞机电网可靠地为机载设备供电，不仅是飞机电气系统科技人员的任务，同时也需要所有机载设备研制人员作出努力。

6 民机供电系统特性与技术要求

6.1 概述

为了保证飞机供电系统可靠地工作，飞机电源和用电设备都必须严格符合航空相关标准的要求。民机常用的电源标准分为国际标准和国内标准两种，目前最常用的国外标准为《飞机机载电源国际标准》(ISO1540)、《飞机供电特性》(MIL-STD-704F:2004)，而最常用的国内标准为《飞机供电特性》(GJB181B:2012)、《飞机电气系统特性》(HB7745-2004)。这四个标准侧重点有一定的差异，本书以ISO1540作为核心进行讨论，根据内容需要引用其他航空电源标准的内容。

ISO1540:2006 aerospace-characteristics of aircraft electrical system是航空机载电源的国际标准，该标准为航空机载电源和用电设备的设计提供了依据。该标准也对机载电源提供给用电设备的电能要求做出了详细规定，并对机载用电设备提出了相关要求，实现了供电、配电和用电三者之间的协调。

MIL-STD-704F:2004飞机供电特性为美国国防部接口标准，该标准除了规定了飞机供电系统的特性要求外，重点规定了机载用电设备输入端的供电特性和要求。并且附加的MIL-HDBK-704-1～MIL-HDBK-704-8定义了机载用电设备符合本标准规定的供电特性要求的试验方法和步骤。

GJB181A:2003飞机供电特性(aircraft electrical power characteristics)是我国国家军用标准，该标准规定了飞机电气系统中用电设备输入端的供电特性，同时也对采用本特性供电的用电设备给出了相关要求，以协调飞机供电系统、外部电源与用电设备之间的关系。

HB7745-2004飞机电气系统特性为中华人民共和国航空行业标准，该标准规定了飞机用电设备电源输入端的供电特性，为适应新型民用飞机上的各种电源而设计的用电设备提供接口定义，考虑了在小型飞机和大型运输飞机都可能遇到的多种电源种类和配电参数。该标准也提供了制定这些要求的背景，这些背景可能对设计和(或)集成现代飞机电气系统者有参考价值。

6.2　民机电源特性与技术要求

随着机载供电系统的不断发展，供电系统多样性的增加，以及大量非线性电力电子设备的使用，飞机电源系统呈现出许多新的特性。国际标准化组织(ISO)重新对 IS01540:1984 进行了修订，于 2006 年正式颁布了机载电源标准的第三个版本 ISO1540:2006，以适应现代飞机电源系统的发展要求，保证飞机电源系统的安全可靠运行。该标准充分考虑了新机型机载电源和负载的特点，并且兼顾了一些非主流机型的电源类型，其应用范围包括 14 VDC，28 VDC 和 42 VDC 等直流电源，以及 26 VAC，400 Hz 单相交流电，115/200 VAC，230/400 VAC 单相或三相 400 Hz 恒频或变频交流电源。

6.2.1　机载交流电源的技术要求

ISO1540:2006 把飞机交流电源系统划分为恒频(CF)和变频(VF)两大类，把变频电源系统又划分为窄变频电源系统(360～650 Hz)和宽变频电源系统(360～800 Hz)。其中，装有涡轮螺旋桨发动机的飞机或直升机，以及 APU 等，发动机转速变化范围较小，驱动的变频交流电源系统称为窄变频电源系统，而装有涡喷发动机或涡扇发动机的飞机，发动机转速变化范围大，驱动的变频交流电源系统称为宽变频交流电源系统。

1) 对机载交流电源电压波形的要求

飞机供电品质的好坏直接影响到飞行安全，因此 ISO1540:2006 给出了对机载电源电压波形的要求，并采用波峰系数(crest factor)、畸变系数(distortion factor)、畸变的单次频率分量(individual frequency component of distortion)和直流分量(DC component)作为衡量波形好坏的标准。

由于受发电机结构、负载性质以及其他因素的影响，特别是电力电子设备的非线性负载特性以及交流电压调制、频率调制等因素的影响，实际的交流电压畸变中不仅包含基波整数倍次的谐波分量，而且还包含非整数倍次的间歇波(频率大于基波频率)分量和次谐波(频率小于基波频率)分量，所以采用原来的谐波含量分析方法(ISO1540:1984)得出的结果已经不能反映实际的电压成分特性。ISO1540:2006 给出的畸变(distortion)参数中就包含了谐波分量、间歇波分量和次谐波分量，分析结果以畸变频谱(distortion spectrum)和畸变系数两个参数来体现。

引起交流电压畸变的因素除了非线性负载外，另一个重要原因就是系统工作原理的因素，包括电压调制和频率调制等。当由于电网上的负载变化引起线路压降变化时，发电机调压器通过调节励磁电流来调节发电机的输出电压，这时就会产生电压调制。这里假设有一个未受调制的电压信号 $U_c\sin\omega_c t$，电压调制信号为正弦波 $U_m\cos\Omega t$(U_m 为压调制信号的幅值，Ω 为调制角频率)。则经过调制后的电源电压瞬时值 $u_c(t)$ 为

$$
\begin{aligned}
u_c(t) &= (U_c + U_m \cos \Omega t)\sin \omega_c t \\
&= U_c \sin \omega t + \frac{1}{2}U_m \sin(\omega_c + \Omega)t + \frac{1}{2}U_m \sin(\omega_c - \Omega)t
\end{aligned} \tag{6-1}
$$

由于电压调制的影响，在电压波形中产生了 $(\omega_c \pm \Omega)$ 的频率分量，该分量一般都不是谐波分量，而是间歇波或次谐波分量。

当飞机发动机转速变化或发电机负载变化时，会引起电网电压的频率调制。设电源电压为 $U\cos \omega t$，频率调制信号为 $\Delta\omega \cos \Omega t$（$\Delta\omega$ 为最大角频率偏移，Ω 为频率调制的角频率），调制后的瞬时电压为 $u(t)$，则有

$$
\begin{aligned}
u(t) &= U\cos\left[\int(\omega + \Delta\omega \cos \Omega t)\,\mathrm{d}t\right] \\
&= U\cos\left(\omega t + \frac{\Delta\omega}{\Omega}\right)\sin \Omega t \\
&= U\left[\mathrm{J}_0\left(\frac{\Delta\omega}{\Omega}\right)\cos \omega t + \sum_{n=1}^{\infty}\mathrm{J}_n\left(\frac{\Delta\omega}{\Omega}\right)\cos(\omega + n\Omega)t + \sum_{n=1}^{\infty}\mathrm{J}_n\left(\frac{\Delta\omega}{\Omega}\right)\cos(\omega - n\Omega)t\right]
\end{aligned} \tag{6-2}
$$

式中：$\mathrm{J}_n\left(\frac{\Delta\omega}{\Omega}\right)$是以$\left(\frac{\Delta\omega}{\Omega}\right)$为变量的第一类贝塞尔函数，贝塞尔函数的表达式为

$$
\mathrm{J}_n = \sum_{m=0}^{\infty}\frac{(-1)^m}{2^{n+2m}m!\,\Gamma(n+m+1)}x^{n+2m} \tag{6-3}
$$

由贝塞尔函数的关系可知，当$\left(\frac{\Delta\omega}{\Omega}\right) \leqslant 1$时仅有一对或两对边带，而当$\left(\frac{\Delta\omega}{\Omega}\right) > 1$时，将会有很多边带。这些边带分量都不是谐波，而是间歇波或次谐波。

畸变系数和畸变的单次频率分量均考虑了谐波分量和非谐波分量对波形的影响，如果仅考虑谐波分量对波形的影响，应用总谐波畸变（total harmonic distortion，THD）来描述。

波峰系数、畸变系数、畸变的单次频率分量、总谐波畸变的定义及数学表达式如下：

（1）波峰系数 ϕ 为稳态条件下，交流电压或电流波形的峰值和有效值之比的绝对值，即有

$$
\phi = \left|\frac{U_{\mathrm{pk}}}{U_{\mathrm{rms}}}\right| \tag{6-4}
$$

式中：U_{pk}为电压或电流波形的峰值；U_{rms}为电压或电流波形的有效值。

（2）畸变系数 D 为交流电压或电流波形除基波分量外的其他畸变分量的方均根值，常用相对于基波有效值的百分数表示，即有

$$
D = \frac{\sqrt{(U_{\mathrm{rms}}^2 - U_1^2)}}{U_1} \times 100\% \tag{6-5}
$$

式中:U_{rms}为电压或电流波形的总有效值;U_1 为基波分量的有效值。

(3) 单次谐波含量 D_{Vn}(畸变的单次频率分量)为交流电压或电流除基波分量外任一次谐波的有效值,常用相对于基波电压或电流有效值的百分数表示,即有

$$D_{Vn} = \frac{U_n}{U_1} \times 100\% \tag{6-6}$$

式中:U_n 为非基波的单次谐波分量有效值;U_1 为基波分量有效值。

(4) 总谐波畸变 THD(即总谐波畸变)为交流电压或电流波形除基波分量外各次谐波的方均根值,常用相对于基波有效值的百分数表示,即有

$$THD = \frac{\sqrt{\sum_{k=2}^{n} U_k^2}}{U_1} \times 100\% \tag{6-7}$$

式中:U_k 为电压或电流 k 次谐波分量的有效值;U_1 为基波分量的有效值。

表 6-1 中列出了机载恒频电源、窄变频电源(360～650 Hz)和宽变频电源(360～800 Hz)电压波形的标准(允许范围)。

表 6-1 机载交流电源电压波形的允许范围

项 目	状态	机载电源类型		
		恒频	窄变频	宽变频
波峰系数	正常	1.26～1.56		1.26～1.56
畸变系数	正常	≤8%		≤10%
	应急	≤10%		≤12%
畸变的单次频率分量(单次谐波含量)	正常	≤6%		≤7.5%
	应急	≤7.5%		≤9%
直流分量(VDC)	正常	-0.1～+0.1		-0.1～+0.1

2) 机载交流电源的稳态特性

ISO1540:2006 分别给出了交流电源系统处于正常(normal)、不正常(abnormal)和应急(emergency)情况下应达到的要求。

宽变频交流电源系统具有频率变化范围大的缺点,难以满足机载电子设备对供电品质的要求,其发展曾一度受到了限制。但随着电力电子技术的发展及其在飞机上的广泛应用,该缺点已得到有效改进,因此,宽变频交流电源系统在最新研制的大型民用飞机上得到了很好的应用,如 B787 飞机和 A380 飞机的主电源系统等。表 6-2 中列出了 ISO1540:2006 对交流电源稳态特性的要求。

表 6-2 ISO1540:2006 对交流电源稳态特性的要求

项目	状态	恒频	窄变频	宽变频
三相平均电压/V	正常	104～120.5	104～120.5	101.5～120.5
	不正常	95.5～132.5	98.5～132.5	98.5～132.5
	应急	104～120.5	104～120.5	101.5～120.5
相电压/V	正常	100～122	100～122	100～122
	不正常	94～134	97～134	97～134
	应急	100～122	100～122	100～122
相电压不平衡值/V	正常	≤6	≤6	≤9
	应急	≤8	≤8	≤12
相移/(°)	正常	116～124	116～124	114～126
电压调制量/V	正常	≤4	≤4	≤5.6
频率/Hz	正常	390～410	360～650	360～800
	不正常	390～440		
	应急	390～440		

表中的电压有效值(RMS voltage)的定义如下:让恒定电流和交变电流分别通过阻值相等的电阻,且使它们在相同时间内产生的热量相等,则该恒定电压(或电流)的数值就可以规定为这个交变电压(或电流)的有效值,其表达式为

$$U_{\mathrm{rms}} = \sqrt{\frac{1}{T}\int_{0}^{T} u_t^2 \mathrm{d}t} \tag{6-8}$$

式中:T 为电压波形的周期;u_t 为 t 时刻电压波形的瞬时值。

三相平均电压值(three-phase average voltage)的表达式为

$$U_{\mathrm{AVE}} = \frac{1}{3}(U_A + U_B + U_C) \tag{6-9}$$

式中:U_{A}, U_{B}, U_{C} 为三相电压有效值。

相电压不平衡值(phase voltage unbalance)是在额定电流 15%的不平衡负载下,各相电压之间的最大差值,即

$$U_{\mathrm{UNB}} = \max\{U_{\mathrm{A}}, U_{\mathrm{B}}, U_{\mathrm{C}}\} - \min\{U_{\mathrm{A}}, U_{\mathrm{B}}, U_{\mathrm{C}}\} \tag{6-10}$$

电压相移(phase voltage displacement)是在所有负载(包括不平衡负载)情况下,三相电压波形过零点间的相位差。

电压调制(voltage modulation)是交流供电系统在稳态工作期间,由于电压调节过程和发电机转速变化而引起的交流峰值电压围绕其平均值所做的周期性的或随

机的或两者兼有的变化。

电压调制包络线(voltage modulation envelop waveform)是将电压调制波的峰值依次连接起来所得的连续曲线。

电压调制量(quantity of voltage modulation)是在任意 1 s 时间间隔内的电压调制包络线上,最高电压与最低电压(即最高波峰与最低波谷)之差。

3) 机载交流电源的瞬态特性

(1) 电压瞬态特性。

除了机载电源的稳态特性以外,其瞬态特性也是决定机载电源供电品质的一个重要因素,瞬态过程中产生的浪涌电压或尖峰电压可能对用电设备造成损害,并对供电系统的安全性和可靠性造成威胁。在 ISO1540 的上一版本 ISO1540:1984 中,要求用瞬变电压的等值阶跃包络线来确定电压瞬变是否在规定范围内。随着测试技术的发展,尤其是测试仪器硬件和软件的快速发展,可以不再进行复杂的计算处理,而是可以直接将瞬时变化的电压值填充到瞬变包络线限制曲线中。在 IS01540:2006 中要求直接用瞬变电压的包络线来测定电压瞬变是否符合要求。等值阶跃函数的方法建立在等值做功的基础上,符合经典电工理论。但是对电子器件来讲,损坏的原因有两种,一种为发热损坏,另一种为电压击穿。因而采用瞬变电压包络线来衡量电压瞬变是否符合要求更加合理,也是一种既直观又方便的方法。

分析瞬态特性时采用电压有效值,且不包括持续时间小于 1 ms 的尖峰电压。峰值可以根据有效值和波峰系数求出,即峰值 U_{pk} = 波峰系数 × 有效值 U_{rms}。

图 6-1 为恒频和窄变频交流电源在正常情况下的瞬态电压极限范围(宽变频电源瞬态电压极限范围除峰值电压可达到 170 V 外,其余与恒频和窄变频交流电源相同,本书不再做分析)。图中曲线 A 为最大负载切换(load switching)时瞬态电压极限范围,包括正常稳态极限(normal steady-state limits, NSSL)和应急稳态限制

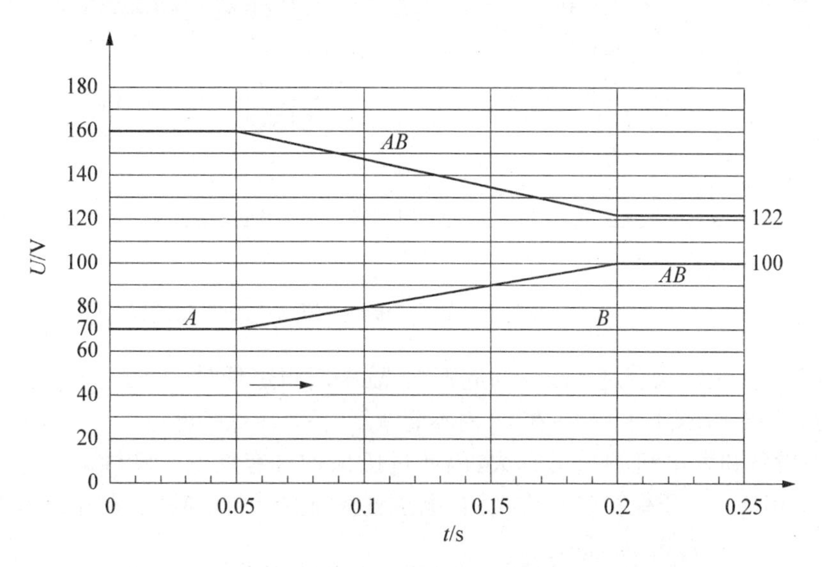

图 6-1 正常情况下恒频和窄变频电源瞬态电压极限范围

(emergency steady-state limits，ESSL)。曲线 B 为汇流条切换(bus switching)时瞬态电压极限范围。上面的曲线 AB 为最大卸载和断开汇流条时的瞬态电压极限范围，下面的曲线 A 为最大加载时重容电压极限范围，B 是合上汇流条时的电压极限范围，即汇流条闭合时延时不得超过 0.2s。图 6-1 中纵轴为相电压有效值。

图 6-1 中的几个转折时间点的电压如表 6-3 所示。

表 6-3 转折时间点的电压值

时间/s	负载或汇流条切换		
	加载 U_{min}/V_{rms}	卸载或断开汇流条 U_{max}/V_{rms}	接通汇流条 U_{min}/V_{rms}
0.001	70	160	0
0.050	70	160	0
0.200	100	122	100

从图 6-1 中可以看出，在进行最大卸(加)载时，应急情况能够允许的最大(小)电压为 160 V(70 V)，并且规定了暂态过程的持续时间，要求整个过渡过程在 0.2 s 内结束，即 0.2 s 内结束过渡过程回到相应的稳态范围内。

图 6-2 为恒频和变频电源系统在不正常情况下的稳态限制(abnormal steady-state limits，ASSL)，若超过 ASSL，电源系统的过压、欠压保护电路将起作用，切断发电机供电。图中纵轴为相电压有效值。

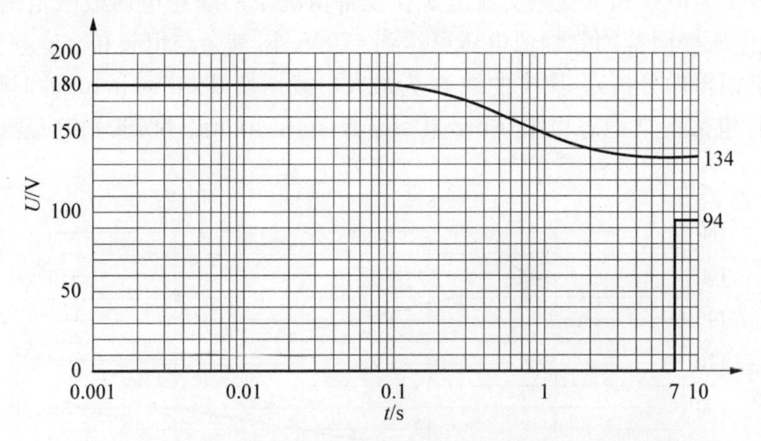

图 6-2 不正常情况下恒频和变频电源瞬态电压极限值范围

由于欠压故障没有过压故障的危害大，故采用固定延时，由图 6-2 可知，固定延时为 7s，当欠压(小于 94 V)在 7 s 内不能恢复时，欠压保护电路将动作。由于电压越高，对设备和发电机的危害越大，因此过压保护具有反延时特性。当电压大于 134 V(单相)时，过压保护将动作，并且电压越大，保护时间越短。图中的几个转折时间点的电压如表 6-4 所示。

表 6-4　转折时间点的电压值

时刻/s	U_{rms}	时刻/s	U_{rms}
0.001	180	3.0	137
0.2	176	10.0	134
1.0	151		

在负载和汇流条的切换过程中，由于电网和负载的原因，一般都会产生小于1 ms的尖峰电压，ISO1540:2006 规定，尖峰电压在 0.1 ms 范围内允许达到±600 V，并在 0.9～1 ms 时间内衰减到 0 V。

(2) 频率暂态特性。

频率的暂态特性技术要求仅对 400 Hz 的恒频交流电源提出，而变频交流电源显然不存在限制。图 6-3 为恒频交流电源频率暂态特性的要求，图中曲线 a 为正常暂态过程。

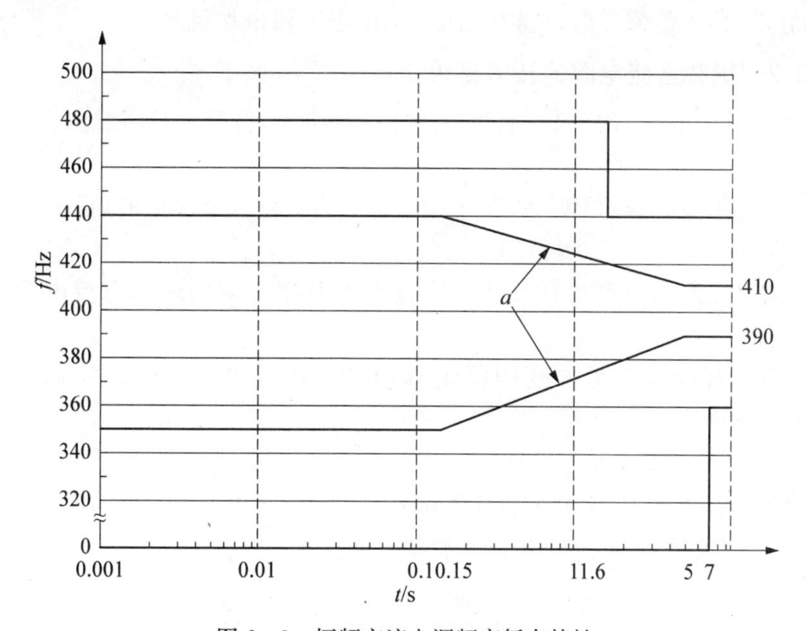

图 6-3　恒频交流电源频率暂态特性

图中的几个转折时间点的频率如表 6-5 所示。

表 6-5　转折时间点的频率值

正常暂态过程(normal transients)			不正常暂态过程(abnormal transients)		
时间/s	最大值/Hz	最小值/Hz	时间/s	最大值/Hz	最小值/Hz
0.001	440	350	0.001	480	0
0.15	440	350	1.60	480	0

(续表)

正常暂态过程(normal transients)			不正常暂态过程(abnormal transients)		
时间/s	最大值/Hz	最小值/Hz	时间/s	最大值/Hz	最小值/Hz
5.00	410	390	1.60	440	0
10.00	410	390	7.00	440	0
			7.00	440	360

从图 6-3 中可以看出,在进行最大卸(加)载时,应急情况能够允许的最大(小)频率为 440 Hz(350 Hz),并且规定了暂态过程的持续时间,要求整个过渡过程在 5 s 内结束,即 5 s 内结束过渡过程回到相应的稳态范围内。

过频保护采用固定延时,从图 6-3 中可以看出,固定延时为 1.6 s,当过频(大于 440 Hz)在 1.6 s 内不能恢复时,过频保护将动作,断开供电接触器。

欠频保护采用固定延时,从图 6-3 中可以看出,固定延时为 7 s,当欠频(小于 360 Hz)在 7 s 内不能恢复时,欠频保护将动作,断开供电接触器。

6.2.2 机载直流电源的技术要求

在 ISO1540:2006 中定义了直流电源的三种类型,并且在技术要求上有一定的差异,三种类型的电源为:

(1) 经变压整流器(TRU)整流得到的 28 V 直流电及相对应的地面直流电源为 A 类(category A)。

(2) 由直流发电机产生的 14/28 V 直流电及相对应的地面直流电源为 B 类(category B)。

(3) 由带有稳压装置的变压整流器(TRU)得到的 28/42 V 直流电为 R 类(category R)。

1) 低压直流电源的稳态特性

在 ISO1540:2006 中,对机载低压直流电源提出的主要稳态特性的要求如表 6-6 所示,其中包括稳态电压、脉动电压和畸变系数。

表 6-6 机载直流电源稳态特性要求

项目	状态	28 V, A/B 类	28 V, R 类	14 V, B 类	42 V, R 类
稳态电压/V	正常	22~30	26.5~28.5	11~15	40~45.5
	不正常	20.5~32.2	22~30.5	10.25~16	33~48
	应急	18~32.2			
脉动电压/V	正常	4	1	2	2
	不正常	6	2	3	
畸变系数/%	正常	5.5			

表 6－6 中的脉动(ripple)指的是直流供电系统稳态工作期间，电压围绕稳态直流电压做周期性的或随机的变化。脉动的原因可以包括直流电源的电压调节、直流电源的换向或整流、用电设备的负载变化及其他影响。脉动幅值(ripple amplitude)即电压脉动的幅值，是直流脉动电压的最大峰值和最小峰值之差。

直流畸变系数的计算公式与交流畸变系数的计算公式相同，如公式(6－5)所示，不同的是公式中的 U_1 为直流分量。

2) 低压直流电源的瞬态特性

图 6－4 为 28V 直流 A 类电源正常情况下的瞬态电压极限范围，图中曲线 A 为最大负载切换(load switching)时瞬态电压极限范围，曲线 B 为汇流条切换(bus switching)时瞬态电压极限范围，上面的曲线 AB 为卸载和断开汇流条时的瞬态电压极限范围，下面的曲线 B 是合上汇流条时的瞬态电压极限范围，即汇流条闭合时延时不得超过 0.2s。

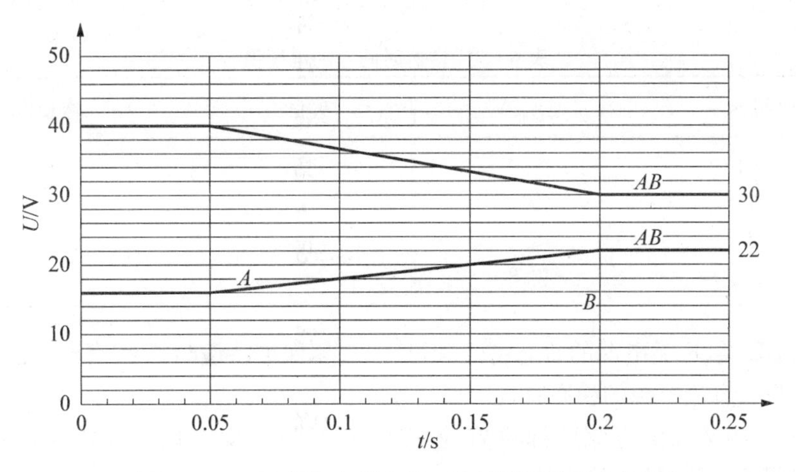

图 6－4　28V 直流 A 类电源正常情况下的暂态特性

从图 6－4 中还可以看出，在进行最大卸(加)载时，应急情况能够允许的最大(小)电压为 40V(16V)，并且规定了暂态过程的持续时间，要求整个过渡过程在 0.2s内结束，即 0.2s 内结束过渡过程回到相应的稳态范围内。图中极限范围不包括持续时间小于 1ms 的尖峰电压。

图 6－5 为 28V 直流 A 类电源系统在不正常情况下的稳态限制(ASSL)，若超过 ASSL，电源系统的过压、欠压保护电路将起作用，切断发电机供电。

由于欠压故障没有过压故障的危害大，故采用固定延时，由极限 2 可知，固定延时为 7s，当欠压(小于 20.5V)在 7s 内不能恢复时，欠压保护电路将动作。由于电压越高，对设备和发电机的危害越大，因此过压保护具有反延时特性。当电压大于 32.2V时，过压保护将动作，并且电压越大，保护时间越短。图 6－5 中的几个转折时间点的电压如表 6－7 所示。

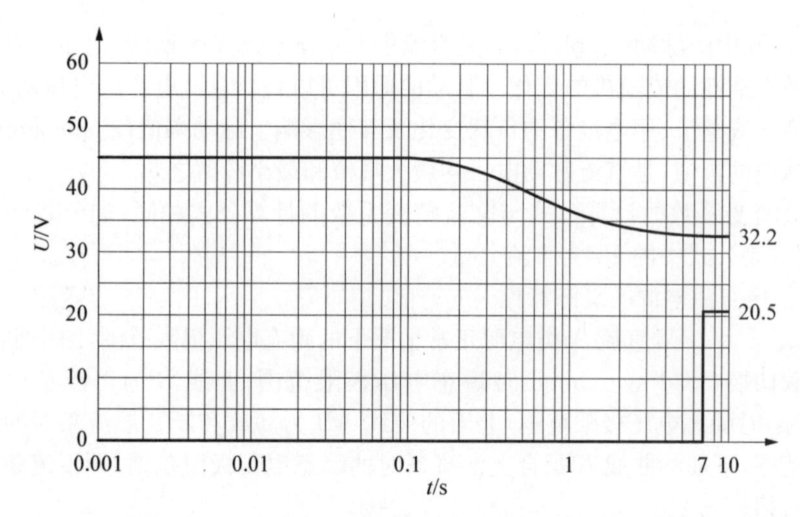

图 6-5 28V 直流 A 类电源不正常情况下的暂态特性

表 6-7 转折时间点的电压值

时间/s	电压/V	时间/s	电压/V
0.001	45.0	1.0	36.6
0.1	45.0	4.0	32.7
0.2	43.4	10.0	32.7
0.4	40.8		

直流 B 类、R 类电源的暂态特性和过压、欠压保护特性与 A 类直流电源相似。

3) 高压直流电源的稳态特性

航空 270V 高压直流电源主要应用于军用飞机，而在民用飞机中，目前仅有 B787 采用了±270V 直流电源。

在 MIL-STD-704F 中，对 28V 的低压直流和 270V 高压直流电源提出的主要稳态特性的要求如表 6-8 所示，其中包括稳态电压、畸变系数、畸变频谱和脉动电压。

表 6-8 直流电源正常工作特性

	28V 直流系统	270V 直流系统
稳态电压	22.0～29.0V	250.0～280.0V
畸变系数	0.035 最大	0.015 最大
畸变频谱	图 6-6	图 6-7
脉动电压	1.5V 最大	6.0V 最大

显然表 6-8 中 MIL-STD-704F 提出的低压直流电源的工作特性与 ISO1540:2006 在表 6-6 中的特性略有不同，且增加了图 6-6 所示的畸变频谱。

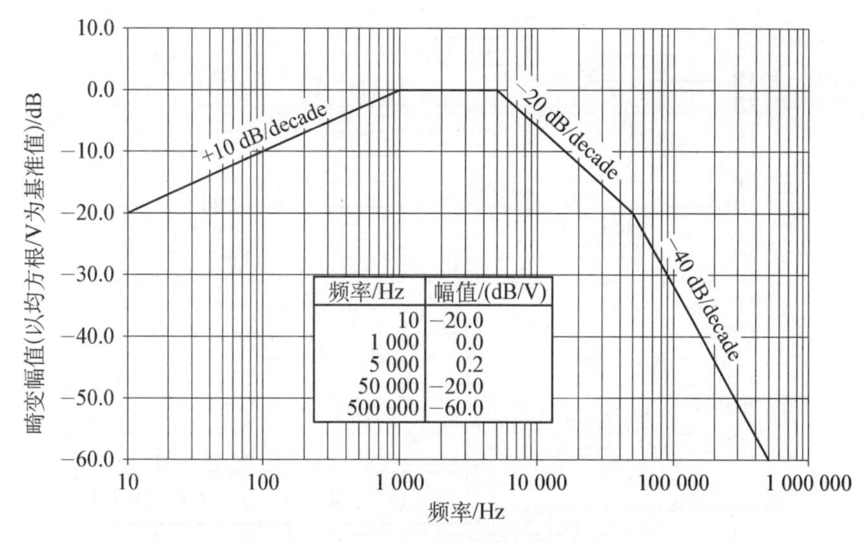

图 6-6 28 V 直流系统最大畸变频谱

重要的是在表 6-8 中，MIL-STD-704F 提出了 270 V 高压直流电源的工作特性，包括稳态电压、畸变系数、畸变频谱和脉动电压。270 V 电源的畸变频谱如图 6-7所示，图中的畸变系数计算公式也为式(6-5)，并且公式中的 U_1 为直流分量。

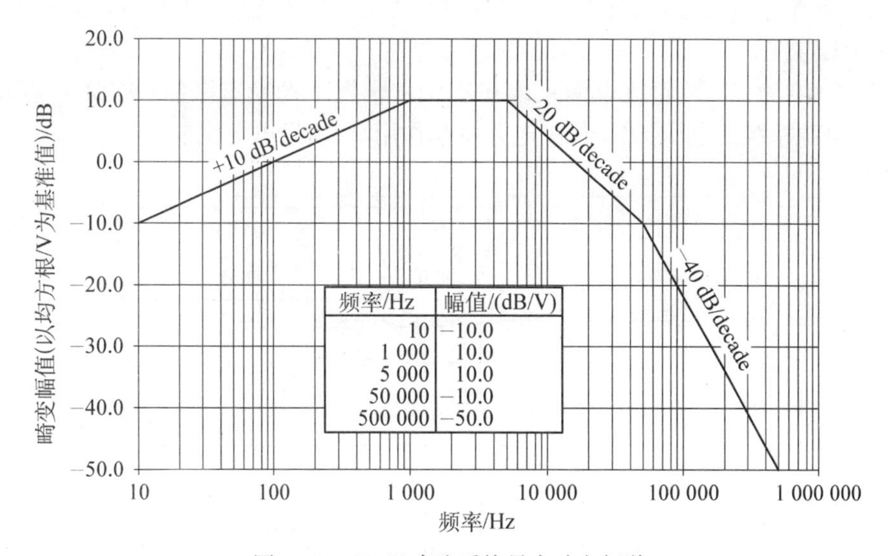

图 6-7 270 V 直流系统最大畸变频谱

4) 高压直流电源的瞬态特性

图 6-8 为 270 V 直流电源正常情况下的瞬态电压极限范围，图中上面的曲线为卸载和断开汇流条时的瞬态电压极限范围，下面的曲线是合上汇流条时的瞬态电压极限范围，即汇流条闭合时延时不得超过 0.04 s。

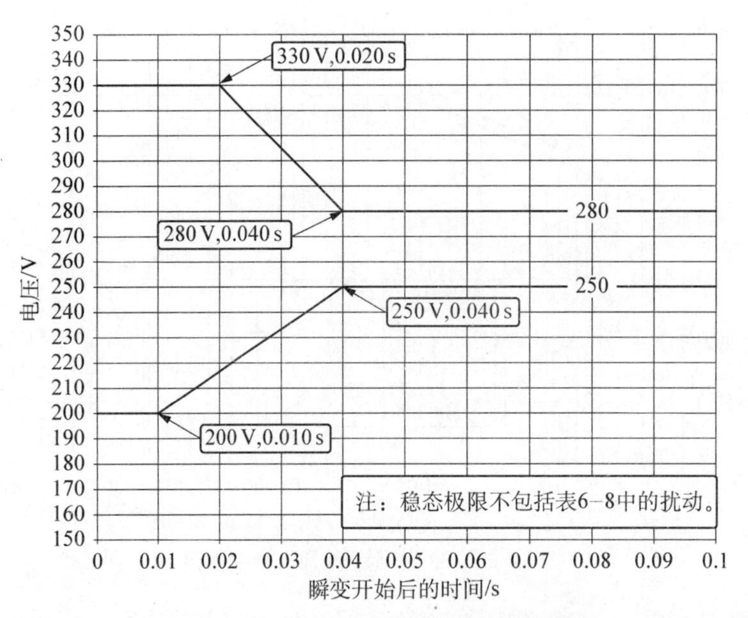

图 6-8 270 V 直流系统正常电压瞬变包络线

从图 6-8 还可以看出，在进行最大卸载或者加载时，应急情况能够允许的最大电压和最小电压分别为 330 V 和 200 V，并且暂态过程的持续时间分别为 0.02 s 和 0.01 s。而整个过渡过程要在 0.04 s 内结束，即 0.04 s 内结束过渡过程回到相应的稳态范围内。

图 6-9 为 270 V 直流电源系统在不正常情况下的稳态限制(ASSL)，若超过 ASSL，电源系统的过压、欠压保护电路将起作用，切断发电机供电。

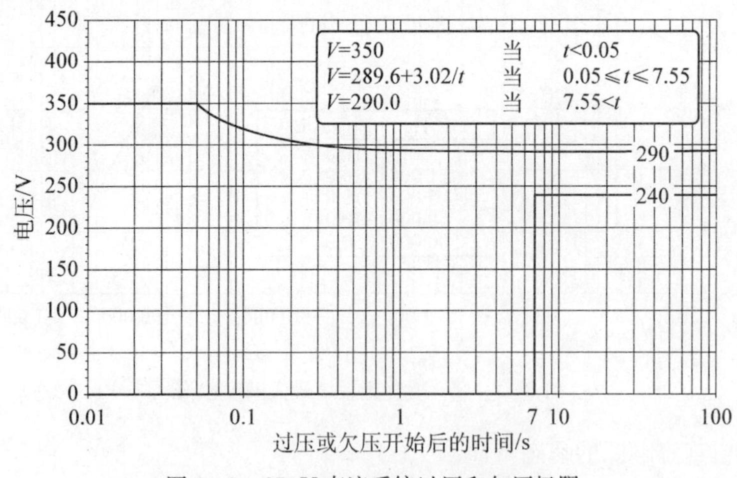

图 6-9 270 V 直流系统过压和欠压极限

同样由于欠压故障没有过压故障的危害大，故采用固定延时，固定延时时间与

28 V 低压直流电源同为 7 s，当欠压到 0 V(短路)在 7 s 内不能恢复时，保护电路将动作。反之同样因为电压越高对设备和发电机的危害越大，而采用反延时特性。当电压大于 350 V 时，时间大于 0.05 s 时过压保护将动作，随着电压降低允许的保护时间增长。

6.3　用电设备的负载特性要求

ISO1540 - 2006 或者 BH7745 在对机载电源的特性做出相关规定的同时，也对机载用电设备提出了相关要求，以防止其对其他用电设备或者整个供电系统造成不利影响，从而实现了供电、配电和用电三者之间的兼容性，保证了飞机供电系统的安全可靠运行。

6.3.1　用电设备的稳态功率特性

交流用电设备由三相交流电供电，以及交流电的特殊性能，使得用电设备的功率特性比直流用电设备复杂很多。

1) 负载不平衡的限制

当飞机电源系统在三相负载平衡(three phase load balance)条件下运行时，三相电流基本相等，在输电线路和负载上产生的压降也基本相等，则供电系统输出的三相电压也是平衡的。如果电源系统中出现三相不平衡负载，则流过各相的电流在输电线路和负载上产生的压降也不相等，造成中性线上有电流通过。中线电流在中性线上产生的阻抗压降会导致中性点偏移，从而造成三相电压不平衡。负载不平衡还可能导致电源系统供电不稳定，或某相稳态电压超出极限范围，造成用电设备无法正常工作或损坏的后果。

为了防止三相不平衡，ISO1540：2006 规定，额定功率超过 500 VA 的用电设备必须使用三相交流电源。在正常情况下，相间不平衡值不应超过图 6 - 10 中所规定的范围。

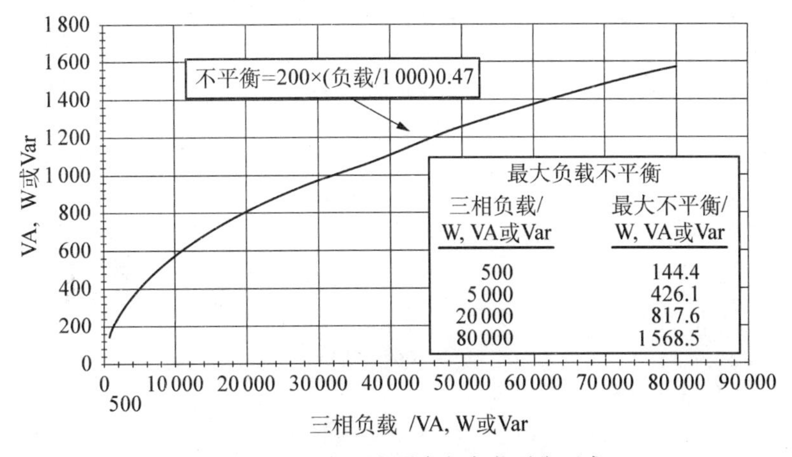

图 6 - 10　三相用电设备相负载平衡要求

三相负载的不平衡值定义为三相交流用电设备的最大相功率与最小相功率之差，一般采用视在功率讨论。图 6－10 中，横轴 X 为三相负载功率，单位为 VA，纵轴 Y 为最大不平衡值，计算公式为

$$a = 200 \times \left(\frac{负载}{1000}\right)^{0.47} \tag{6-11}$$

从图 6－10 可以看出，随着三相负载的增加，最大不平衡值的变化率越来越小，说明随着负载的增大，三相不平衡对电源系统和用电设备的危害也越来越严重，因此要求也越来越严格。

2）功率因数的限制

功率因数(power factor)随着越来越多的电子类用电设备(非线性负载)安装在飞机配电汇流条上，为了保证整个飞机供电系统始终能够稳定工作，要求比以前更加需要关注。

非阻性负载除了从电网吸收部分有功功率外，还和电源之间进行能量交换，这部分交换的能量并不用来做功，称为无功功率。提高用电设备的功率因数可以减少线路损失，改善电压质量，还可以提高用电设备的效率，节约电能。另外，当用电设备为很大的容性负载时，可能会引起同步发电机(主发电机或 APU 发电机)的自激(self-excitation)。当自激发生时，同步发电机的励磁电流自发地单调上升，以至于发电机无法调节其输出电压，会产生与发电机的励磁电流不相称的过电压，可能会造成过压保护动作或用电设备损坏。

ISO1540:2006 规定功率因数范围必须满足图 6－11 中所规定的要求。图中的横轴 X 为用电设备消耗的电能，单位为 kVA，纵轴 Y 为功率因数。

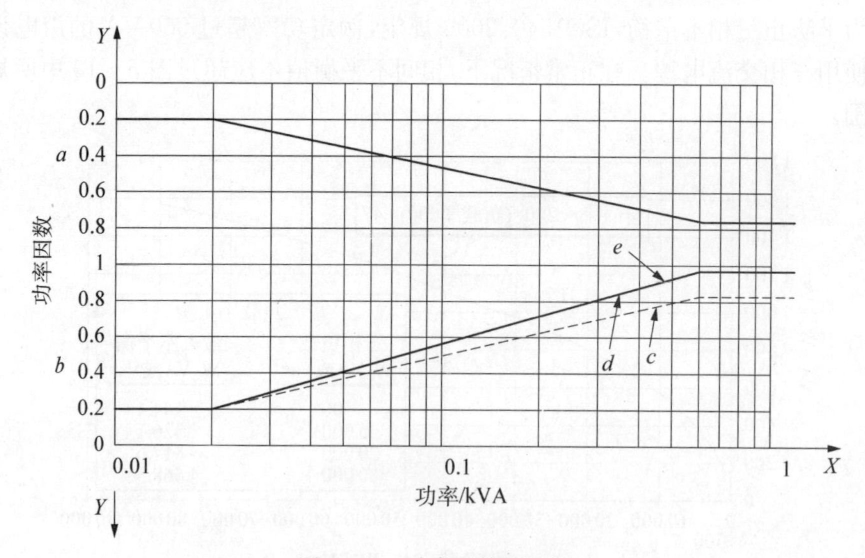

图 6－11　功率因数的要求

图 6－11 中的曲线 a 为滞后功率因数的限制曲线，b 为超前功率因数限制曲线，曲线 c 为 360 Hz 变频电源，曲线 d 为 650 Hz 变频电源，曲线 e 为 800 Hz 恒频或变频电源。从图 6－11 可以看出，大于 0.6 kVA 的 800 Hz 负载功率因数应在 0.75～0.968之间，对容性负载功率因数的限制要比感性负载严格，以防止发生发电机自激。而且这种自激现象还受到发电机频率的影响，因此对于频率更高的发电机（大于800 Hz）应该作出更严格的限制，以防用电设备对飞机电网造成不利影响。图 6－11 中的几个转折点的数据如表 6－9 所示。

表 6－9　功率因数的极限

功率/kVA	超前功率因数极限		
	VF/360 Hz	VF/650 Hz	CF/VA/800 Hz
0.01	0.2	0.2	0.2
0.02	0.2	0.2	0.2
0.60	0.831	0.951	0.968
≥1.00	0.831	0.951	0.968

功率/kVA	0.01	0.02	0.60	≥1.00
滞后功率因数极限	0.2	0.2	0.75	0.75

交流用电设备功率因数的计算，为有功功率 R（单位为瓦）与视在功率 U（单位为伏安）之比。表示为

$$PF = P/S \tag{6-12}$$

式中：P 为有功功率，单位为瓦（W）；S 为视在功率，单位为伏安（VA）。

对于电压和电流均为规范的正弦波的情况，功率因数可以用电流和电压的矢量关系来讨论，即如果电流和电压的矢量相位差为 ϕ，则功率因数为

$$PF = \cos\phi \tag{6-13}$$

如果电压或者电流中含有高次谐波，式（6－12）中的功率因数的定义就必须包括输入电流（和/或电压）波形畸变成分的影响。此时功率因数为

$$PF = \cos\phi \cdot \frac{1}{\sqrt{1+THD^2}} \tag{6-14}$$

其中引入了谐波总畸变率（THD）作为参数。总谐波含量的计算公式为

$$THD_X = 100 \times \frac{\sqrt[2]{\sum_{2}^{n} X_n^2}}{X_1} \tag{6-15}$$

式中：X_1＝电压或电流的基波量；X_n＝电压或电流的 p 次谐波量。

显然，高次谐波的存在使得输入电流的 THD 不为 0，电流有效值增大，而使式(6-14)的功率因数比式(6-13)要低。

3) 输入电流调制

(1) 恒频或变频交流用电设备。

在稳态条件下(超过 200 ms)其瞬时输入电流总是周期性变化的交流用电设备可能会引起同时向其他用电设备供电的交流电源出现过大的电压调制，这种参数的通用极限现在还没有确定。因此，对于在任何稳态工作模式下预期其输入电流调制超过 15%的任何用电设备，应该检查是否与其应用时允许的量值极限相协调。

(2) 直流用电设备。

在稳态条件下(A 类设备超过 200ms，B 类设备超过 50ms，R 类设备超过5 ms)其瞬时输入电流总是周期性变化的直流用电设备，可能会引起同时向其他用电设备供电的直流电源出现过大的电压调制，这种参数的通用极限现在还没有确定。因此，对于在任何稳态工作模式下预期其输入电流调制超过 15%的用电设备，应该检查是否与其应用时允许的量值极限相协调。

6.3.2 用电设备的瞬态特性

在 6.2 节讨论的是电源的瞬态特性，主要是针对汇流条的切换引起的电压突变。这里针对单个用电设备切换时引起的电源电压突变问题，给出了限制要求。

1) 负载切换瞬变极限

(1) 交流负载切换瞬变极限。

在交流系统，在用电设备输入端测量到的由负载切换引起的尖峰电压应保持在图 6-12 规定的极限范围内。用电设备应根据能够在规定的瞬态电压输入条件下正常工作而设计，而不应依据实际电源瞬态情况来设计。

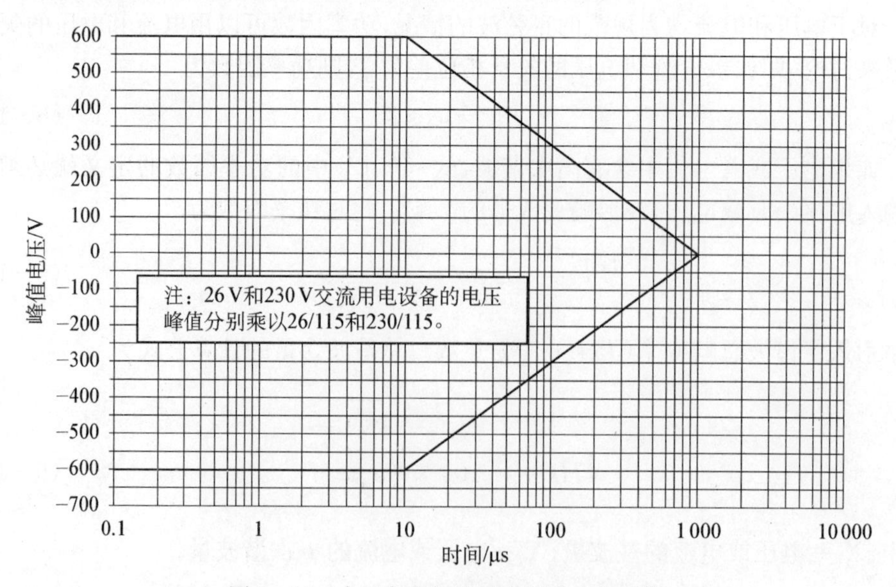

图 6-12 交流负载切换时电压瞬变的极限

图 6-12 示出的是采用 115 V 三相电源的用电设备，在切换时引起的电压瞬变，在 10 μs 之内电压尖峰不得高于 ±600 V。而对于其他额定电压的交流电源，例如 26 V，230 V 交流电源则分别乘以 $\frac{26}{115}$ 和 $\frac{230}{115}$。

(2) 直流负载切换瞬变极限。

在直流用电设备输入端测量到的由负载切换引起的尖峰电压应保持在图 6-13 规定的极限范围内。用电设备应根据能够在规定的瞬态电压输入条件下正常工作而设计，而不应依据实际电源瞬态情况来设计。

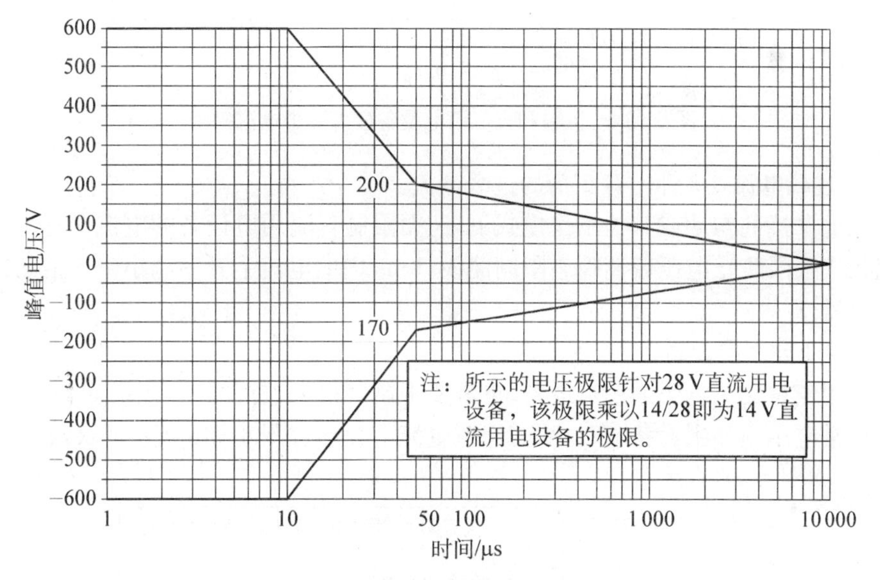

图 6-13 直流负载切换时电压瞬变的极限

图 6-13 示出的是采用 28 V 直流电源的用电设备，在切换时引起的电压瞬变，在 10 μs 之内电压尖峰不得高于 ±600 V。而对于其他额定电压的直流电源，则成比例变化即可，例如 14 V 直流电则乘以 $\frac{14}{28}$。

2) 冲击(浪涌)电流的极限

当容性负载接通、电动机负载起动时，都会形成很大的浪涌电流，或者称为冲击电流。冲击电流比瞬态电流小，但持续的时间比较长。在 HB7745 中，对于恒频电源的用电设备、变频电源的用电设备和直流电源的用电设备分别给了限制。

(1) 恒频与直流用电设备。

除了白炽灯负载之外，所有用电设备负载应限制其最大电流需求，包括冲击电流，从而在正常电压施加到设备端时，恒频和直流用电设备的冲击电流不应超过图 6-14规定的极限。

如图 6-14 所示，采用恒频交流电源或者直流电源的用电设备，允许 2 ms 内有

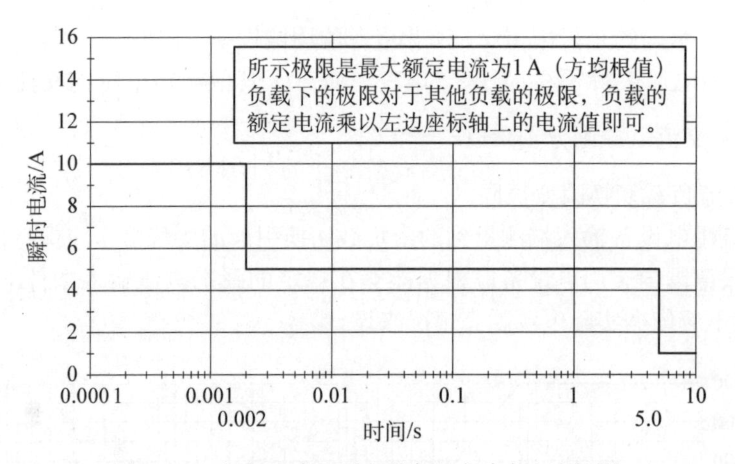

图 6-14 恒频和直流用电设备最大冲击电流极限

10 倍的过载电流，5 s 钟内有 5 倍的过载电流。

在电源接通初期或其他工作模式下，还要限制直流用电设备的电流变化率。电流变化率极限防止电压偏离瞬态限制曲线，1 ms 内的电流上升率应小于 5 倍的额定稳态电流。

(2) 变频用电设备。

采用变频交流电源的用电设备，也需要限制其最大电流需求，包括冲击电流，从而在正常电压施加到设备端时，瞬时峰值电流不会超过图 6-15 规定的极限。

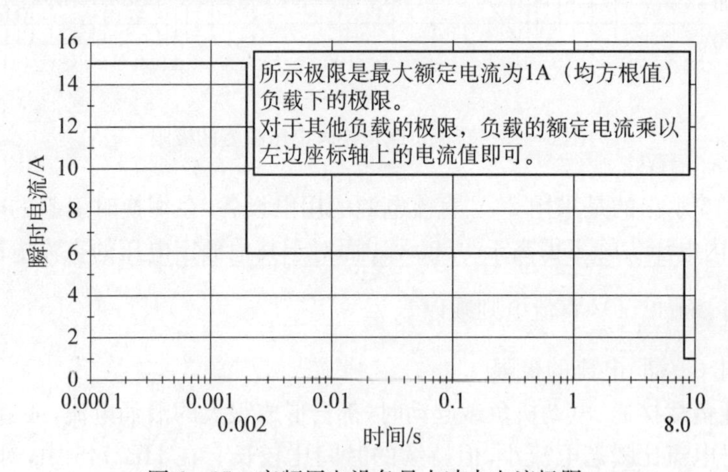

图 6-15 变频用电设备最大冲击电流极限

根据图 6-15，采用变频交流电源的用电设备，允许 2 ms 内有 15 倍的过载电流，5 s 钟内有 6 倍的过载电流，显然比恒频用电设备的要求宽松。

6.3.3 输入电流波形畸变

电流波形畸变(current distortion)是因为用电设备产生的一些非正弦波电流，

其结果会影响其输入交流电压波形畸变。这种情况下为了限制电源波形品质的变差，必须对用电设备的输入电流畸变进行限制。然而，对用电设备电流畸变的要求也不能确保汇流条电压畸变一定满足要求，系统设计者仍然有责任保证在正常和额定负载条件下，保证电源、配电和用电设备之间的相互作用不会引起汇流条电压畸变超出表6-1、表6-6和表6-8要求的极限范围。

1) 用电设备允许的畸变电流

恒频和变频用电设备由低阻抗电源(比如在用电设备输入端总谐波畸变小于1.25%)供电时，设备的每项指标应满足下面的要求。

(1) 单相设备各频率下的畸变分量。

对于单相用电设备，线路上的电流在各频率下的畸变分量不应超过表6-10规定的极限，表中的极限可按照负载最大基波电流进行调整。

表6-10 单相用电设备允许的电流畸变极限

谐波次序	极限
三次的奇数倍谐波($h=3, 9, 15, 21, \cdots, 39$)	$I_h=0.15\times I_1/h$
奇次谐波(非三次)($h=5, 7, 11, 13, \cdots, 37$)	$I_h=0.3\times I_1/h$
偶次谐波2和4	$I_h=0.01\times I_1/h$
偶次谐波>4($h=6, 8, 10, \cdots, 40$)	$I_h=0.0025\times I_1$
非谐波	$I_h=f_1\times 0.01I_1/f_n$

表中：$I_h=h$次谐波流量；$I_1=$最大基波电流(稳态)；$f_1=$基波频率(如360，400或800 Hz)；$I_n=f_1$和40倍f_1之间的非谐波电流；$f_n=$非谐波电流频率。

(2) 三相设备各频率下的畸变分量。

对于三相用电设备，线路上的电流在各频率下的畸变分量不应超过表6-11规定的极限，表中的极限可按照负载最大基波电流进行调整。

表6-11 三相用电设备允许的电流畸变极限

谐波次序	极限
3次，5次，7次	$0.02I_1$
三次的奇数倍谐波($h=9, 15, 21, \cdots, 39$)	$I_h=0.1I_1/h$
11次	$0.01I_1$
13次	$0.08I_1$
奇次谐波17次，19次	$0.04I_1$
奇次谐波23次，25次	$0.03I_1$
奇次谐波29次，31次，35次，37次	$I_h=0.3I_1/h$
偶次谐波2次和4次	$I_h=0.01I_1/h$
>4次的偶次谐波($h=6, 8, 10, \cdots, 40$)	$I_h=0.0025I_1$
非谐波	$I_n=f_1\times 0.01I_1/f_n$

（续表）

谐波次序	极限
直流分量	$0.02I_1$
表中：$I_h = h$ 次谐波流量；$I_1 =$ 最大基波电流(稳态)；$f_1 =$ 基波频率(如 360，400 或 800 Hz)；$I_n = f_1$ 和 40 倍 f_1 之间的非谐波电流；$f_n =$ 非谐波电流频率。	

2) 多电飞机用电设备允许的电流畸变

关于电流谐波的要求，在国际会议 power systems conference coral springs, florida October 29－31，2002 上的文献"power quality specification development for more electric airplane architectures"中提出了新的指标，只是它是针对多电飞机的变频电源的情况，在这里将其作为参考。

在该文献中按照用电设备的功率提出不同的要求，分为小于 5 kVA 和大于小于 5 kVA 两种情况。

(1) 小于 5 kVA 用电设备允许的电流畸变。

文献中给出小于 5 kVA 的用电设备所允许的电流畸变采用表 6－12 所示的指标，与表 6－10 比较，其区别仅仅是非谐波的限制。

表 6－12 三相用电设备允许的电流畸变极限

谐波次序	极限
3 次,5 次,7 次	$0.02I_1$
三次的奇数倍谐波 ($h = 9, 15, 21, \cdots, 39$)	$I_h = 0.1I_1/h$
11 次	$0.1I_1$
13 次	$0.08I_1$
奇次谐波 17 次,19 次	$0.04I_1$
奇次谐波 23 次,25 次	$0.03I_1$
奇次谐波 29 次,31 次,35 次,37 次	$I_h = 0.3I_1/h$
偶次谐波 2 次和 4 次	$I_h = 0.01I_1/h$
>4 次的偶次谐波 ($h = 6, 8, 10, \cdots, 40$)	$I_h = 0.0025I_1$
非谐波	$I_h = 0.0025I_1$ 或者 5 mA(取较大的)

在表 6－10 中对于非谐波电流的限制，仅为 f_1 至 $40f_1$ 之间的非谐波电流，而不包含低谐波，即低于基波的交流分量。而在表 6－11 中包含了低谐波，同时要求不大于 5 mA。

(2) 大于 5 kVA 用电设备允许的电流畸变。

文献中给出的大于 5 kVA 的用电设备所允许的电流畸变采用表 6－13 所示的指标。

表 6-13 三相用电设备允许的电流畸变极限

谐波次序	极限
3 次,5 次,7 次	$0.02I_1$
三次的奇数倍谐波 ($h = 9, 15, 21, \cdots, 39$)	$I_h = 0.1I_1/h$
奇次谐波 11 次,13 次	$0.03I_1$
奇次谐波 17 次,19 次	$0.04I_1$
奇次谐波 23 次,25 次	$0.03I_1$
奇次谐波 29 次,31 次,35 次,37 次	$I_h = 0.3I_1/h$
偶次谐波 2 次和 4 次	$I_h = 0.01I_1/h$
>4 次的偶次谐波 ($h = 6, 8, 10, \cdots, 40$)	$I_h = 0.0025I_1$
非谐波	$I_h = 0.0025I_1$ 或者 5mA(取较大的)

与表 6-11 比较,两者的主要区别在 11 次和 13 次谐波上。表 6-11 和表 6-12 的数据表明了变压整流器(TRU)和自耦变压整流器(ATRU)作为用电设备时的要求,即小于 5kVA 的 TRU 或者 ATRU 可以采用 12 脉冲整流器,而大于 5kVA 的 TRU 或者 ATRU 必须采用 18 脉波、24 脉波整流器。

6.4 飞机供电系统的工作状态与供电要求

6.4.1 用电设备符合性测试

MIL-STD-704 规定应对用电设备进行测试,以确定该设备是否符合 MIL-STD-704 规定的飞机供电特性要求。

MIL-STD-704 定义了飞机用电设备输入端的供电特性,飞机供电系统必须提供满足 MIL-STD-704 规定特性的电能,并且当用电设备的电源输入满足 MIL-STD-704标准时,用电设备必须正常工作。

MIL-HDBK-704-1 至 MIL-HDBK-704-8 提供具体的测试方法来验证用电设备是否符合 MIL-STD-704 的要求。在飞机平台或分系统协议中已引用的所有 704 早期版本仍然有效,用来作为用电设备符合性测试的 MIL-STD-704 的适用版本应与用电设备将要安装的飞机平台所引用的版本一致。

对用电设备进行符合性测试的目的是保证装机后的用电设备,由满足 MIL-STD-704 适用版的供电系统供电时,能够提供规定的性能,从而避免增加用电设备的额外研制负担。

符合性测试是模拟用电设备在使用中可能出现的供电特性变化的范围,但测试程序不可能精确地模拟该设备的每一供电状态。在设计生产用电设备时,应使其供电特性满足 MIL-STD-704 适用版要求,而不应只根据本测试方法指南来设计。

6.4.2 供电系统的工作状态

美军标 MIL-STD-704 对于飞机供电系统定义了六种不同的工作状态:①正

常工作;②转换工作;③非正常工作;④应急工作;⑤发动机起动;⑥供电故障。设备的性能规范必须明确定义其在飞机供电系统的不同工作状态下相应的性能要求。

六种不同的工作状态分别定义如下:

(1) 正常工作状态(normal operation)。

正常工作是指系统在没有会使性能降低至超出规定要求的任何不正常和故障的预期的工作状态。这包括飞机工作中所要求的全部系统功能,但主发动机的电起动和辅助动力装置的蓄电池起动除外。正常工作包括用电设备的开断、主发动机速度的变化、电源的同步与并联以及由外部电源供电。

(2) 转换工作状态(transfer operation)。

转换工作发生在电气系统中电源之间的转换时,包括从外部电源转换或向外部电源转换。按本标准的定义,转换工作是一种正常功能。由于可能发生供电中断,在本标准中将其单独列出。对瞬时电压不超过 50 μs 的偏离这种传导切换尖峰是正常工作特性。

(3) 非正常工作状态(abnormal operation)。

非正常工作发生在供电系统出现不正常或故障,但在超出非正常工作极限之前该系统的保护装置已工作将系统的不正常或故障与系统的其余部分隔离开时,电源可能在降额状态连续工作,它向用电设备供电的供电特性超出了正常工作极限但保持在非正常工作极限之内。

(4) 应急工作状态(emergency operation)。

应急工作发生在主发电设备失效的情况下,由一个与主电源系统无关的有限电源仅向保证飞行与人员安全所必需的少数配电装置和用电设备供电。

(5) 发动机起动工作(electric starting operation)。

在主发动机、APU 发动机起动时,由于大功率的电气负载,电压可能超出正常的极限。起动工作是指供电系统正常工作状态中的一种特殊情况。

(6) 供电故障。

在任何用电设备端,直流或交流电源的断电或交流电源一相或多相的断电,都不应使用电设备处于不安全状态或损坏。

6.4.3 用电设备的性能规范

用电设备性能规范应包括设备在六种工作状态的输入供电特性下应达到的性能要求。以下给出的仅仅是示例,并不作为用电设备的推荐性能指标。在飞机供电系统的六种工作状态下用电设备的性能指标的确定需要综合考虑飞行安全、任务需求、成本、重量和可靠性等诸多因素,并且对每种用电设备来说它都是唯一的。电流畸变及其频谱的极限用以限制用电设备产生不合要求的畸变电流,以减少对飞机供电特性的不良影响。电流畸变极限的规定应综合考虑用电设备功率消耗、飞机供电系统容量、配电特性,而且还应权衡每种设备和飞机的重量、体积、成本和可靠性等诸多因数。

用电设备性能规范示例，为表 1-3 的详细叙述。

1) 关键飞行计算机和飞行显示器

(1) 飞机供电系统正常工作状态下的性能指标——在飞机供电系统正常工作时，关键飞行计算机和飞行显示器应完成 100%功能，关键飞行计算机应提供所有的数据信号，不应有中断、错码和数据丢失，飞行显示器不应出现闪烁或图像扭曲。关键飞行计算机和飞行显示器不应损坏或导致不安全状态。关键飞行计算机和飞行显示器也不应使飞机供电系统的特性超出 MIL-STD-704 适用版本规定的极限。当飞机供电系统在正常稳态工作时，用电设备产生的总电流畸变应小于 12%。

(2) 飞机供电系统转换工作状态下的性能指标——关键飞行计算机和飞行显示器在供电系统转换之前、转换过程中及转换结束后都应完成 100%功能。关键飞行计算机和飞行显示器在供电系统转换过程中的性能指标要求应与供电系统正常工作状态时完全相同。

(3) 飞机供电系统非正常工作状态下的性能指标——在供电系统非正常工作状态下，关键飞行计算机和飞行显示器应完成 100%功能。关键飞行计算机和飞行显示器在供电系统非正常工作状态下的性能指标要求应与供电系统正常工作状态时完全相同。

(4) 飞机供电系统应急工作状态下的性能指标——在供电系统应急工作状态下，关键飞行计算机和显示器应提供 100%功能。关键飞行计算机和飞行显示器在供电系统应急工作状态下的性能指标要求应与供电系统正常工作状态时完全相同。

(5) 发动机起动工作状态下的性能指标——在起动工作状态下，关键飞行计算机和显示器应提供 100%性能。关键飞行计算机和飞行显示器在发动机起动工作状态下的性能指标要求应与供电系统正常工作状态时完全相同。

(6) 飞机供电系统故障状态下性能指标——在供电故障持续时间大于 50 ms 时，关键飞行计算机和飞行显示器允许关闭。当供电故障持续时间小于 7 s，关键飞行计算机和飞行显示器应在供电系统恢复正常后 1 s 内，自动恢复 100%性能，不应由于供电故障导致错码或数据丢失。关键飞行计算机和显示器也不应损坏或导致不安全状态。

2) 任务数据存储器和任务显示器

(1) 飞机供电系统正常工作状态下的性能指标——在飞机供电系统正常工作状态时，任务数据存储器和任务显示器应提供 100%功能，任务数据存储器和任务显示器应能提供所有数据信号，且所提供的数据信号不应有中断、错码和数据丢失。显示器不应有闪烁或出现图像扭曲。任务数据存储器和任务显示器也不应损坏或导致不安全状态。任务数据存储器和任务显示器不应使飞机供电特性超出 MIL-STD-704 适用版本的极限，在飞机供电系统正常运行时，其总的电流畸变应小于 12%。

(2) 飞机供电系统转换工作状态下的性能指标——当供电系统处于转换工作

状态时，任务数据存储器和任务显示器可暂时中断。在供电系统恢复正常后5s内任务数据存储器和任务显示器应自动恢复100%性能，且不应出现错码和数据丢失。任务数据存储器和任务显示器不应损坏或导致不安全状态。任务数据存储器和任务显示器也不应使飞机供电特性超出MIL-STD-704适用版本的极限。

(3) 飞机供电系统非正常工作状态下的性能指标——当飞机供电系统处于非正常工作状态时，任务数据存储器和任务显示器可暂时中断。在电源恢复正常后5s内任务数据存储器和任务显示器应自动恢复到100%性能，且不应出现错码和数据丢失。显示器可出现闪烁或图像扭曲，但应仍可读。任务数据存储器和任务显示器也不应损坏或导致不安全状态。

(4) 飞机供电系统应急工作状态下的性能指标——当飞机供电系统处于应急工作状态时，任务数据存储器应提供100%性能，任务显示器的性能可降低。在供电恢复正常后5s内任务显示器应恢复正常。不应出现错码和数据丢失。显示器可出现闪烁或图像扭曲，但应仍可读。任务数据存储器和任务显示器也不应损坏或导致不安全状态。

(5) 发动机起动工作状态下的性能指标——在起动工作状态下，任务数据存储器和任务显示器可暂时中断。在供电恢复正常后5s内任务数据存储器和任务显示器应自动恢复到100%性能，且不应出现错码和数据丢失。任务数据存储器和任务显示器也不应由于起动工作导致损坏或不安全状态。

(6) 飞机供电系统故障状态下性能指标——任务数据存储器和任务显示器在供电故障持续时间大于50ms时允许暂时关闭。当供电故障持续时间小于7s，任务数据存储器和任务显示器在供电恢复正常后5s内应能重新启动，并在2min内应自动恢复到100%性能。不应出现错码，但可出现数据丢失。任务数据存储器和任务显示器也不应损坏或导致不安全状态。

3) 循环风扇

(1) 飞机供电系统正常工作状态下的性能指标——当飞机供电系统处于正常工作状态下，循环风扇应连续工作，且保持气流量在给定的极限值范围内。循环风扇不应损坏或导致不安全状态。

(2) 飞机供电系统转换工作状态下的性能指标——当供电系统处于转换工作状态下，循环风扇可停止。在转换完成、供电恢复后30s内，循环风扇应自动恢复运行。循环风扇不应损坏或导致不安全状态。

(3) 飞机供电系统非正常工作状态下的性能指标——当供电系统处于非正常工作状态下，循环风扇应能连续工作。在飞机供电系统非正常工作下循环风扇的气流量应保持在给定最大值的150%和最小值的50%之间。循环风扇不应损坏或导致不安全状态。

(4) 飞机供电系统应急工作状态下的性能指标——当供电系统处于应急工作状态下，循环风扇应能连续工作。在飞机供电系统应急工作状态下循环风扇的气流量应保持在给定最大值的150%和最小值的50%之间。循环风扇不应损坏或导致不安全状态。

(5) 发动机起动工作状态下的性能指标——在起动工作状态下循环风扇可停止。在供电恢复正常后30 s内,循环风扇应自动恢复运行。循环风扇不应损坏或导致不安全状态。

(6) 飞机供电系统故障状态下性能指标——循环风扇在供电故障持续时间大于50 ms时允许停止工作。当供电故障持续时间小于7 s,循环风扇应在供电恢复正常后30 s内自动恢复运行。循环风扇不应损坏或导致不安全状态。

4) 咖啡壶

(1) 飞机供电系统正常工作状态下的性能指标——在供电系统处于正常工作状态下,咖啡壶应完成100%功能。咖啡壶不应损坏或导致不安全状态。咖啡壶不应导致飞机供电系统特性超出MIL-STD-704适用版本规定的极限,在飞机供电系统正常运行时,其总的电流畸变应不大于12%。

(2) 飞机供电系统转换工作状态下的性能指标——在供电系统处于转换工作状态下,咖啡壶可停止工作。在供电转换完成后,不要求它自动恢复到正常工作状态。咖啡壶不应损坏或导致不安全状态。

(3) 飞机供电系统非正常工作状态下的性能指标——在飞机供电系统处于非正常工作状态下,咖啡壶可停止工作。当供电恢复正常后,不要求它自动恢复到正常工作状态。咖啡壶不应损坏或导致不安全状态。

(4) 飞机供电系统应急工作状态下的性能指标——当飞机供电系统处于应急工作状态下,咖啡壶可停止工作。在电源恢复正常后,不要求它自动恢复到正常工作状态。咖啡壶不应损坏,也不应导致不安全状态。

(5) 发动机起动状态下的性能指标——在起动状态下,咖啡壶可停止工作。在供电恢复正常后,不要求它自动恢复到正常工作状态。

(6) 飞机供电系统故障状态下的性能指标——在供电系统故障状态下,咖啡壶可停止工作。在供电恢复正常后,不要求它自动恢复到正常工作状态。咖啡壶不应损坏或导致不安全状态。

7 民机供电系统举例

供电系统是飞机上电能产生、变换、输送与分配部分的总称,包含从电源到用电设备输入端的全部环节,通常分为电源系统和配电系统两部分;其中,电源到电源汇流条之间的部分是电源(发电)系统,电源系统包含二次电源。电源汇流条到用电设备输入端的部分是配电系统。目前航线在飞的主流飞机为波音和空客两大航空公司的飞机,本章以B737-800,B747两种机型为例介绍传统民机供电系统,同时对先进多电飞机的代表机型A380,B787供电系统进行介绍。

7.1 民机B737-800飞机供电系统

B737-800飞机是国内波音在役飞机的主流机型,将从发电系统和配电系统两个方面来介绍其供电系统。

7.1.1 交流发电系统

B737-800型飞机的电源系统结构如图7-1所示。可以简单地将其分为交流电源系统、直流电源系统和控制保护系统。

如图7-1所示,B737-800飞机的交流电源系统由两台主发电机、APU发电机、地面电源组成。

1) 主发电机(IDG1和IDG2)

B737-800型飞机的主发电机为两台整体驱动发电机(IDG1和IDG2),即为恒速恒频交流发电机,每台能提供115 V/200 V、400 Hz的90 kVA交流电。IDG通过内部的恒速装置将变化的转速变换为每分钟24000转的恒定转速。

两台发电机控制器(GCU1和GCU2)分别对两台主发电机(IDG1和IDG2)进行稳压的控制、运行状况的监测和故障保护。

2) APU起动发电机(APU starter-generator, APU S/G)

在B737-800型飞机的辅助动力装置(APU)上,安装的是APU起动/发电机。图7-1中的SCU为APU起动控制器,AGCU为APU发电机的控制器。

当APU起动发电机工作在发电状态时,发电能力与飞行高度相关:

(1) 飞行高度低于32000 ft(约为9750 m)时,输出容量为90 kVA。

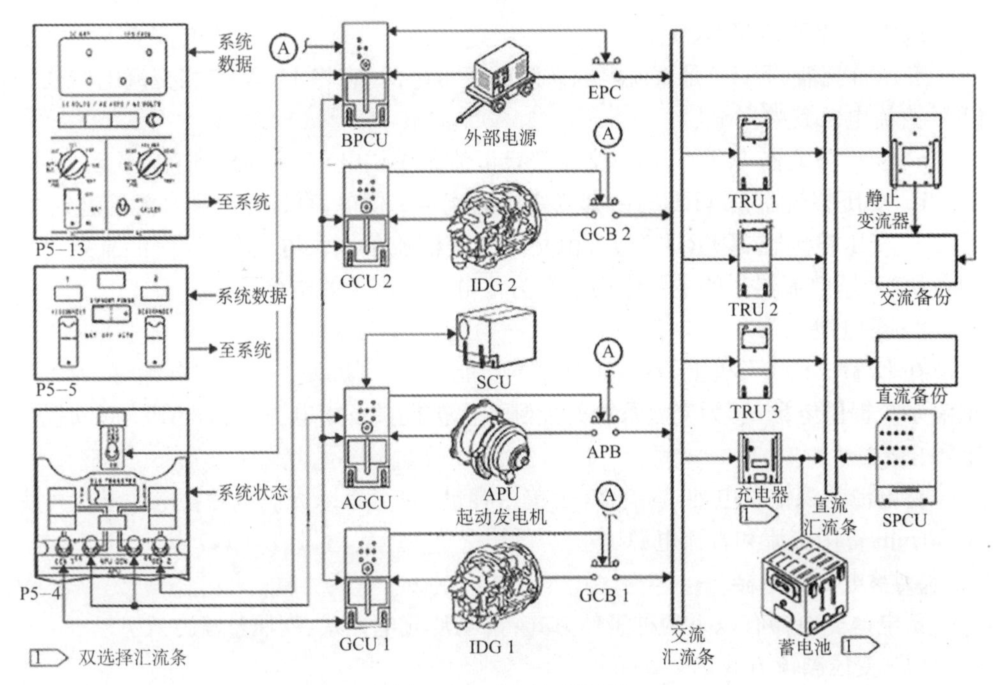

图 7-1 B737-800 型飞机电源系统的配置

(2) 飞行高度为 41000 ft(约为 12500 m)时,容量降低为 66 kVA。

APU 发电机控制器(AGCU)对 APU 发电机进行稳压的控制、工作状态的监测和故障保护。

3) 外部电源

B737-800 型飞机的外部电源为 90 kVA 的接口。当飞机在地面时,外部电源是飞机交流电源系统的正常供电电源。此时它可以为蓄电池充电器提供电源,以便对蓄电池充电。

外部电源的分配由汇流条功率控制器(BPCU)控制,通过对外部电源接触器(EPC)和汇流条连接断路器(BTB)的控制,将外部电源接入,为交流变换汇流条,或者为地面勤务汇流条供电。

4) 备份(应急)电源

当飞机失去正常电源时,备用电源系统要为飞机上重要的系统提供至少 30 min 的交流电和直流电,此时静止变流器将蓄电池提供的直流电变换成交流电。

备用电源控制器(SPCU)控制交流和直流备用电源的分配。

7.1.2 直流电源系统

B737-800 飞机的直流电源系统由三个变压整流器(TRU)、蓄电池充电器和蓄电池组成。

1) 变压整流器(TRU)

变压整流器(TRU)是直流电源系统的正常电源,它将115V三相交流电转变为28V直流电。其中

a. 变压整流器1(TRU1)由交流变换汇流条1供电,直接输出到直流汇流条1。

b. 变压整流器2(TRU2)由交流变换汇流条2供电,直接输出到直流汇流条2。

c. 变压整流器3(TRU3)通常由交流变换汇流条2供电,交流变换汇流条1作为备用,变压整流器3的主要作用是作为蓄电池汇流条的电源。

2) 蓄电池

在B737-800飞机上,蓄电池有以下功能:①当飞机失去正常的电源时,为飞机重要系统提供电源;②为交流系统的控制和保护提供备用电源;③为APU起动提供电源。

蓄电池为镍镉蓄电池,内有20个单格容量,为48Ah;充满电后蓄电池最少可提供30min备用交流和直流电源。

3) 蓄电池充电器

蓄电池充电器有以下两种工作方式:蓄电池充电方式、变压整流方式。

(1) 变压整流方式。

当蓄电池充电器使蓄电池保持在充足电的状态时,以变压整流器的方式工作,为热蓄电池汇流条和热蓄电池转换汇流条提供直流电源。此时,蓄电池充电器将三相115V交流电转换成直流电,提供27.5V的直流输出,可提供65A的电流。

(2) 蓄电池充电方式。

当蓄电池电压低于23V时,蓄电池充电器进入充电方式。此时,蓄电池充电器为蓄电池提供约为38A的恒定充电电流。充电过程中蓄电池电压逐渐上升,蓄电池充电器通过测量蓄电池温度,来控制蓄电池充电过程。当达到充满电的状态时,充电器进入变压整流方式。

4) 备用(应急)电源

当飞机失去正常电源时,蓄电池要为飞机上重要的系统提供至少30min的交流电和直流电。此时蓄电池在提供应急的直流电的同时,还要为静止变流器提供电源,以保证应急交流电的需要。备用电源控制器(SPCU)控制交流和直流备用电源的分配。

7.1.3 交流供电系统结构

B737-800型飞机的交流供电系统为对称的、独立的双通道结构,由交流电源和9条汇流条组成,并且由汇流条功率控制器(BPCU)完成供电系统的控制和保护,如图7-2所示。

交流供电系统的9条汇流条中,4条交流汇流条由交流电源直接供电,为

交流变换汇流条1(AC transfer bus 1);

交流变换汇流条2(AC transfer bus 2);

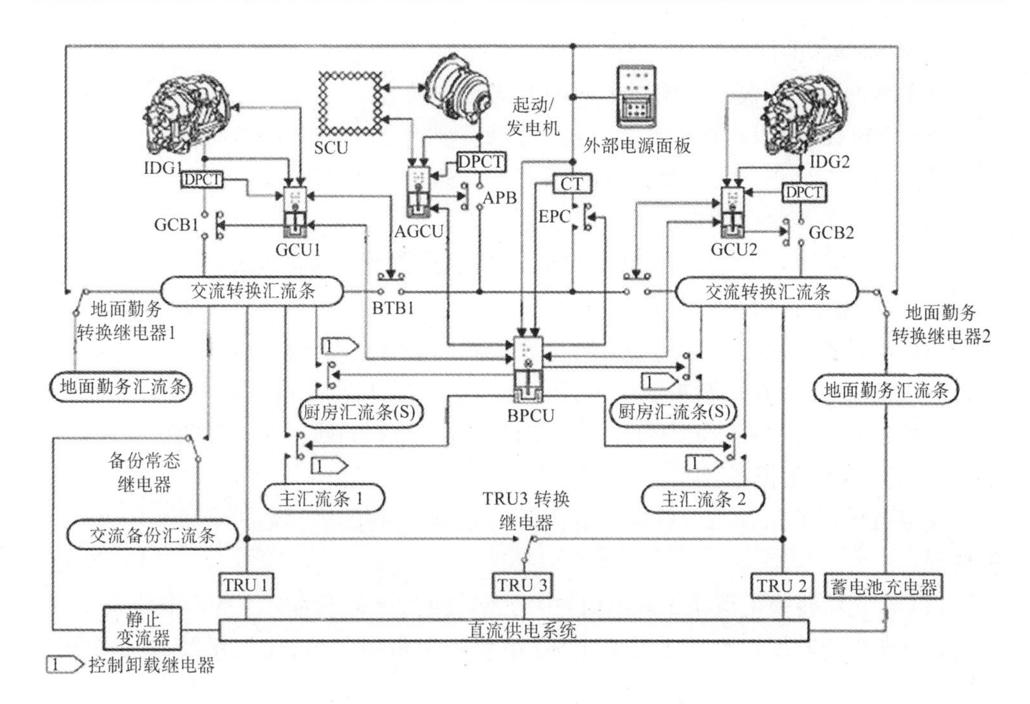

图 7-2 B737-800 型飞机交流供电系统结构

地面勤务汇流条 1(GND SVC bus 1)；

地面勤务汇流条 2(GND SVC bus 2)。

其他的 5 条汇流条由 2 条交流变换汇流条供电，为

主汇流条 1(main bus 1)；

主汇流条 2(main bus 2)；

左厨房汇流条(galley)；

右厨房汇流条(galley)；

交流备份汇流条(AC standby bus)。

1) 交流转换汇流条(AC transfer bus)

交流转换汇流条可以由以下电源供电：主发电机(IDG1 和 2)、APU 起动发电机(APU S/G)和外部电源。

(1) 当 2 台主发电机(IDG1 和 2)都正常时，断路器 GCB1 和 GCB2 接通，主发电机 1(IDG1)为交流转换汇流条 1 供电，主发电机 2(IDG2)为交流转换汇流条 2 供电。

(2) 当某主发电机故障时(假设 IDG1 故障)，GCU1 控制将 GCB1 断开，接通汇流条转换断路器(BTB1)。APU 发电机被起动，AGCU 接通断路器 APB，交流转换汇流条 1 由 APU S/G 供电。交流转换汇流条 2 仍然由主发电机 2(IDG2)供电。

(3) 当 2 台主发电机(IDG1 和 2)和 APU 起动发电机(APU S/G)只有 1 台正常时(假设 IDG1 正常)，断路器 GCB1，BTB1 和 BTB2 都接通，交流转换汇流条 1 和 2 都由 IDG1 供电。

2）地面勤务汇流条(GND SVC bus)

每个地面勤务汇流条可由以下两种方式之一供电：

(1) 飞机在地面时，外部电源已经连接到飞机上，且前乘务员面板上的地面勤务电门在接通 ON 位。可以通过继电器 GND SVC XFR RLY 的控制，使外部电源直接为地面勤务汇流条供电。

(2) 在对应的交流变换汇流条有电时，由交流变换汇流条为地面勤务汇流条供电。

3）主汇流条和厨房汇流条

主汇流条和厨房汇流条由各自的交流变换汇流条供电，当负载超载时卸载继电器(load shed relay)将切断主汇流条和厨房汇流条，以保护交流电源系统。

汇流条电源控制器(BPCU)控制卸载继电器(load shed relay)的操作。

4）交流备份汇流条

交流备份汇流条为飞行关键用电设备供电，有最高的容错能力。供电方式为两种情况：

(1) 在交流转换汇流条 1 有电时，由交流转换汇流条 1 为交流备份汇流条供电。

(2) 在交流转换汇流条 1 没有电时，由静止变流器供电，供电系统进入应急工作状态。

7.1.4 直流电源配电系统

波音 B737－800 型飞机的直流供电系统结构如图 7－3 所示。其中变压整流器为以下直流汇流条供电：

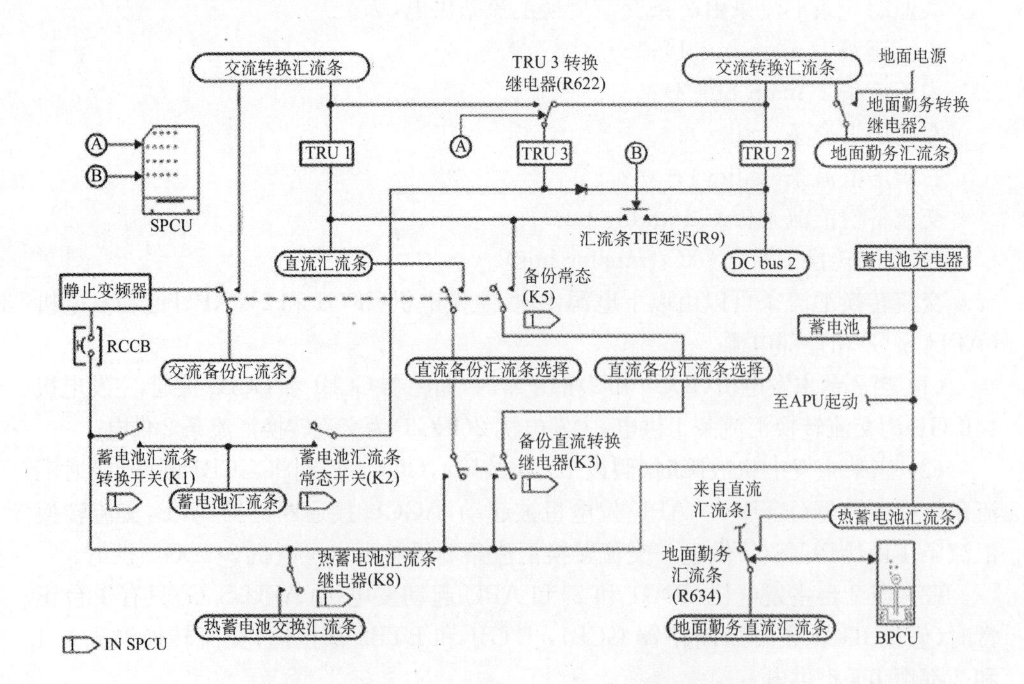

图 7－3　B737－800 型飞机直流供电系统结构

直流汇流条 1(DC bus 1)；
直流汇流条 2(DC bus 2)；
直流备份汇流条 1(DC STDBY SECT bus 1)；
直流备份汇流条 2(DC STDBY SECT bus 2)；
地面勤务直流汇流条(GND SRVCE DC bus)；
蓄电池汇流条(BAT bus)。

蓄电池或蓄电池充电器为以下汇流条供电：
热蓄电池汇流条(hot BAT bus)；
热蓄电池变换汇流条(SW hot BAT bus)。

1) 直流汇流条

直流汇流条 1 由变压整流器 1(TRU1)供电，也可以通过汇流条连接继电器由变压整流器 2(TRU2)或变压整流器 3(TRU3)供电。

直流汇流条 2 通常由变压整流器 2 供电，当变压整流器 2 故障时由变压整流器 3 供电。直流汇流条 2 也可以通过汇流条连接继电器由变压整流器 1(TRU1)供电。

2) 直流备用汇流条

直流备用汇流条 1 通常由直流汇流条 1 供电，直流备用汇流条 2 通常由变压整流器 1(TRU1)供电，也可以由变压整流器 2(TRU2)供电。

当变压整流器 1 和 2 都无法供电时，直流备用汇流条由蓄电池和蓄电池充电器供电。

3) 地面勤务直流汇流条

地面勤务直流汇流条由直流汇流条 1(DC bus 1)供电。

4) 蓄电池汇流条

蓄电池汇流条正常情况下由变压整流器 3(TRU3)供电，但是在 TRU3 不能供电时，由蓄电池充电器或者蓄电池供电。

5) 热蓄电池汇流条

热蓄电池汇流条由蓄电池或蓄电池充电器供电。

7.1.5 汇流条功率控制器(BPCU)

汇流条功率控制器(BPCU)是交直流配电系统的中心，功能如图 7－4 所示。

1) 汇流条功率控制器的功能

汇流条功率控制器(BPCU)在正常和非正常情况下，协调交流电源系统的运作它可以提供以下功能：

a. 外部电源接触器 EPC 控制；
b. 交流电源分配汇流条保护；
c. 外部电源监控及保护；
d. 驾驶舱指示；
e. 汇流条及厨房负载卸载；

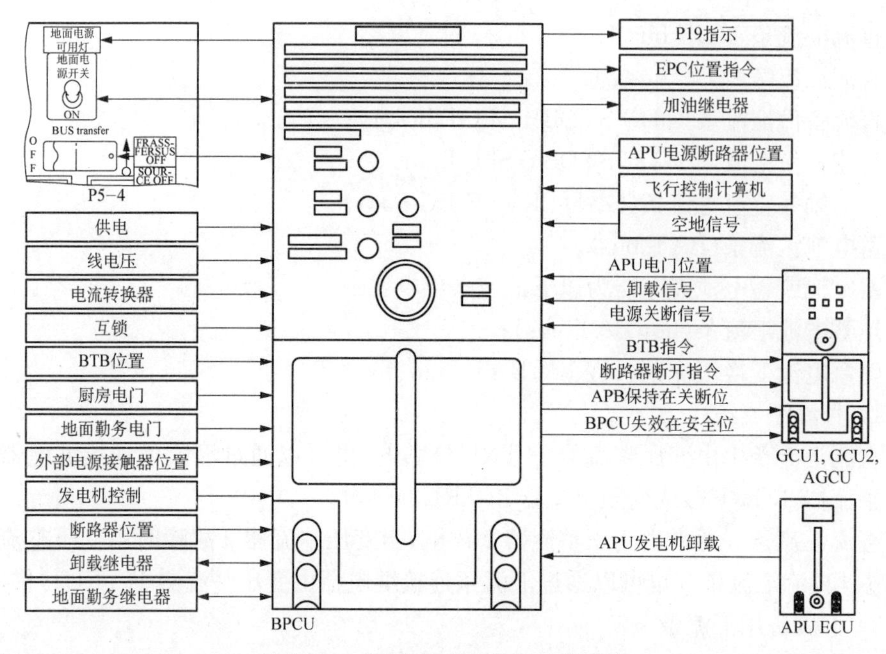

图 7-4 汇流条功率控制器的功能

f. 地面勤务电源控制；

g. 加油面板电源；

h. 故障隔离时自检。

2）BPCU 的电源

汇流条功率控制器可由以下 3 个电源供电：

a. 外部的三相交流电；

b. 蓄电池的 28 V 直流电；

c. 直流汇流条 1 的 28 V 直流电。

3）BPCU 故障时的操作

当汇流条功率控制器失去控制或保护能力时，它的保护功能可以使电源通道失效在安全位，当它失效在安全位时会完成以下功能：

a. 断开外部电源接触器 EPC。

b. 使外部电源面板上未使用灯(not in use)熄灭。

c. 使 P5 面板上的地面电源可用灯(GRD PWR available)熄灭。

d. 为厨房和主汇流条断电。

e. 汇流条电源控制器(BPCU)为发电机控制器(GCU2)提供失效在安全位信号，比为 GCU1 提供的信号有 200 ms 的延时。

f. 如果连接汇流条没接通发电机控制器 GCU2 将闭合 BTB2。

g. 如果变换汇流条 1 需要电源发电机控制器 GCU1 将闭合汇流条连接断路器 BTB1。

h. 如果连接汇流条断电可以人工使用 APU 电源。

i. 汇流条电源控制器表面的 BPCU fault 灯亮。

j. 禁止加油电源控制继电器 R11 作动。

7.2　B747 客机的供电系统

B747 为远程宽机身客机,装 4 台涡扇发动机,由美国波音公司研制。1970 年开始投入使用。目前 B747 作为仅次于 A380 的大型客机,仍然作为越洋的远程的主体客机在运营。在 B747 - 200 飞机升级为 B747 - 400 型时,供电系统也做了重大的改进。

7.2.1　B747 - 200 型飞机供电系统

B747 客机主电源采用 4 台 115/200 V, 400 Hz 的 3 相机械液压式恒速恒频交流发电机,构成 4 通道的供电系统。

1) 电源配置

在 B747 - 200 飞机上,如图 7 - 5 所示,电源配置如下:

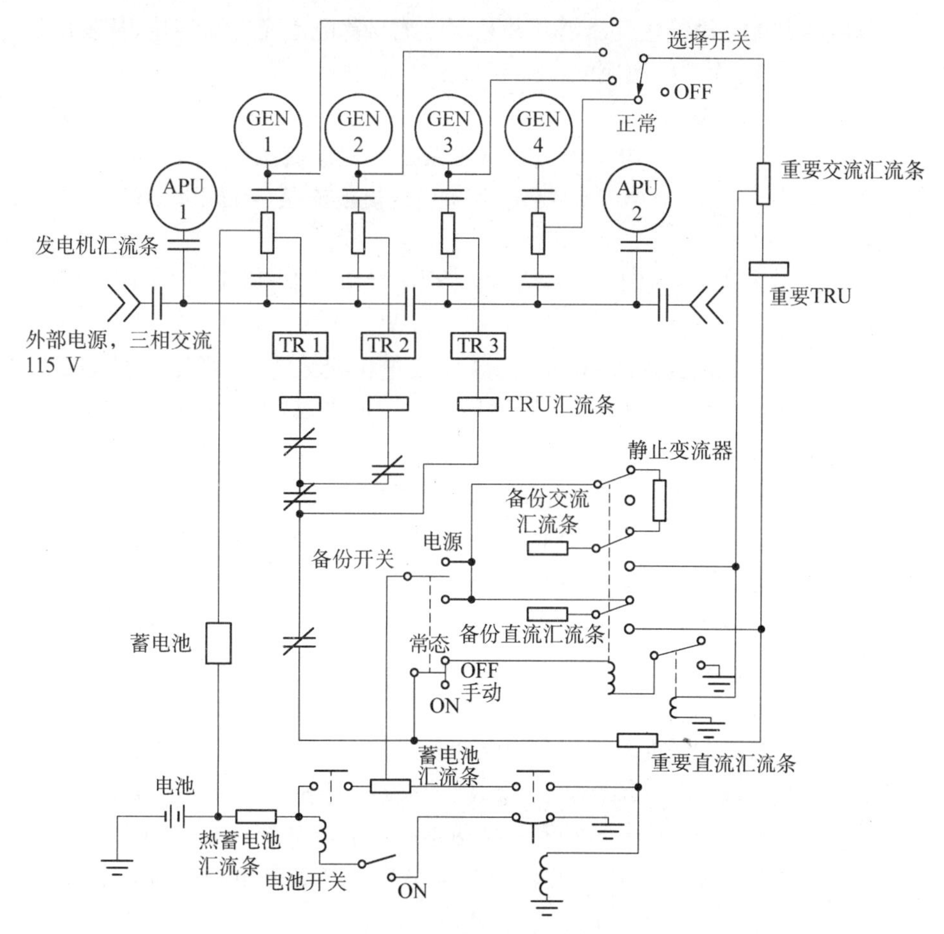

图 7 - 5　B747 - 200 客机的供电系统

(1) 主电源(GEN1，GEN2，GEN3，GEN4)。

主电源(GEN1，GEN2，GEN3，GEN4)为4台60kVA的交流发电机，由机械液压式恒速传动装置驱动，即恒速恒频的IDG，输出的是115/200V，400Hz的3相交流电。

(2) 辅助电源(APU1和APU2)。

辅助电源(APU1和APU2)为两台由辅助动力装置(APU)驱动的60kVA交流发电机，它具有输出90kVA电力半小时的能力，输出也是115/200V，400Hz的3相交流电。

(3) 直流电源(TR1，TR2，TR3和essential TR)。

B747-200飞机的直流电源为4台75A的变压整流器(TRU)，其中3台变压整流器(TR1，TR2，TR3)为一般负载供电直流电源，而1台变压整流器(essential TR)是为重要负载供电的直流电源。

(4) 应急电源。

B747-200飞机的应急电源为36Ah的蓄电池，以及将28V直流电变换为115V/400Hz交流电的静止变流器。并且蓄电池与蓄电池充电器连接，从发电机汇流条1上取电，及时为蓄电池充电。

2) 交流汇流条的供电方式

B747-200飞机交流供电系统包含有4条发电机汇流条(generator bus)，一条重要交流汇流条(essential AC bus)和一条备份交流汇流条(standby AC bus)，其供电方式为

(1) 正常时，4条发电机汇流条连接在4台主发电机上，形成独立的4通道交流供电系统。

当任意一台发电机故障时，相应的APU发电机投入工作，即如果是GEN1或者GEN2故障，则APU1投入工作，如果是GEN3或者GEN3故障，则APU2投入工作。飞机的供电能力不变。

(2) 重要交流汇流条(essential AC bus)通常由主发动机4供电，在主发电机1失效时可以通过选择开关连接在任何一台主发电机上。这表明只要有一台主发电机正常，重要交流汇流条就能够获得需要的电能。

(3) 备份交流汇流条(standby AC bus)由静止变流器供电，即在交流电源完全失效时，静止变流器将蓄电池电源变换为交流电为备份交流汇流条供电。

3) 直流汇流条供电方式

B747-200飞机直流供电系统包含有3条一般TRU汇流条(TR bus)、一条重要TRU汇流条(essential TR bus)、一条备份直流汇流条(standby DC bus)，另外还有一条蓄电池汇流条(battery bus)和一条热蓄电池汇流条(hot battery bus)。其供电方式为3台变压整流器(TR1，TR2，TR3)分别从3条发电机汇流条上取电，变换为28V直流电为3条TRU汇流条(TR bus)供电。

重要直流汇流条(essential DC bus)由重要变压整流器(essential TR)供电。而重要变压整流器(essential TR)从重要交流汇流条取电,比 TRU 汇流条有更高的供电能力。

备份直流汇流条(standby DC bus)一般由重要变压整流器(essential TR)供电,当重要变压整流器(essential TR)故障时,可以由蓄电池汇流条供电。

蓄电池汇流条(battery bus)和热蓄电池汇流条(hot battery bus)在供电系统正常时由重要直流汇流条(essential DC bus)供电,当重要直流汇流条(essential DC bus)故障时,由蓄电池供电。其中热蓄电池汇流条(hot battery bus)始终与蓄电池连接,提供不间断直流电。

7.2.2 波音 B747-400 型飞机供电系统

在 B747-300/-400 飞机上,主电源的容量和蓄电池容量均有所增加,系统布局与 B747-200 飞机基本相同,但在一些细节上不完全一致。

1) 电源配置

在 B747-300/-400 飞机上,电源配置如下:

a. 4 台主发电机(IDG1～4)为 75/90 kVA 的机械液压式组合电源装置,比 B747-200飞机增加了发电容量。

b. 辅助电源仍然为两台由辅助动力装置驱动的交流发电机(APU GEN1 和 2),但容量也增加至 75/90 kVA。

c. 地面电源仍然为两个外部电源插座(EXT PWR1 和 2),容量也增加至75/90 kVA。

d. 直流电源也为 4 台变压整流器(TRU1～4),但是不再区分一般的变压整流器和重要变压整流器。

e. 应急电源仍然为蓄电池和静止变流器,其中蓄电池增至 2 台,1 台为主蓄电池,1 台为辅助动力装置蓄电池。

备份电源在图 7-6 中没有标出。

2) 交流汇流条供电方式

B747-400 飞机供电系统的布局基本与 B747-200 飞机的相同,但没有设置重要设备汇流条。B747-400 客机的供电系统如图 7-6 所示。

B747-400 飞机交流供电系统包含有 4 条交流汇流条(AC bus 1～4),分别由 4 台主发电机(IDG1～4)供电,其中 4 号交流汇流条(AC bus 4)取代了图 7-5 中的 B747-200 飞机的交流重要设备汇流条。

地面勤务汇流条(GND service bus)通常由交流汇流条 1(AC bus 1)供电,在地面时也可由外部电源或者 APU 发电机供电。而地面装卸汇流条(GND handling bus)只有在地面时,从 APU 电源和 1 号外部地面电源插座获取电力。

除了 4 个主交流汇流条外,地面作业汇流条和地面维护汇流条也由发电系统直接管理。

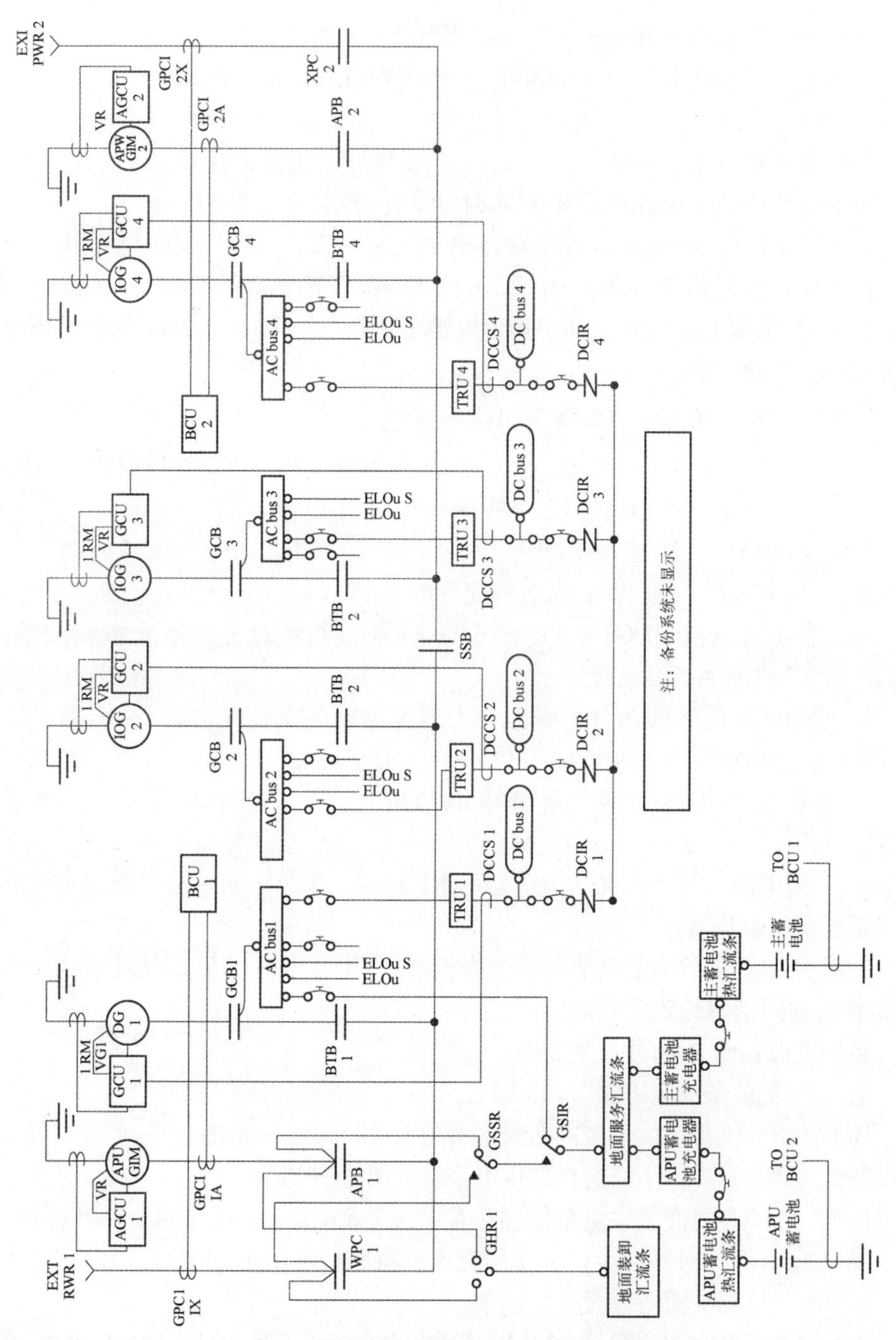

图 7-6 波音 B747-400 客机的供电系统

3）直流汇流条供电方式

在 B747-400 飞机的直流部分，重要设备和共公设备负载都接在主直流汇流条上；备份直流汇流条接在 3 号直流汇流条上，在后者断电时备份直流汇流条可接到主蓄电池和辅助动力装置蓄电池上。

B747－400飞机的直流汇流条的供电方式为

4台变压整流器(TRU1～4)分别从四条交流汇流条(AC bus 1～4)上取电，输出为四条直流汇流条(DC bus 1～4)供电。其中4号变压整流器(TRU 4)和4号直流汇流条(DC bus 4)取代了图7－5中的重要变压整流器(essential TR)和重要TRU汇流条(essential DC bus)。

主热蓄电池汇流条(main hot BAT bus)和APU热蓄电池汇流条(APU hot BAT bus)备份直流汇流条在图中没有画出。

7.2.3 B747－400飞机的配电控制

在B747－400飞机上的控制和保护功能，具有隔离、分组并联、并联，不间断供电转换、负载管理以及向断路器和接触器发送闭合和断开指令，以实现系统重新组合等控制功能。

在保护功能方面，除了并联系统应具有的保护项目外还包括磁极滑动、拍频、反流、中央处理机故障安全，以及发电机控制装置(GCU)和汇流条控制装置(BCU)对地面电源馈电线进行保护等功能。在自检测方面则具有发电机控制装置和汇流条控制装置自动地和按指令地进行自检测、有效地监控系统、隔离保护性跳闸的故障以及发电机控制装置(GCU)和汇流条控制装置(BCU)工厂级故障的存储功能。

在B747－400飞机上，汇流条控制器(BCU)通过ARINC429总线收集供电系统的参数、状态信息以及发电机控制装置(GCU)和汇流条控制装置(BCU)的自检测信息。在对系统参数和状态信息按其运行等级进行分类后，就由发动机指示和空勤人员告警系统(EICAS)的接口装置通过总线把它们发送给发动机指示和空勤人员告警系统(EICAS)。数据将连续地由发电机控制装置(GCU)发送到汇流条控制装置(BCU)，和从汇流条控制装置(BCU)发送到接口装置。汇流条控制装置(BCU)仅将车间维护用的数据发送到中央维护计算机(CMC)。ARNC429总线间的连接关系如图7－7所示。

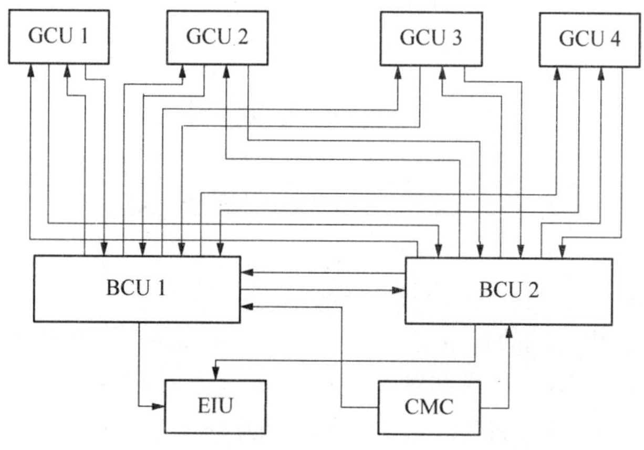

图7－7 ARINC 429总线间的连接关系

7.3 民机 A380 飞机供电系统

A380 飞机是现代大型多电飞机的代表机型，这里从发电系统和配电系统两个方面来介绍其供电系统。

7.3.1 A380 飞机发电系统

1) 交流电源

A380 飞机电源系统有 6 个主交流电源和一个应急电源(如图 7-8 所示)：

4 台发动机驱动的变频发电机(VFGs)，每台变频发电机的额定容量为 150 kVA，三相 115 V，输出频率为 370～770 Hz，4 台变频发电机都相同，可互换；

2 台 APU 发电机 A 和 B，由 APU(有恒速马达)机械驱动，每台 APU 发电机的额定输出为 120 kVA，三相 115 V，400 Hz 恒频交流电，APU 发电机与 VFGs 不能互换使用。

4 个外部电源(EXT PWRs)通过位于前起落架后面的四个外部电源接口连接到飞机上，为飞机提供 90 kVA，三相 115 V，400 Hz 恒频交流电。

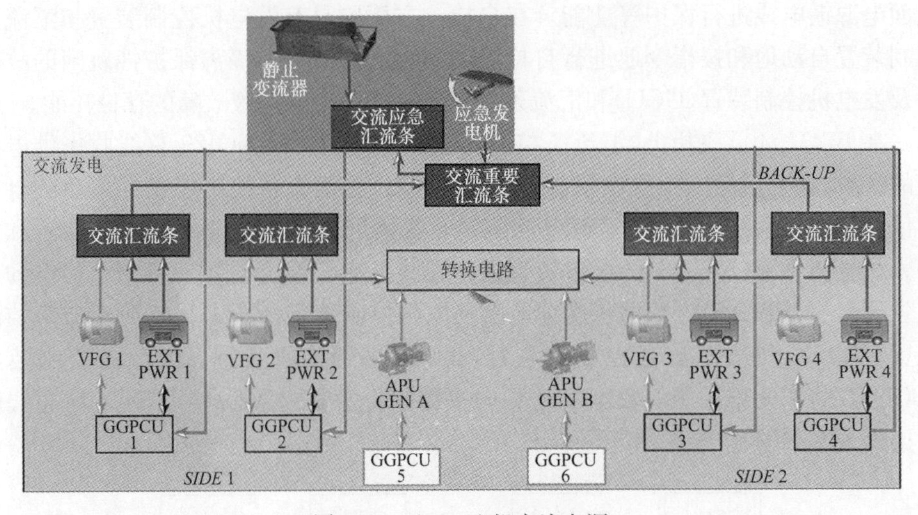

图 7-8　A380 飞机交流电源

冲压空气涡轮(RAT)驱动的应急发电机，额定容量为 70 kVA，为交流主汇流条和应急汇流条提供三相 115 V，370～800 Hz 的变频交流电。

静止变流器(额定容量 2.5 kVA)为应急交流汇流条提供单相 115 V，400 Hz 交流电。

2) 直流电源

直流电源由两个相同的备用变压整流器 ABTRUs、一个变压整流器 TRU2、一个备用变压整流器 ABTRU ESS 和两个相同的蓄电池 BAT、一个 ESS BAT 提供(如图 7-9所示)。每个 TRU 将 115 V 交流电转变为 28 V 直流电，额定电流为 300 A，蓄电池为 28 VDC，50 Ah。在正常状态，两个 ABTRU(1 和 2)也可由蓄电池供给直流电。

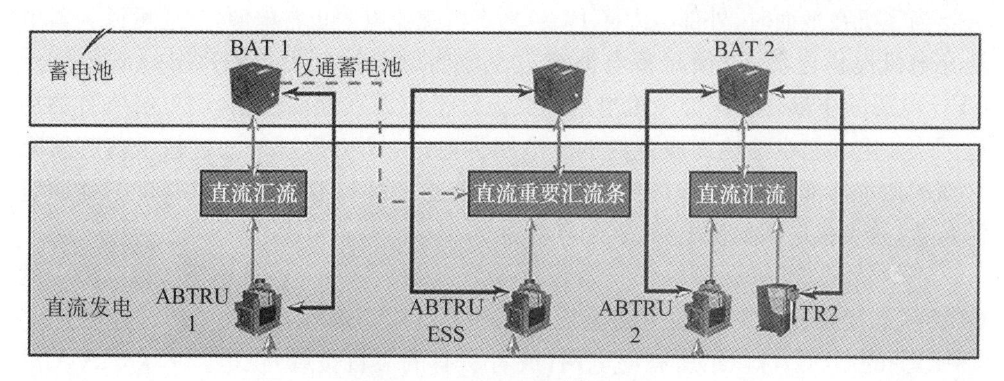

图 7-9 A380 飞机直流电源

如果一个或两个 TRU 发生损坏，部分的 DC 电网转换到由 ESS TR 提供直流电。蓄电池主要用于飞行中和在地面上起动 APU、在某些状态中给 ESS DC 汇流条供电。

3) 应急电源

当飞机失去正常电源时，应急电源系统可以为飞机上重要的系统提供至少 30 分钟的交流电和直流电(见图 7-10)。放下 RAT，起动应急发电机(70 kVA)，为交流 ESS 汇流条提供三相 115 V 变频交流电，通过 ESS TRU 提供直流应急电源。另外也可以由蓄电池提供直流电，静变流机将蓄电池提供的直流电转换成交流电提供应急交流电。

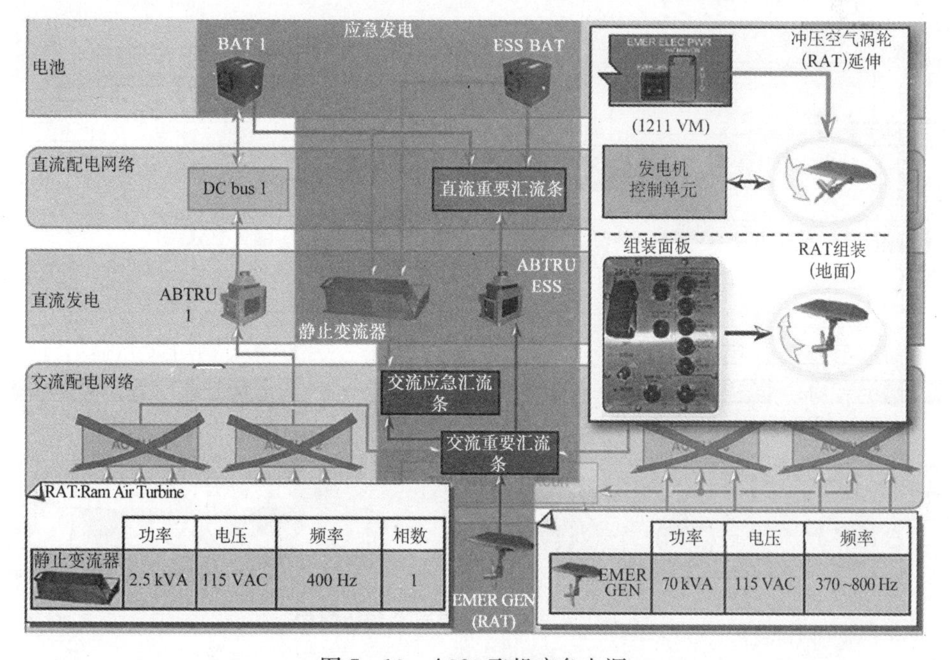

	功率	电压	频率	相数
静止变流器	2.5 kVA	115 VAC	400 Hz	1

	功率	电压	频率
EMER GEN	70 kVA	115 VAC	370~800 Hz

图 7-10 A380 飞机应急电源

4）外部电源

当飞机在地面时，外部电源（GPUs）是飞机交流电的正常电源，它还可以为蓄电池充电机提供电源，以便对蓄电池充电。地面电源控制器（GGPCUs）监控每个GPU电源的质量并且保护飞机电网。交流外部电源在地面使用，用于给所有的用电网络供电。它也给地面服务的部分电网供电。4个GPUs能通过位于前起落架后面的四个外部电源连接口连接到飞机上，通过三相115/200V，400Hz的地面电源装置，给飞机电网提供电源，单台容量为90kVA。

正常情况，当所有参数都符合设计要求，当按下一个外部电源开关，相应的GPU就连接到与之相连的主交流汇流条供电。4个90kVA的GPU（或者两个180kVA的GPU）可以给所有的电网（或者所有的飞机负载）供电；3个90kVA的GPU能给所有的主汇流条供电，但是如果一个GPU出现过载，一些负载（如厨房）会自动卸载；2个90kVA的GPU能给所有的主汇流条供电，但是一些负载（如厨房）会自动卸载；1个90kVA的GPU只能给与之相连的两个主汇流条供电。

7.3.2 A380飞机配电网结构

主供电网络是由不同的交流电源供电。有多达4个外部电源，4个变频率发电机（VFGs），以及2台APU发电机。此外，1个应急发电机（EMER GEN）只用于在紧急情况配置（见图7-11）。供电网络有许多冗余设计，以便应对各种故障情况，实现电源可靠供电。

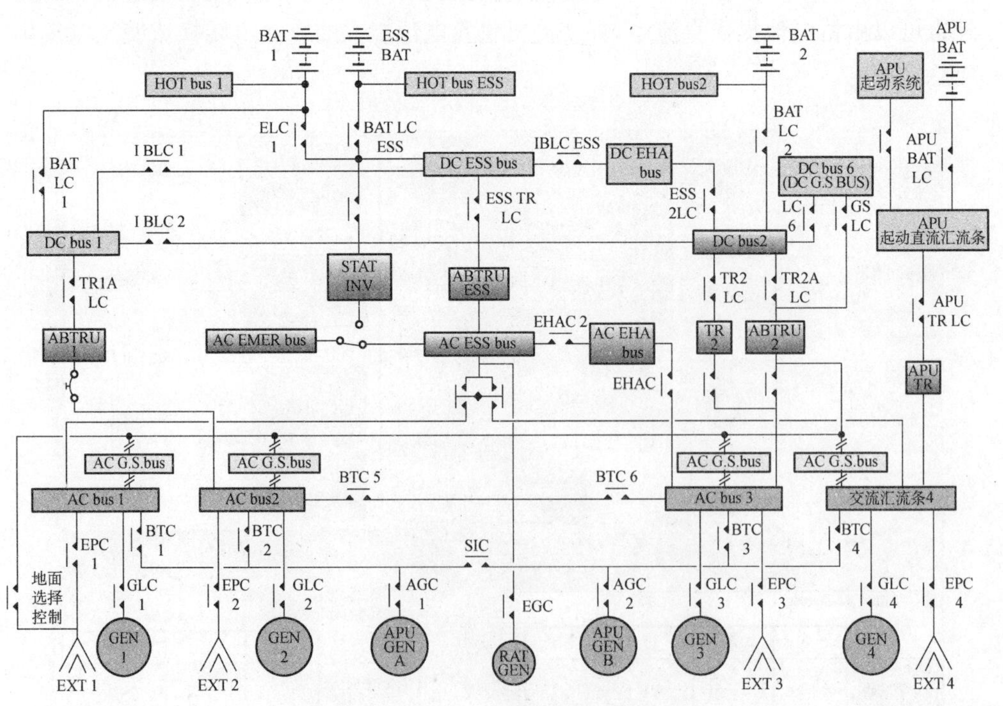

图7-11 A380飞机电网结构简图

1) 交流供电网络

电能从各交流电源传送到主汇流条，由发电机线路接触器(GLCs)、APU 发电机接触器(AGCs)和外部电源接触器(EPCs)来控制。在紧急情况下，冲压空气涡轮(RAT)发电机，通过应急发电机线路接触器(EGLC)与 AC ESS bus 连接。4 台变频发电机分别通过 GLC 与相应的 AC bus 相连，有 4 个交流汇流条(AC bus 1～4)，1 个交流静电液作动器(EHA)汇流条，1 个交流重要汇流条和 1 个交流应急汇流条。

如果只有 2 个交流电源可用，转换电路能够对交流电网进行重构，以保证对交流汇流条 AC bus 1～4 的供电，转换电路由汇流条连接接触器(BTCs 1～6)和 1 个系统隔离接触器(SIC)组成。电网重构需要考虑各个电源使用的优先权问题，如图 7-12所示。

可用交流电源优先权

AC bus 1	AC bus 2	AC bus 3	AC bus 4
VFG 1	VFG 2	VFG 3	VFG 4
EXT 1	EXT 2	EXT 3	EXT 4
APU GEN A	APU GEN A	APU GEN B	APU GEN B
APU GEN B	APU GEN B	APU GEN A	APU GEN A
VFG 2	VFG 1	VFG 4	VFG 3
EXT 2	EXT 1	EXT 4	EXT 3
VFG 4	VFG 3	VFG 2	VFG 1
EXT 4	EXT 3	EXT 2	EXT 1

图 7-12 电网重构电源使用优先权

如图 7-12 所示，AC bus 1 可以从以下电源得电的顺序是：VFG1(EXT1)，APU GEN A，APU GEN B，VFG2(EXT2)，VFG4(EXT4)。

2) 直流供电网络

直流电源是 ABTRUs1，2 和 ESS ABTRU、变压整流器 TRU2 和 APU 变压整流器。TRU 和 ABTRUs 将交流电转化成直流电。直流汇流条包括直流汇流条 1 和 2、直流电-液作动筒汇流条、直流重要汇流条和 APU 起动直流汇流条。

蓄电池直接与热汇流条(hot buses)长期连接，在紧急情况下蓄电池保证不间断给飞机供电。蓄电池 1、2，ESS 蓄电池和 APU 蓄电池，其中蓄电池 1 和 ESS 蓄电池能通过静止变流器(static inverter)提供有限的交流电源。

地面勤务汇流条能够提供飞机在地面维修时所需的电能，包括 AC G. S. 汇流条和 DC G. S. 汇流条，地面服务汇流条是通过连接器与交流汇流条和外部电源 1 连接的。

7.3.3 飞机在地面时供电网络工作情况

A380 飞机在地面时，可以由蓄电池供电、外部电源供电和 APU 发电机供电，存在以下几种不同的供电网络。

1）飞机在地面由蓄电池供电情况

飞机在地面时，当由蓄电池供电，蓄电池 BAT1，ESS BAT 直接和汇流条 DC ESS bus，静变流器 STAT INV 连接，STAT INV 将蓄电池提供的 28 VDC 转换为交流电给 AC EMER bus 供电。蓄电池 BAT 2 不和 DC bus 2 连接，如图 7－13 所示。

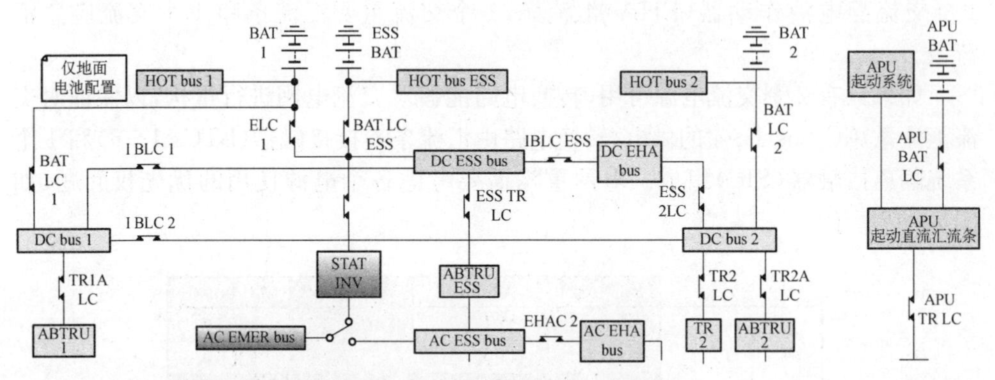

图 7－13 飞机在地面由蓄电池供电简图

2）飞机在地面蓄电池和一个外电源共同供电情况

飞机在地面，除了蓄电池，外电源 EXT 2 可用，EXT 2 直接和 AC bus 2 连接，同时通过转换电路给 AC bus 1 供电，如图 7－14 所示。AC bus 2 给 ABTRU 1 供电，

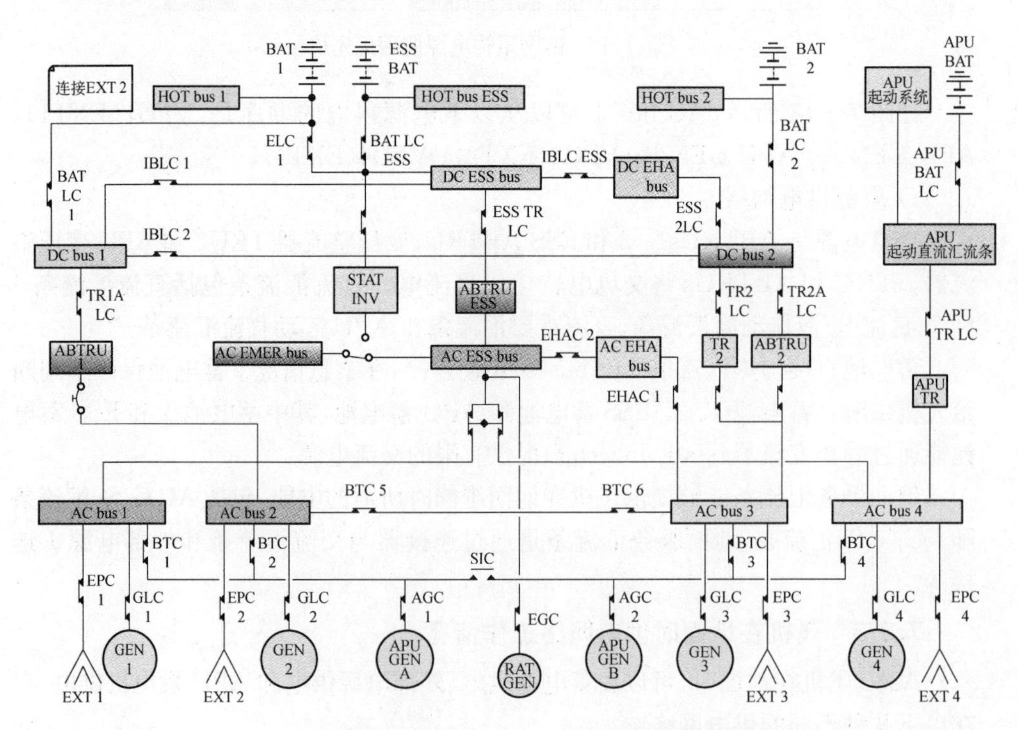

图 7－14 飞机在地面蓄电池和一个外电源共同供电简图

将 115 VAC 转换为 28 VDC 给 DC bus 1 供电，DC bus 1 通过内部汇流条线路接触器(IBLC2)给 DC bus 2 供电，DC bus 2 给 DC EHA bus 供电。BAT1，BAT2 同时和各自的 DC bus 相连，可实现无中断供电(NBPT)功能。

3) 飞机在地面蓄电池和两个外电源共同供电情况

飞机在地面，外电源 EXT 3 可用，EXT 3 直接给 AC bus 3 供电，同时通过转换电路给 AC bus 4 供电，AC bus 3 给 AC EHA bus，ABTRU2 供电，ABTRU2 将 115 VAC转换为 28 VDC 给 DC bus 2 供电，如图 7－15 所示。

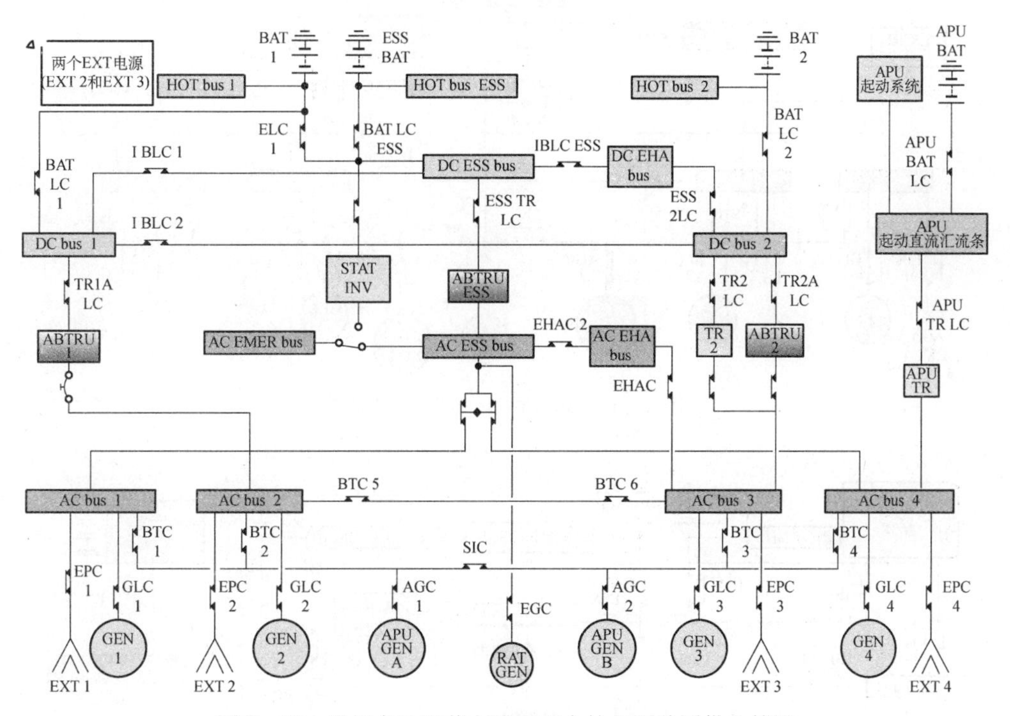

图 7－15 飞机在地面蓄电池和两个外电源共同供电简图

4) 飞机在地面两个 APU 可用时供电情况

飞机在地面，当 APU 起动，两台 APU GENs 可用，此时 EXT2，EXT3 分别给相应的 AC buses 供电，通过转换电路每台 APU GEN 给同侧的 AC bus 供电，APU GEN A 给 AC bus 1 供电，APU GEN B 给 AC bus 4 供电，如图 7－16 所示。

7.3.4 飞机在空中时供电网络工作情况

飞机在空中有正常供电情况和非正常供电情况，供电网络有以下几种典型的工作情况。

1) 正常飞行时供电情况

正常飞行时，4 台发动机工作，4 台发变频电机发电给电网供电，如图 7－17 所示。

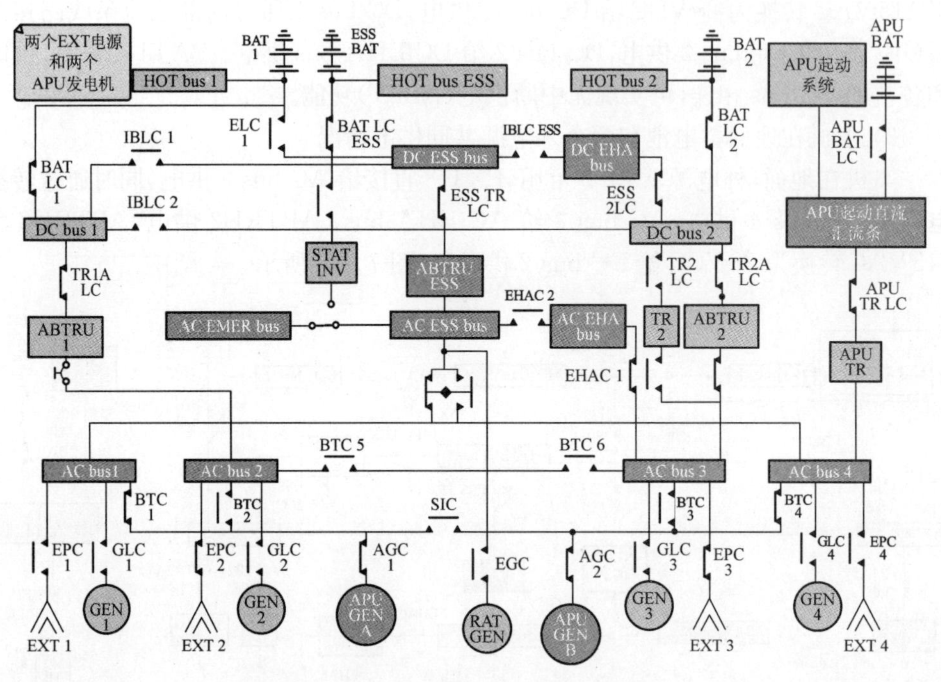

图 7-16　地面两个 APU 供电简图

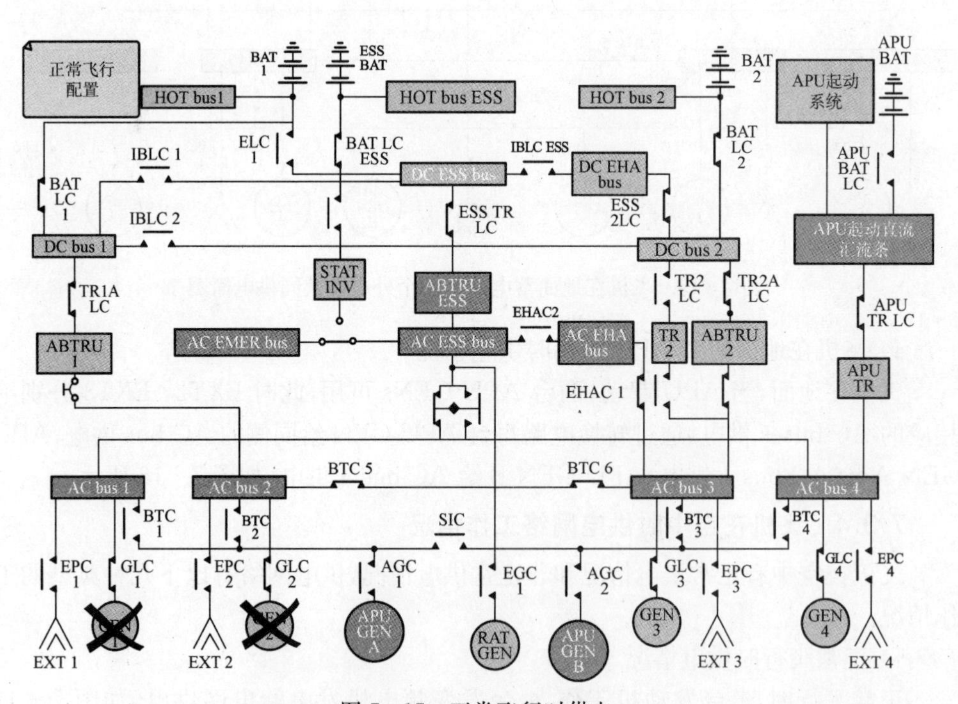

图 7-17　正常飞行时供电

2) 电源非正常时的供电情况

(1) 2 台发电机失效情况(VFG1，VFG2 失效)。

当 2 台发电机失效(VFG1，VFG2 失效)，通过转换电路电网将重构给所有的 AC bus 供电，AC bus 4 通过 BTC 4、SIC 和 BTC 1 给 AC bus 1 供电，AC bus 3 通过 BTC5 和 6 给 AC bus 2 供电，如图 7－18 所示。

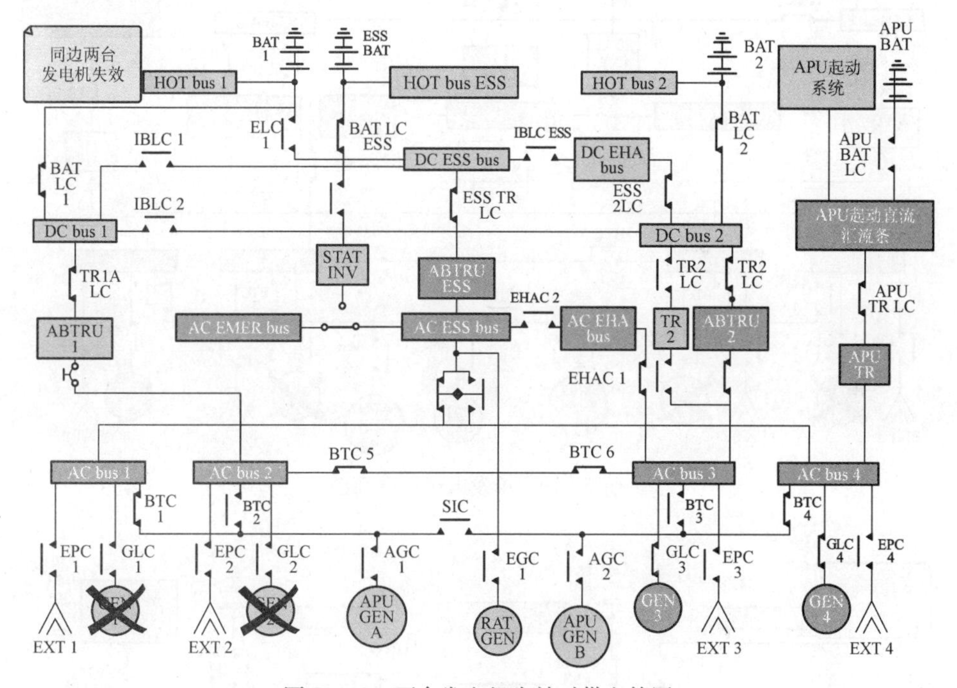

图 7－18 两台发电机失效时供电简图

(2) 单台发电机供电情况(VFG1，VFG2，VFG3 失效)。

当 3 台发电机失效，正常的 VFG 只给同侧的 AC buses 供电，通常直流电网不断电，AC ESS bus 通过 AC bus 4 得电，如图 7－19 所示。

3) 飞机交流应急供电情况

当所有主电源失效时，起动应急发电机，此时保证关键负载供电。

(1) RAT 应急电源供电情况。

在冲压空气涡轮(RAT)放下过程中，应急发电机发电参数不能满足供电质量要求时，AC EMER bus 由静止变流机供电，当应急发电机发电参数满足要求时，转为应急发电机给 AC EMER bus 供电，如图 7－20 所示。

(2) 静止变流器供电情况。

在应急情况下，如果只有蓄电池能够供电，则交流电由静止变流器提供。供电网络的情况如图 7－21 所示。此时交流汇流条中只有交流应急汇流条(AC EMER bus)有电。

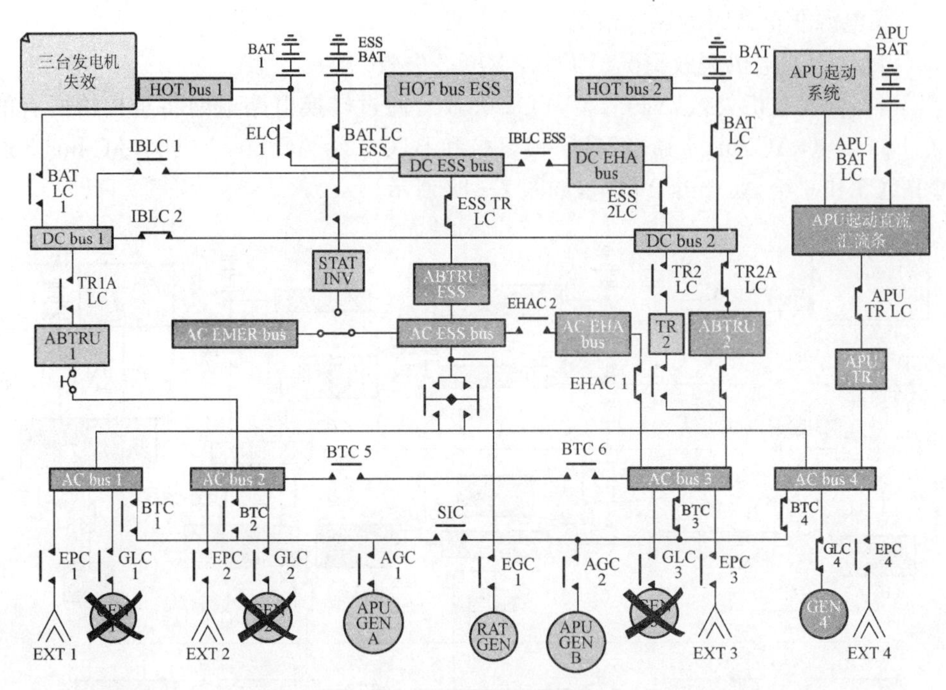

图 7-19 单发电机供电简图

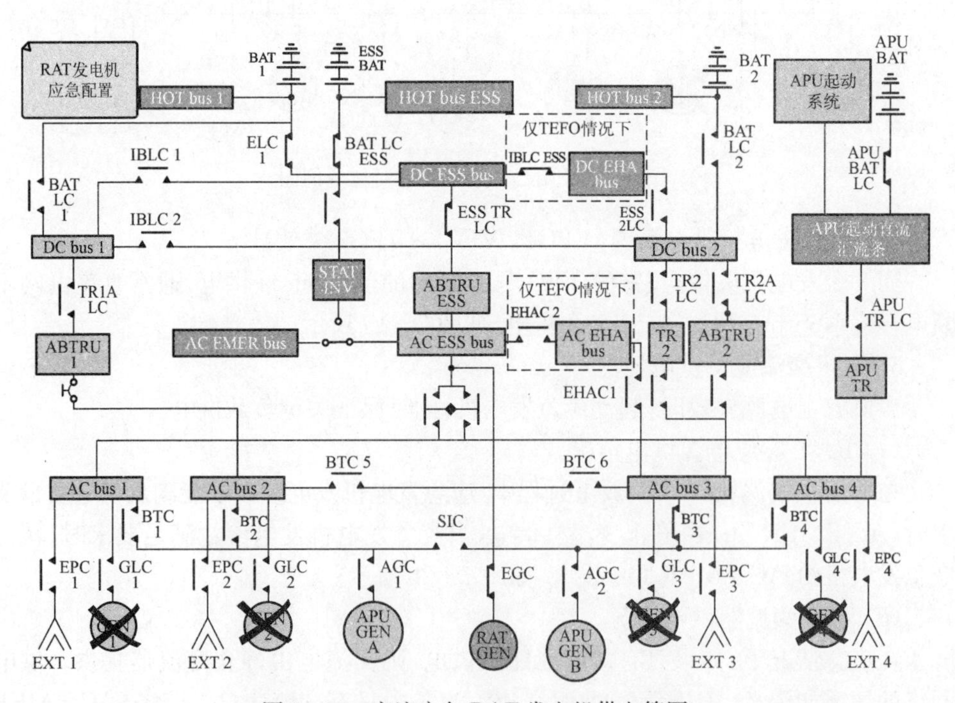

图 7-20 交流应急 RAT 发电机供电简图

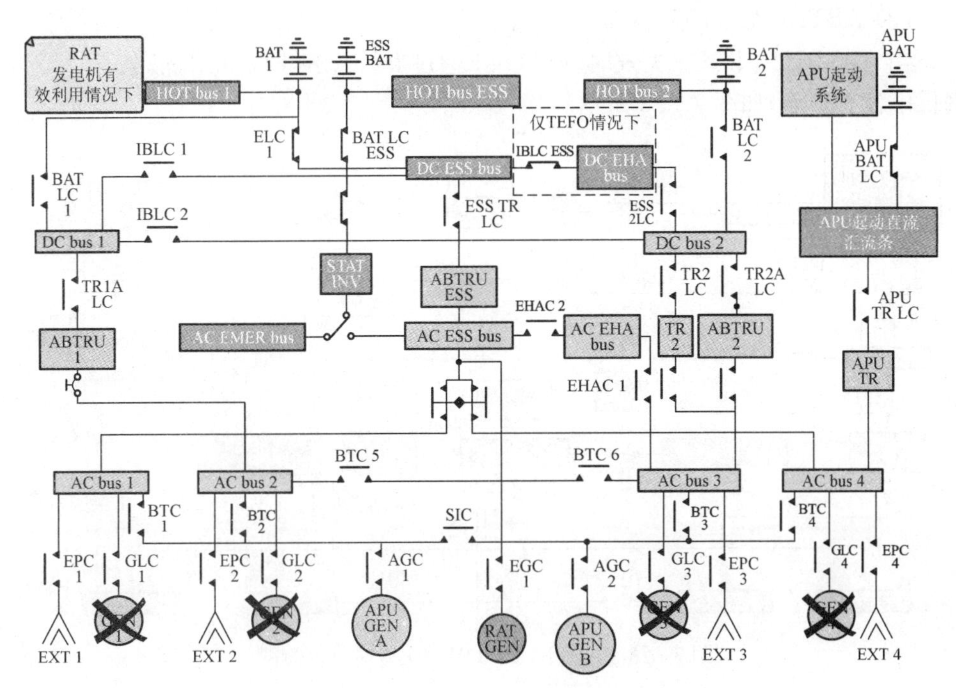

图 7-21　交流应急静止变流器供电简图

4）直流非正常供电情况

直流供电不正常情况有以下几种情况：

(1) ABTRU2 失效。

当 ABTRU2 失效，由于有 TRU2 对直流电网没有影响，TRU2 作为备份给 DC bus 2 供电，如图 7-22 所示。

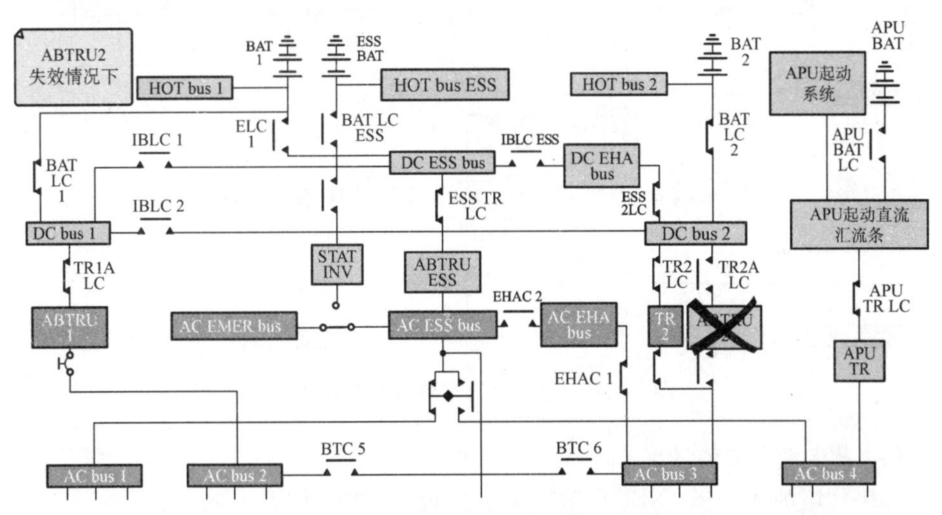

图 7-22　ABTRU2 失效时供电简图

(2) ABTRU2，TRU2 失效。

当 ABTRU2，TRU2 失效时，DC bus1 通过 IBLC2 给 DC bus 2 供电，对直流电网供电没有影响，如图 7－23 所示。

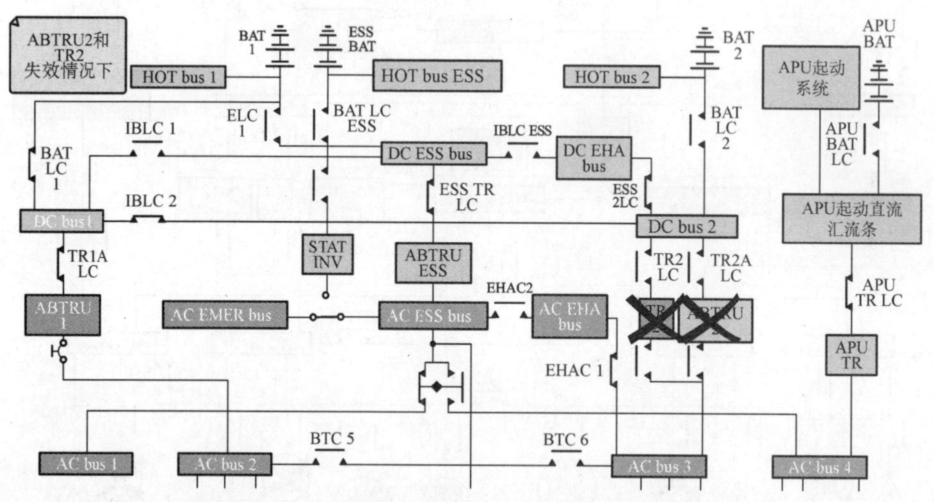

图 7－23 ABTRU2、TRU2 失效时供电简图

(3) ABTRU2，TRU2，ABTRU ESS 失效。

当 ABTRU2，TRU2，ABTRU ESS 失效，如图 7－24 所示。DC ESS bus 失电，通过 IBLC2，ESS 2LC 由 ABTRU1 给 DC EHA bus 供电。

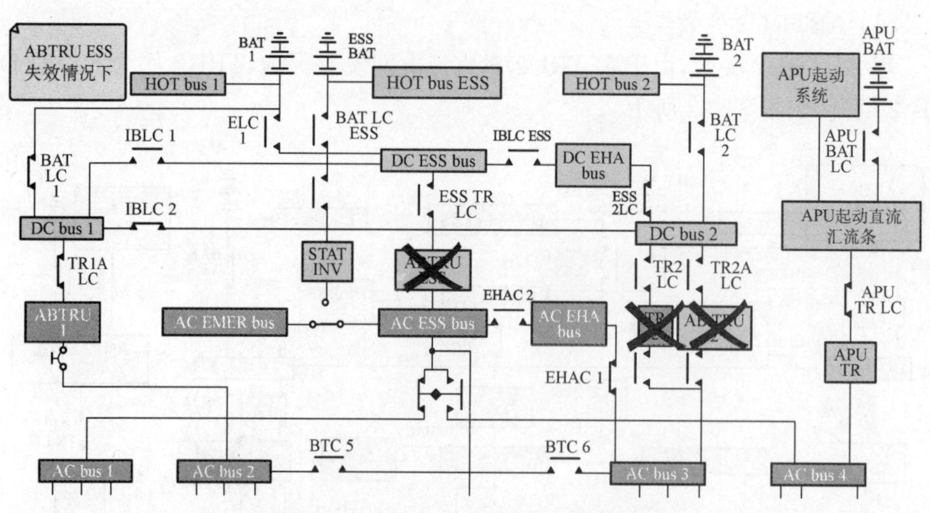

图 7－24 ABURU1 单独直流供电简图

(4) 蓄电池 1 失效情况。

如果蓄电池 1 失效，NBPT 功能无法实现，比如 BAT1 失效，BAT LC1 断开，DC bus 1 将中断供电，如图 7－25 所示。

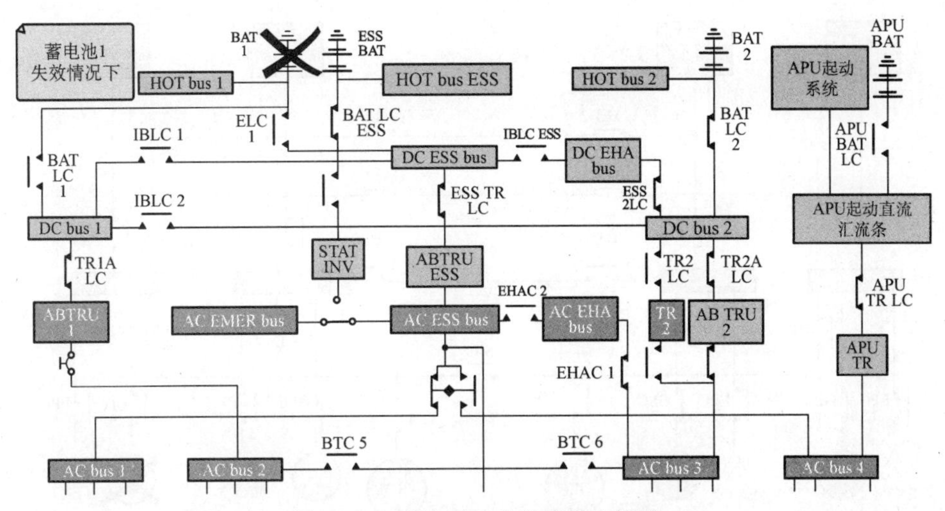

图 7-25 蓄电池 1 失效时供电简图

5）厨房供电网络

厨房供电网络有 4 个主厨房汇流条组成(GALLEY1～4)，每个 AC bus 通过相应的厨房线接触器 GALC 给各自的厨房汇流条供电，如图 7-26 所示：

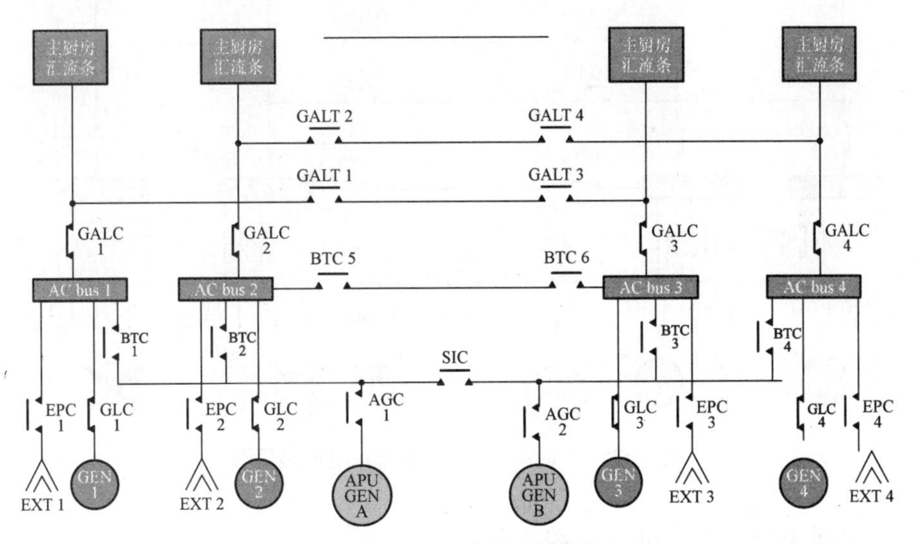

图 7-26 厨房供电网络

当 1 台发动机失效时，厨房负载供电不受影响，通过厨房转换接触器重构供电网络，保证厨房负载供电，如图 7-27 所示。

当 2 台发电机失效时，如果电网容量不足时，厨房负载要卸掉部分负载；如果电网容量充足，则不需要卸掉厨房负载，如图 7-28 所示。

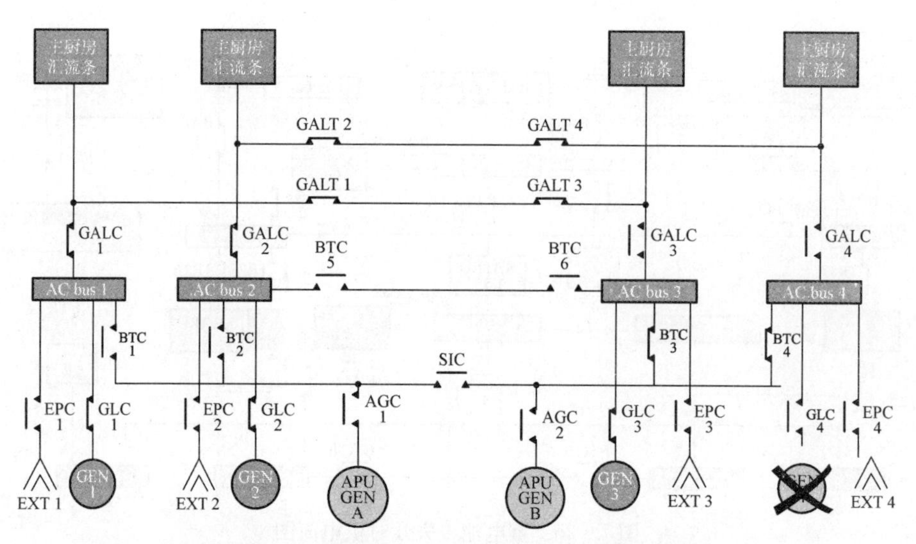

图 7-27 单台发电机失效时厨房供电网络重构简图

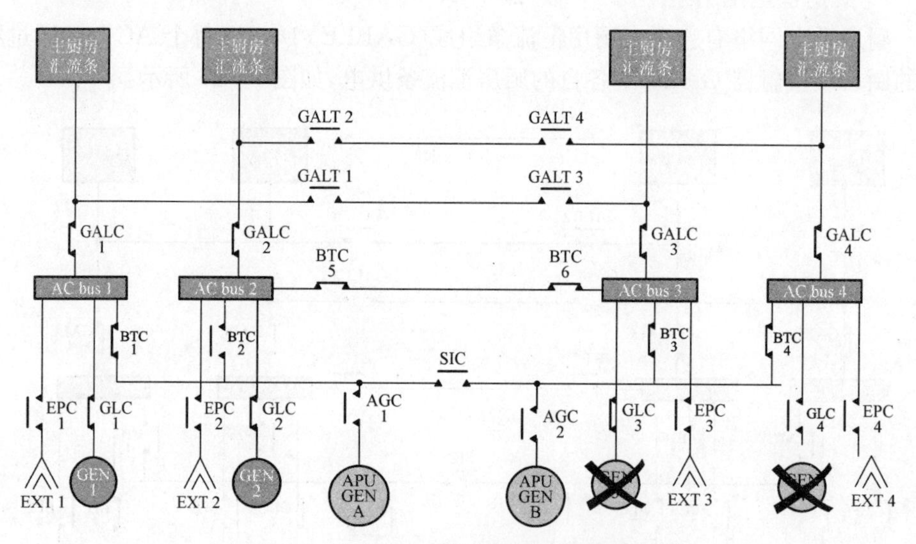

图 7-28 2 台发电机失效厨房供电网络简图

7.4 民机 B787 飞机供电系统

B787 飞机是现代民用多电飞机的典型代表，飞机上一些典型的机械系统如空调系统、气动系统和机轮刹车系统均由电气系统代替，使飞机的用电量急剧增加，电网总容量达到 1.5 MW。与传统飞机电源相比 B787 的供电系统有如下特点：

(1) 主电源采用了变频电源，减少了恒速传动装置(CSD)的重量，并且采用了起动/发电机技术。

(2) 主电网交流电压从 115 V 提高到 230 V，部分直流电压从 28 V 提高到

270 V，在输送同样电能的情况下，减轻了配电导线的重量。

(3) 采用以远程配电器 RPDU 为核心的远程配电系统，采用 SSPC 控制负载、电子跳闸开关(electronic circuit breaker, ECB)保护和网络控制等新技术，大大减轻了配电和控制导线的重量。

7.4.1　B787 飞机供电系统结构

1) B787 飞机电源系统结构

(1) 交流电源。

B787 飞机电源系统有 4 台变频交流起动/发电机(VFSG)、2 台 APU 辅助变频交流起动/发电机(ASG)和 1 个冲压空气涡轮(RAT)发电机，如图 7-29 所示。

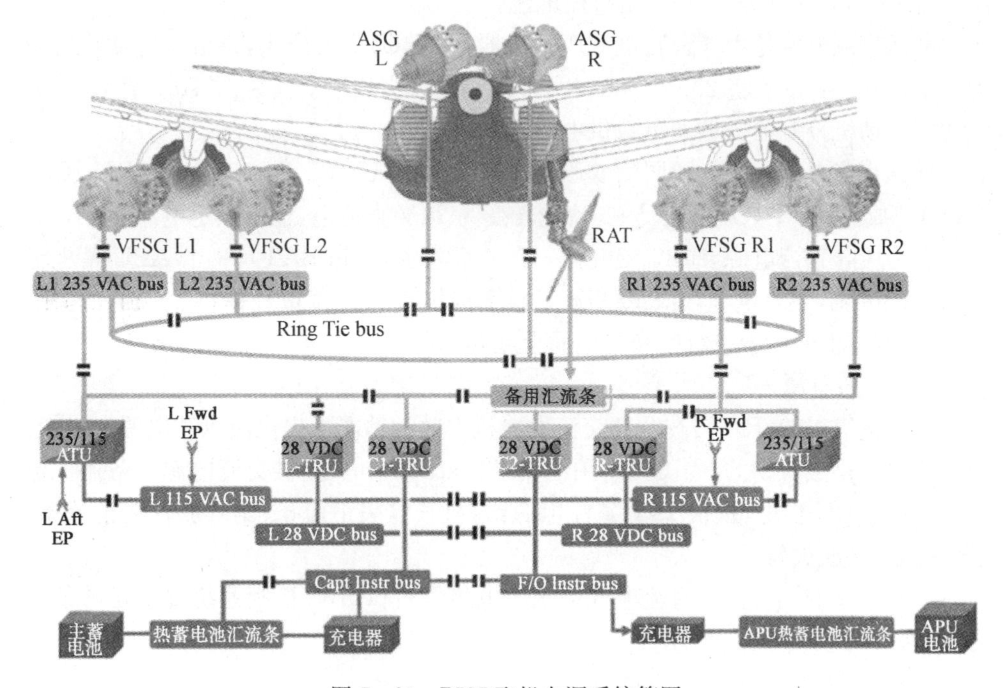

图 7-29　B787 飞机电源系统简图

B787 飞机每台发动机驱动 2 台变频起动/发电机(VFSG L1, VFSG L2, VFSG R1, VFSG R2)，每台发电机(VFSG)的额定容量为 250 kVA，输出三相电压为 235 V、频率为 360～800 Hz 的变频交流电。4 台主发电机结构、性能相同，可以互换。

B787 飞机有两台 APU 发电机(ASG L 和 ASG R)，每台 APU 发电机的额定输出为 225 kVA、三相电压为 230 V、频率为 360～440 Hz 的交流电，APU 发电机与 VFSGs 不能互换使用。

3 个外部电源(EXT PWRs)通过前外部电源插座和一个后外部电源插座和飞机相连，插座的额定容量为 90 kVA，能够从地面电源接入三相 115 V, 400 Hz 恒频交流电。

两个能够双向变换的自耦变压器(ATU),一般情况是将235 V变频交流电转换为115 V交流电,每个ATU的额定容量为90 kVA,给左右115 VAC汇流条供电。而在地面电源供电时,ATU也能够将115 V交流电变换为230 V交流电,为230 V交流负载供电。

B787飞机的应急电源为RAT驱动的交流发电机,能够为备用汇流条提供额定容量为10 kVA,电压为230 V的三相的变频交流电。

(2) 直流电源。

在B787飞机上有两种直流电源,均以电能变换的方式产生,一种为±270 V高压直流电源,另一种为28 V低压直流电源。

高压直流电源是由4台自耦变压整流器(ATRU)变换产生,每台额定变换容量为150 kVA。ATRU将230 V/360～800 Hz的变频交流电变换为±270 V直流电,为大功率电动机控制器类型的负载供电。

低压直流电源由4个相同的变压整流器(L-TRU, R-TRU, C1-TRU, C2-TRU)组成,每个TRU将235 V交流电转变为28 V直流电,输出额定电流为240 A。

作为应急直流电源,B787飞机有一个主蓄电池(main BAT)、一个APU蓄电池(APU BAT)。主蓄电池在应急情况下给飞行仪表和直流负载提供直流电源。而APU蓄电池主要用于飞行中和在地面上起动APU。

(3) 应急电源。

冲压空气涡轮(RAT)在全部交流发电机失效的情况下提供液压和电源:为中心液压系统提供液压动力,为飞机备用汇流条(backup bus)提供交流电源。备用汇流条为C2-TRU供电,提供28 V直流电源给:机长仪表汇流条、副驾驶仪表汇流条、通信设备、导航设备。

一套独立的飞行控制直流电气系统为电传飞行(FBW)控制系统提供足够的电力,确保飞机的飞行安全。

(4) 外部电源。

通过2个前外电源插座和1个后外电源插座提供115 V交流电源。通过电源系统的电源转换设备,连接两个前外电源插座的外电源可以给115 V交流汇流条、所有关键的28 V直流和235 V交流负载条供电。

115 V后外电源通过ATU转换为235 V交流电,给270 V直流汇流条上的大电动机负载提供转换电源。

2) B787飞机配电系统结构

B787飞机配电系统分为一次配电系统(PPDS)和二次配电系统(SPDS),其中二次配电系统中包括远程配电系统(RPDS),如图7-30所示。

一次配电系统与传统的配电系统相似,把主汇流条和电源转换后的不同电压等级的汇流条归为一次配电系统,从一次配电系统通过电气负载控制接触器

(electrical load control contactor，ELCC)直接向大功率负载供电也属于一次配电系统。根据图 7-30 可知，B787 飞机将使用 230 V 交流电的用电设备和使用 ±270 V直流电的用电设备的负载管理，划分为一次配电管理。

二次配电系统是从一次配电系统得电后再向各个负载配电，因此把远程配电系统归为二次配电系统。同样根据图 7-30 可知，B787 飞机将使用 115 V 交流电的用电设备和使用 28 V 直流电的用电设备的负载管理，划分为二次配电管理。B787 飞机的二次配电系统主要由 2 个二次配电器 SPDU 和 17 个远程配电器 RPDU 构成二次配电系统。

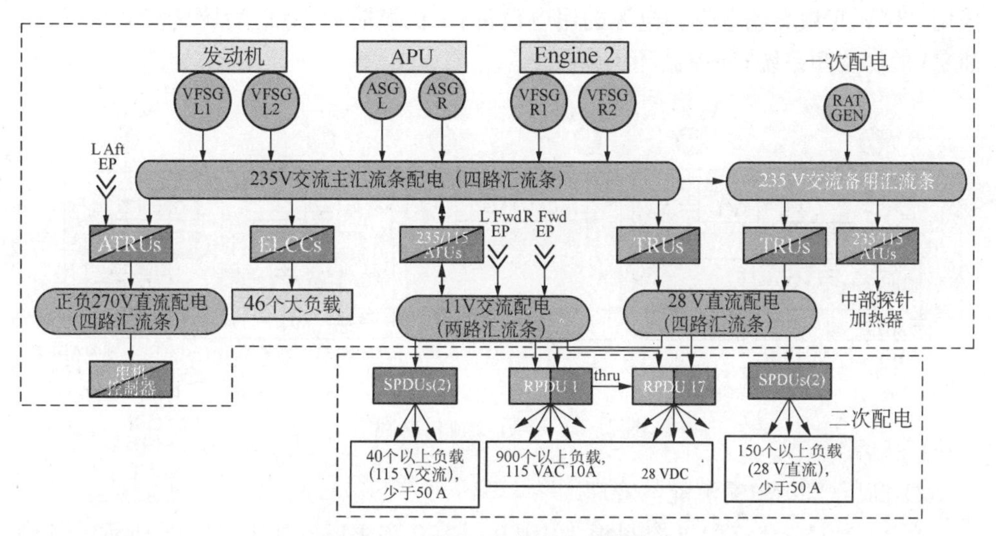

图 7-30　B787 飞机配电系统简图

上述的 B787 飞机供电系统的电源结构，因包括多个大容量的电能变换器，将电能变换为不同形式的二次电源，从而形成多个不同电能体制的供电网络，以适应不同用电设备的需要。根据图 7-30 的 B787 飞机供电系统结构，可以分为 4 个供电网络，分别为：230 V 高压交流供电网络，±270 V 高压直流供电网络，115 V 低压交流供电网络和 28 V 低压直流供电网络。

7.4.2　B787 飞机高压(230 V)交流供电网络

B787 飞机高压(230 V)交流供电网络和配电控制板 P100，P200 和 P150 如图 7-31所示。高压交流供电网络由 4 台主交流发电机(VFSG L1，VFSG L2，VFSG R1，VFSG R2)、2 台 APU 发电机(ASG L 和 ASG R)、4 条主交流汇流条(235 VAC bus L1，235 VAC bus L2，235 VAC bus R1，235 VAC bus R2)以及控制器、接触器构成。

1) 高压(230 V)交流供电网络

在 B787 飞机上，4 台主交流发电机(VFSGs)输出 235 V/360～800 Hz 的变频交流电，分别连接在 4 条主交流汇流条(235 VAC bus)上，为部分大功率的用电设备供电，同时也为各种电能变换器(ATRU，ATU，TRU)提供电能。

2台APU发电机(ASG L和ASG R)作为备份主交流电源，在主交流发电机故障时，代替主发电机供电。APU发电机与4条主交流汇流条(235 VAC bus)形成环形结构(ring tie bus)，使得APU发电机能够连接到任何一条主交流汇流条(235 VAC bus)，为其供电。

直接采用230 V高压交流电作为电源的用电设备，一般是功率非常大的用电设备，并且这些设备或者是对于电源频率变化不敏感(防冰加热)，或者是能够接受电源频率变化(燃油泵)，以及本身带有电力电子控制器的设备。在B787飞机上直接采用230 V变频交流电作为电源的用电设备有：机翼防冰系统；后厨房综合设备；燃油泵；货物装卸系统；环控循环风扇等。

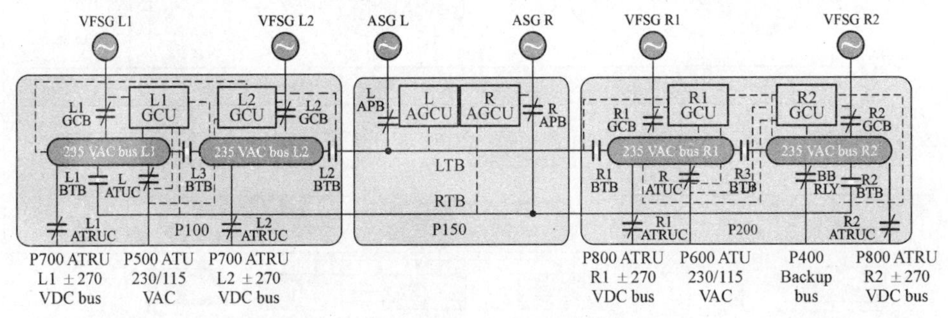

图7-31 高压交流供电网络

2) 高压(230 V)交流配电管理

高压(230 V)交流配电控制板为P100，P200和P150，如图7-31所示。其中P100，P200配电板上分别有2个235 V的主交流汇流条(235 VAC bus)，2个发电机控制器(GCU)，GCU通过GCB完成对每台发电机与连接的汇流条之间的控制。

APU发电机通过联接汇流条LTB(left tie bus)和RTB(right tie bus)向电网供电。这些汇流条通过汇流条联接断路器BTB连接成环路，这样每个汇流条均有两条备用回路可以得到电能，当任一台发电机出现故障时，该故障发电机的汇流条仍然可以从其他汇流条得到电能。APU发电机可以向任意一个汇流条供电。这种连接方法提高了电源系统的可靠性。

高压235 V大功率交流负载，由电气负载控制器(electrical load control unit，ELCU)进行控制和监控，通过电气负载控制接触器(ELCC)直接向负载供电。ELCU具有与汇流条功率控制器(BPCU)通信的功能以及汇流条过载、差动、不平衡和接地等保护功能。

飞机系统或驾驶员要接通或断开负载，需通过ELCU控制ELCC的通断来实现。当发生过载或其他故障时，ELCU发出信号使ELCC关断电源，起到保护作用。一个ELCU最多可以控制6个ELCC或接触器，ELCU也受BPCU的控制，用于卸载和负载自动管理。

7.4.3 B787 飞机高压直流(±270 V)供电网络

B787 飞机高压供电网络和配电控制板 P700 和 P800 如图 7-32 所示。高压直流(±270 V)供电网络由 4 台自耦变压整流器(ATRU)、4 条高压直流汇流条(L1 ±270 VDC bus, L2 ±270 VDC bus, R1 ±270 VDC bus, R2±270 VDC bus)组成。

1) 高压直流(±270 V)供电网络

如图 7-32 所示,B787 飞机采用 4 台自耦变压整流器(ATRU)构成高压直流电源,他们分别从 4 条主交流汇流条(235 VAC bus)取电,将 230 V/360~800 Hz 的变频交流电变换为±270 V 直流电,分别连接到 4 条高压直流汇流条(±270 VDC bus)上。

由于每台 ATRU 的额定容量为 150 kVA,即变换功率很大,构成了大功率的±270 V 高压直流供电网络。

4 台自耦变压整流器(ATRU)是分别从 4 条主交流汇流条(235 VAC bus)取电,即表示±270 V 高压直流电有可能为主发电机(VFSGs)提供的电源,也有可能是 APU 发电机(ASGs)提供的电源。另外 ATRU 还可以由外部电源供电,由左后部的外部电源接口 L Aft EP 经外部电源控制器(LAEPC)输入到 ATRU L2 上。

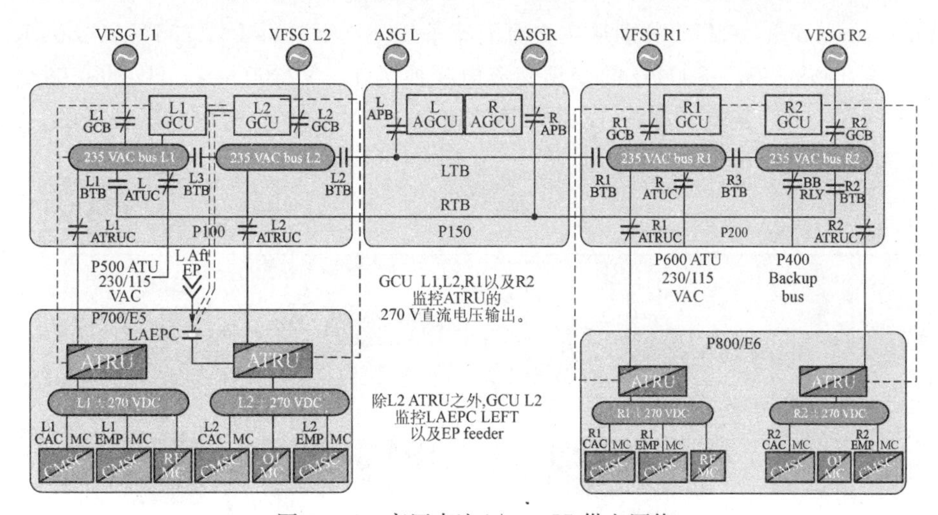

图 7-32 高压直流(±270 V)供电网络

在 B787 飞机上,±270 V 高压直流电为所有电动机控制器类型的负载供电,特别是需要调速的电动机控制器,即为电力电子装置供电。例如:液压电动泵,氮生成系统(NGS),环控系统(ECS)压缩机,环控系统风扇,发动机起动装置等。

2) 高压直流(±270 V)配电方法

在 P700 和 P800 配电板上,分别有 2 个自耦变压整流器 ATRU,将主汇流条 235 V 交流电变成±270 V 高压直流电,向±270 V 直流汇流条供电。对于自耦变压整流器 ATRU 输出电压、±270 V 直流汇流条的电压监控由对应的主发电机的发电机控制器(GCU)完成。

采用±270 V 高压直流电作为电源的用电设备主要是电力电子装置，有通用电动机起动控制器(common motor start controller, CMSC)，冲压风扇电动机控制器(ram fan motor controller, RFMC)，应急(超控)喷油泵控制器(override jettison motor controller, OJMC)等装置。这些装置一般为逆变器，将±270 V 高压直流电变换为交流电，给飞机上的大功率电动机负载供电，例如主交流起动发电机(VSFG)、APU 交流起动发电机(ASG)、空气压缩机电动机(cabin air compressor, CAC)、液压泵电动机(HYD)、冲压风扇电动机(ram fan)和应急喷油泵(OJMC)等。

7.4.4 低压交直流供电网络

在 B787 飞机上，有 1 个 115 V 的交流供电网络，它由 2 台双向的自耦变压器(ATU)、2 条 115 V 交流汇流条、外部电源接口组成。如图 7-33 所示，115 V 的交流供电网络的变换装置 ATU 安装在 P500 和 P600 板上，而 115 V 交流汇流条安装在 P300 和 P400 板上。

1) 低压交流供电网络

如图 7-33 所示，B787 飞机的 115 V 的交流电，由 2 台自耦变压器(auto transformer unit, ATU)分别从主交流汇流条(235 VAC bus L1, 235 VAC bus R1)取电，将 230 V/360～800 Hz 的变频交流电变换为 115 V/360～800 Hz 的变频交流电，连接到 115 V 交流汇流条(L 115 VAC 和 R 115 VAC)上，构成电压较低的115 V 的交流供电网络。

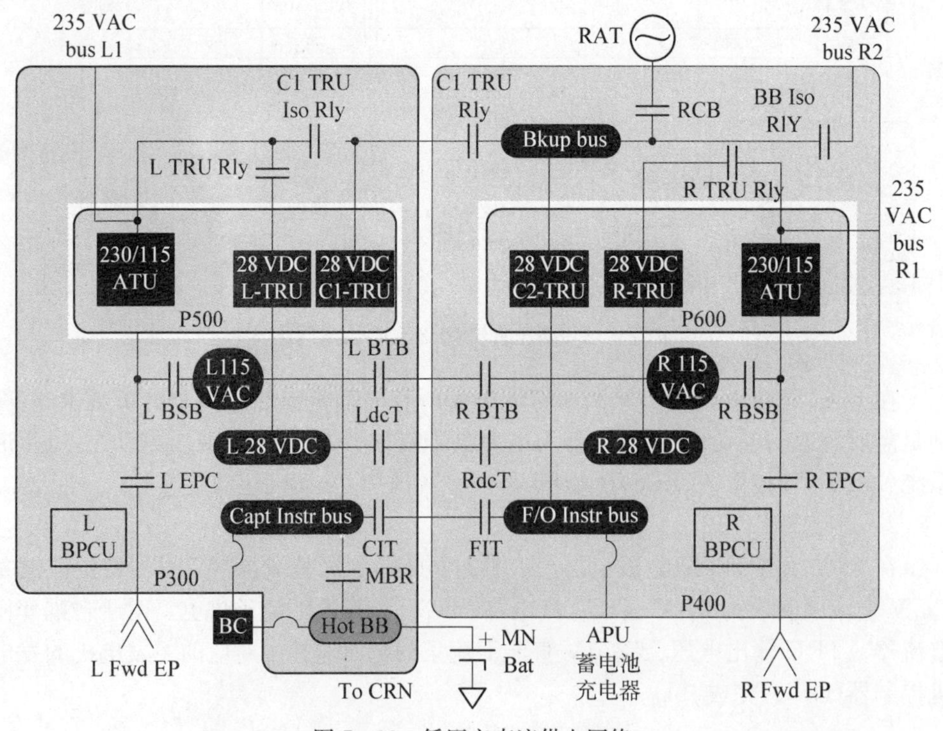

图 7-33 低压交直流供电网络

115 V 的交流供电网络的另一个电源为外部电源，地面电源可以通过飞机前部的左、右插座(L Fwd EP 和 R Fwd EP)，将电能接入 115 V 交流汇流条(L 115 VAC 和 R 115 VAC)。

需要指出的是，自耦变压器(ATU)是可逆的，在外部电源供电时，ATU 还可以将 115 V 交流电变换为 235 V 交流电，为主交流汇流条(235 VAC bus L1，235 VAC bus R1)供电。

2) 低压直流供电网络

如图 7－33 所示，在 P500 和 P600 配电板上有 4 个变压整流器(TRU)，被分为两组：

(1) 2 个普通的变压整流器(L－TRU 和 R－TRU)在主汇流条(235 VAC bus L1)和(235 VAC bus R1)上取电，将 235 V 交流电转变为 28 V 直流电，给左右 28 V 直流汇流条(L 28 VDC 和 R 28 VDC)供电。

(2) 2 个与飞控系统相关的变压整流器(C1－TRU 和 C2－TRU)被连接到机长仪表汇流条(Capt Instr. bus)和副驾驶仪表汇流条(F/O Instr. bus)上。其中 C1－TRU 可以从主交流汇流条(235 VAC bus L1)上取电，也可以从备份交流汇流条(backup bus)上取电，而 C2－TRU 是从备份交流汇流条(backup bus)上取电。由于备份交流汇流条(backup bus)既可以由主交流汇流条(235 VAC bus R2)供电，还可以由应急发电机(RAT)供电，因此有很高的容错供电能力。

机长仪表汇流条(Capt Instr. bus)可以与热蓄电池汇流条(Hot BB)连接，即在 C1－TRU 不能正常供电时，还可以由主蓄电池供电。

3) B787 飞机二次配电方法

如图 7－30 所示，B787 飞机的二次配电系统由 2 个 SPDU 和 17 个 RPDU 组成。SPDU 和 RPDU 功能相似，内部都有固态电源控制器(SSPC)控制给交流和直流负载供电，两者都由 BPCU 控制，实现负载自动管理。不同的是 SPDU 控制的负载比较大，一般≥50 A，如风挡玻璃加温和防雾等。SPDU 安装在前设备舱，主要用于大负载和本地负载的供电。而 RPDU 控制的负载比较小，一般≤10 A，RPDU 安装在飞机的不同部位，方便向用电设备供电。

远程功率分配单元(RPDU)内的固态电源控制器(SSPC)，用于控制负载通断，具有过载和差动保护功能，即每一路负载都有电子断路器(ECB)，用于防止过载。ECB 可以通过电路断路器显示和控制界面(circuit breaker indication and control，CBIC)进行复位操作，还可以通过维护手提电脑或飞机驾驶舱的多功能显示器(multifunction display，MFD)进入 CBIC 页面进行复位操作。

7.4.5 B787 飞机的自动配电管理系统

B787 飞机的自动配电管理系统由汇流条管理控制器(BPCU)为控制中心，实现对一次配电和二次配电系统的管理。

1) BPCU与其他组件的通信结构

在图7-34的自动配电管理系统中，BPCU通过C级定时触发协议(time-triggered protocol/class C, TTP/C)总线与其他控制器通信，BPCU通常给出指令的作用，而其他控制器则起到执行控制指令的作用，直接控制相应的继电器、接触器等。同时，BPCU也监测着各个控制器的状态，并接收从其他控制器传来的信息，及时作出正确的分析处理。

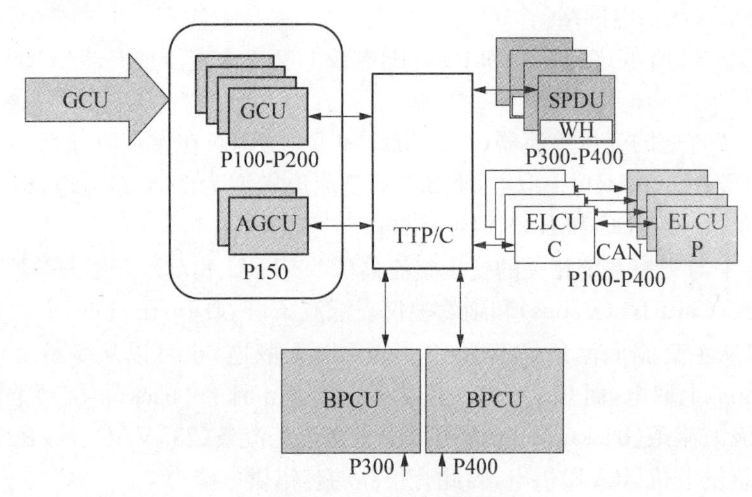

图7-34 BPCU的接口情况

(1) BPCU与GCU的信息交互。

发电机控制器(GCU)的控制主要与发电机有关。GCU可以为起动模块(主要指变频起动/发电机和APU起动发电机)提供励磁需求，可以调节电源电压并可以对故障电路进行限流。GCU还可以控制与其相关的GCB, GCR以及邻近的BTB, TRU,自动变压整流器ATRU, GNR(generator neutral relay),发电机无极继电器等，支持主发动机和APU发动机的起动功能和飞机健康管理功能，并对发电机和相关的电源馈线、汇流条等进行保护。GCU会调节发电机的输出电压在232～238 V之间的稳定电压，然后发GCB。

在B787飞机上，发电机在正常负载、过载和故障情况下的励磁电源需求都是由发电机永磁发电机提供给电压调节器的，利用从发电机永磁发电机获得的电源，GCU可以独立地运行飞机汇流条。GCU会校正调整永磁发电机的电压，然后提供给内部GCU控制和发电机励磁。除了从发电机永磁发电机获得电源之外，GCU还可以从热电瓶汇流条、直流28 V汇流条和仪表汇流条等获取电源。备用电源只用于GCU的保护，但不用于GCU的电压调节。GCU直接监测交流235 V汇流条，并结合接触器辅助接触传感器的信息来决定汇流条失效后的触发，支持间断电源转换；例如，如果一台AGCU失效了，连接汇流条会被锁定，然后左2GCU和右1GCU将会利用左2BTB和右1BTB来替换，并锁定左连接汇流条。由此可见，GCU的功能很多,也很重要。

BPCU 与 GCU 的信息交流是通过 C 类时间触发协议进行的,通过信息交流,BPCU 在通过 GCU 接收相关 BTB, GCR, GCB 及继电器的状态和故障信息的同时,会对 GCU 传达相关的命令指令,指示 GCU 对相关的开关、继电器进行相关的动作控制。

GCU 与 BPCU 的区别在于,GCU 一般是直接控制相关的器件进行动作,而 BPCU 在通过 GCU 等监控相关器件状态的同时,还会对其他的控制组件进行指令的传送,利用其他组件来实现自己的控制功能。它们都会协助发动机的起动;都对电源系统有着重要的保护功能,只是它们所保护的对象不甚相同:GCU 是保护发电机和相关的电源馈线、汇流条等,BPCU 的保护主要是电源电网出现相应故障的保护;它们都对 GCB, GCR, BTB 进行控制,但 GCU 是直接控制,而 BPCU 是间接控制;它们都进行电压的调节,但其调节的方式也有所不同:GCU 是通过相关组件直接对发电机的输出电压进行控制的,而 BPCU 监测调节汇流条上的电压大小。

(2) BPCU 与 ELCU 的信息交互。

ELCU 为主电源分配和高电流负载的二次电源分配提供控制和保护。ELCU 控制监控电负荷控制接触器 ELCC,电负荷控制接触器 ELCC 可以说是 ELCU 所要控制的主体,两者关系密不可分。ELCU 的主要功能有接收从 GCU, BPCU 及其他专用系统控制器传来的指令,并根据这些指令控制 ELCC 的通断;监控负载电流;监控接触器所处的状态;自测试功能等。在公共计算资源与 BPCU 连接情况下,软件是主体。每台 ELCU 都会将软件与可编程的逻辑设备结合在一起。其连接接口允许其可以对单独系统接触器进行有选择的控制或关断。每台 ELCU 都提供基于 BPCU 命令和飞机配置表的负载管理。

BPCU 与 ELCU 的信息交流也是通过 C 类时间触发协议进行的。通过两者信息的交流,ELCU 可以从 BPCU 获得控制指令,并去执行相关的指令,而 BPCU 则通过信息交流完成对相关负载或接触器的监控和控制等。BPCU 与 ELCU 及其他控制组件一起完成负载管理功能,虽然两者都有控制负载的功能,但 ELCU 主要是通过控制电负荷控制接触器(electrical load control contactor, ELCC)来实现的,而且其所控制的负载的范围比较小;而 BPCU 则主要是通过其他控制组件(包括 ELCU)或控制继电器、断路器等的通断来解决电源电网中的负载问题的,其所控制负载的范围比较广泛。

2) BPCU 实现的自动配电管理系统结构

BPCU 在实现自动配电管理时,与其他组件的连接如图 7-35 所示。由图可见,BPCU 通过几种数据总线与其他控制器通信。这些数据总线包括公共数据网(common data network, CDN), CAN(controller area network)总线,C 类定时触发协议(time-triggered protocol/class C, TTP/C)总线。

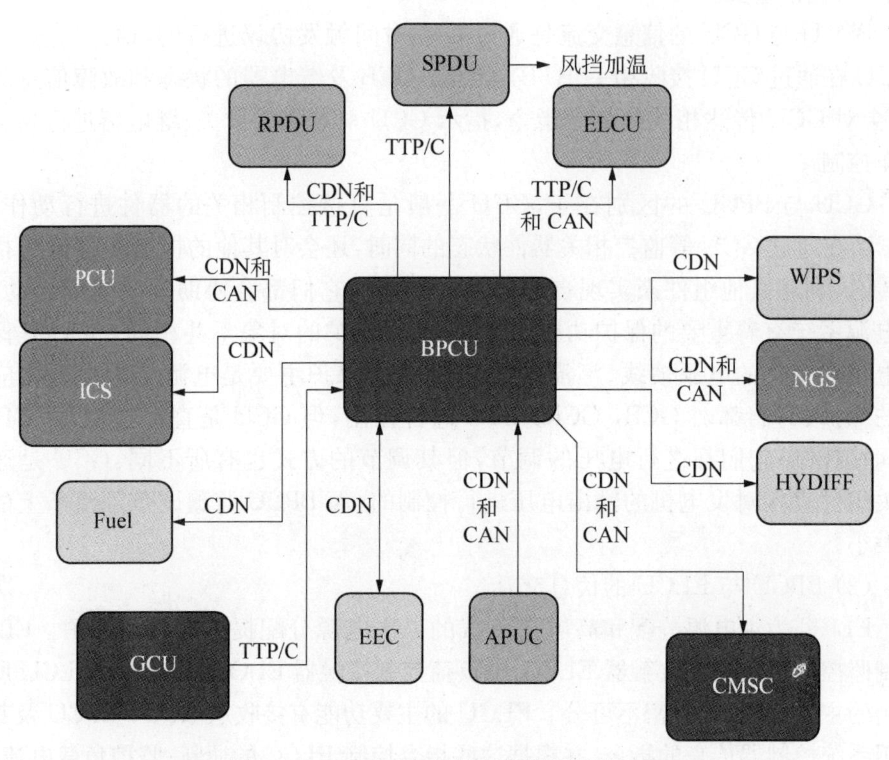

图 7-35 BPCU 实现的配电管理系统结构

图 7-31 示出的通信方式为

(1) 通过 CDN 和 CAN 总线与供电控制组件(pack control unit，PCU)、APU 控制器(APUC)、通用电动机起动控制器(CMSC)、氮气发生系统(nitrogen generation system，NGS)通信。

(2) 通过 CDN 总线与综合制冷系统(integrated cooling system，ICS)、燃油系统(fuel)、发动机电子控制器(electronic engine controller，EEC)、液压接口功能装置(hydraulic interface function，HYDIF)、机翼防冰系统(wing ice protection system，WIPS)通信。

(3) 通过 CDN 和 TTP/C 与远程配电器(RPDU)连接通信。

(4) 通过 TTP/C 总线与二次配电器(SPDU)、发电机控制器(GCU)通信。

(5) 通过 TTP/C 和 CAN 与一次配电系统的负载控制器(ELCU)通信。

如图 7-34 所示，BPCU 通过 TTP/C 总线给发电机控制器(GCU)、一次配电系统的 ELCU 和二次配电系统的 SPDU 发送命令，实现负载的自动管理，同时通过 GCU，ELCU 和 SPDU 接受各控制器的状态信息，对其工作状态进行监控。

在一次配电系统，BPCU 通过发电机控制器(GCU)控制配电板 P100，P150 和

P200 上的 6 个 BTB 接触器，并且通过电气负载控制器（ELCU）控制其他一次配电的汇流条接触器和大功率负载。

在二次配电系统中，BPCU 通过控制二次功率分配组件（SPDU）、远程动力控制组件（RPDU），来控制负载，以实现负载的自动管理。

3) BPCU 实现的负载自动管理

B787 飞机实现了负载的自动管理，就是不依赖于汇流条的切换来进行负载的供电管理。在传统飞机配电系统中，一般根据用电设备的重要性和用途把飞机汇流条分为一般汇流条、重要汇流条（转换汇流条）、应急汇流条、地面操纵汇流条和地面服务汇流条等。当发电机或电网发生故障时，首先断开一般汇流条，使连接一般汇流条的全部负载断电。应急设备必须接在应急汇流条上。当飞机在地面时，电源系统为地面操纵汇流条和地面服务汇流条供电。这种控制方法导致配电系统复杂化，配电导线重量大，配电的灵活性较差。

B787 采用的负载自动管理方式，是通过软件来定义负载的重要性或在什么条件下供电。当发电机发生故障时，BPCU 根据负载的重要性或用途自动卸载。当飞机在地面时，自动给地面需要工作的设备供电。因此，在 B787 飞机上没有地面操纵汇流条和地面服务汇流条，但为了理解方便起见，把这些汇流条称为虚拟汇流条（virtual bus）。

图 7-36 给出了一次配电系统中，ELCU 的配置，BPCU 通过 TTP/C 总线给 ELCU 控制信号，实现用电设备的自动管理。

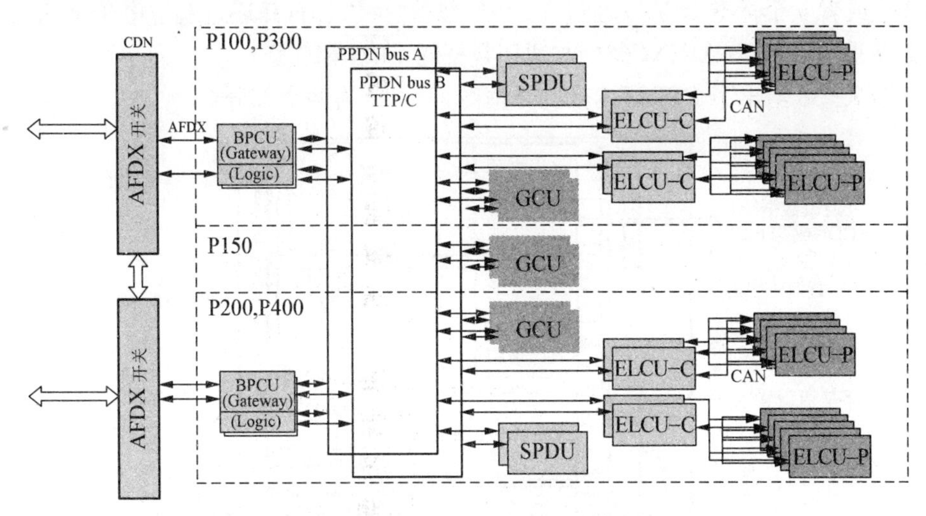

图 7-36 B787 飞机的 ELCU 的配置

图 7-37 给出的是一次配电系统中，ELCU 对用电设备的供电回路，每个用电设备连接一个 ELCU，实现对该设备的供电控制。

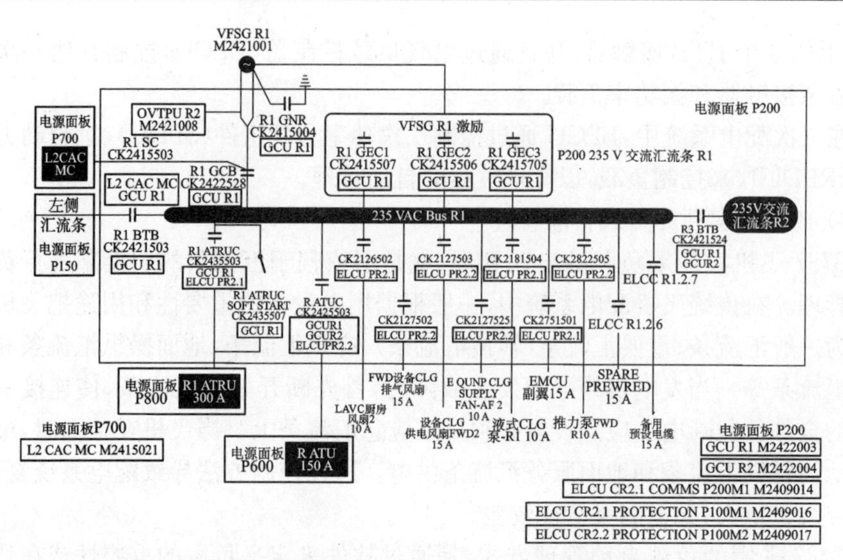

图 7-37　ELCU 对用电设备的供电控制

RPDU 负载自动管理自动卸载的执行装置，有两种不同的构型，一种是标准的 RPDU(standard RPDU)，一种是带有通用数据网络(CDN)通信功能的 RPDU (gateway RPDU)，后者主要是实现 BPCU 对 RPDU 的控制，以实现负载的自动管理，同时可以向飞机系统提供负载信息。

二次配电系统中的 17 个 RPDU 中，有 4 个为有 CDN 通信功能的 RPDU，能够与 3 个或者 4 个标准 RPDU 通过 TTP/C 数据总线通信，并通过航空电子全双工交换式互联网 AFDX(ARINC664)与通用数据网 CDN 相连。

图 7-38 给出了 RPDU 内部的方框图，可以分为两个部分：

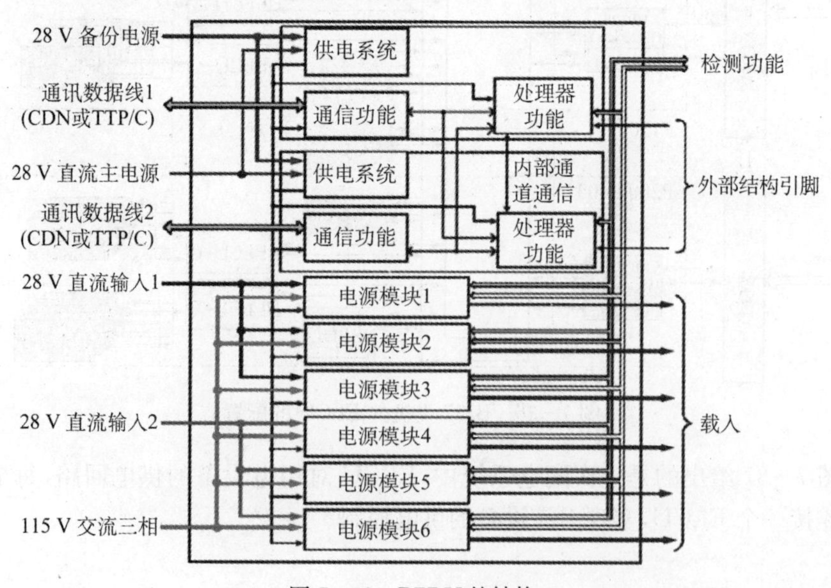

图 7-38　RPDU 的结构

(1) 电源与控制模块:该模块为双余度,电源有 28 V 一次电源和 28 V 备份电源,通信有两路 CDN 或者 TTP/C 总线。

(2) 负载供电模块:共有 6 个供电模块,3 个模块共用 1 个 28 V 输入电源,能够管理 6 路使用 28 V 电源的负载,每个模块还输入了 115 V 三相交流电源,即可以同时管理使用 115 V 三相交流电的负载。

图 7-39 为二次配电系统中,SPDU 对用电设备控制的供电回路,每个用电设备连接一个开关,实现对该设备的供电控制。

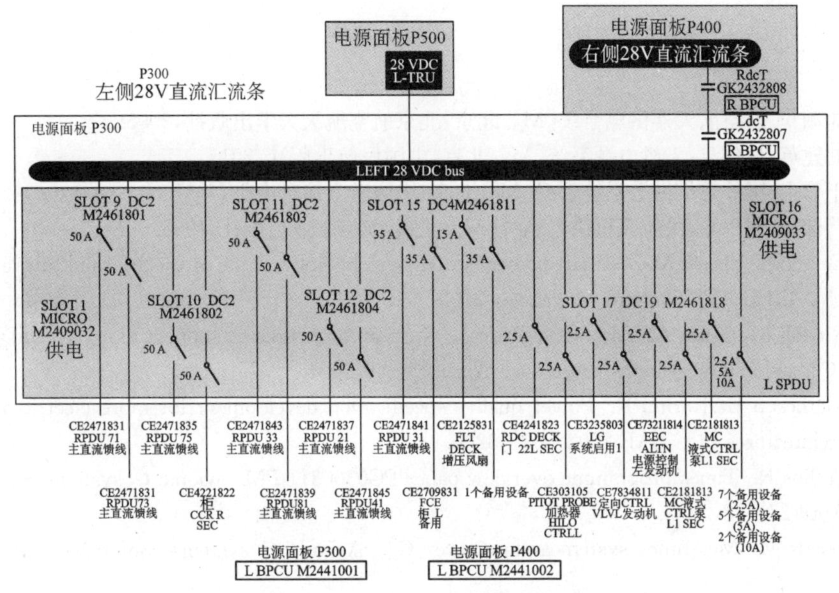

图 7-39 SPDU 对用电设备的供电控制

参 考 文 献

[1] 沈颂华. 航空航天器供电系统[M]. 北京：北京航空航天大学出版社，2005.

[2] 刘建英，任仁泉. 飞机电源系统[M]. 北京：中国民航出版社，2013.

[3] 于敦主. 国外飞机供电系统手册[M]. 北京：中国航空信息中心，1997.

[4] 严仰光，谢少军. 民航飞机供电系统[M]. 北京：航空工业出版社，1998.

[5] Emadi A, Ehsani M. Aircraft power systems: technology, state of the art, and future trends [J]. IEEE AES Systems Magazine, 2000.

[6] Rinaldi M, Jones A. Aircraft electrical system architectures to support more-electric aircraft [C]. avionic & systems conference April 27 - 28, 2004.

[7] Matheson E, Karimi K. Power quality specification development for more electric airplane architectures [J]. SAE 2002 - 01 - 3206.

[8] Collins R. Times programme overview paper-PG0300311 PM. avionic & systems conference April 27 - 28, 2004.

[9] Dodds M. Mea-times system architecture [C]. Avionic & systems conference, 2004: 27 - 28.

[10] Maldonado M A, Shah N M, etc. Power management and distribution system for a more electric aircraft. (MADMEL) program status [J]. IEEE AES Systems Magazine, 1997, 1: 274 - 279.

[11] Air Bus. A380 technical training manual ATA 24 electrical power system [R]. 2009.

[12] Boeing 787 Electrical System [R]. 2010 hamilton sundstrand corporation, 2010.

[13] Air Bus. A320 aircraft maintenance manual AMM ATA 24 electrical power system [R]. 2003.

[14] Boeing. B737 - 800 aircraft maintenance manual AMM ATA 24 electrical system [R]. 2000.

[15] Bai L, Wang D, Zhou Y. Study on the current control strategy of hybrid rectifier based on the PR controller [C]. IEEE Conference Publications, 2013: 1693 - 1696.

[16] Nielsen T, Smith T, etc. Electro-thermal ice protection for leading edges on large aircraft [C]. avionic & system conference, 2004: 27 - 28.

[17] Faleiro L F. Trends towards a more electrical aircraft [C]. avioncic & system conference, 2004: 27 - 28.

[18] Raimondi G M, Sawata T. Fan shaft driven generator [C]. avioncic & system conference, 2004: 27 - 28.

[19] Rinaldi M, Jones S. Aircraft electrical system architectures to support more-electric aircraf

[C]. T. avionic & system conference, 2004:27 - 28.

[20] Schley W R. The state of the art and remaining challenges in electric actuation for flight and propulsion control [C]. avionic & system conference April 27 - 28,2004.

[21] Herzog J. Electrification of the environmental control system [C]. avionic & system conference April 27 - 28,2004.

[22] 王兆安,杨君,刘进军.谐波抑制和无功功率补偿[M].北京:机械工业出版社,1998.

[23] Liu X, Andrew J, Andrew M. Negative input-resistance compensator for a constant power Load [J]. IEEE Transactions on Industrial Electronics, 2007,54(6):3188 - 3196.

[24] 王娜.航空电源负载特性及电网稳定性的研究[D].北京:北京航空航天大学自动化科学与电气工程学院,2013.

[25] 杜晓飞.航空变频电源供电的异步电动机运行特性研究[D].北京:北京航空航天大学自动化科学与电气工程学院,2013.

[26] Griffo A, Wang J. Large signal stability analysis of "More electric" aircraft power systems with constant power loads [J]. IEEE transactions on aerospace and electronic systems, 2012,48(1):477 - 489.

[27] Provost M J. The more electric aero-engine: a general overview from an engine manufacturer [C]. Power Electronics, Machines and Drives, No. 487. 0 IEE, 2002.

[28] Boglietti A, Cavagnino A, Tenconi A, et al. The safety critical electrical machines and drives in the more electric aircraft: a survey [M]. Conference of the IEEE Industry Electronics Society, 2009:2587 - 2594.

[29] International Organization for Standardization. International Standard ISO1540, aerocraft characteristics of aircraft electrical systems [S]. 2006.

[30] 中华人民共和国国家军用标准 GJB 181B—2012:飞机供电特性[S]. 2012.

[31] 中华人民共和国航空标准 HB7745—2004:飞机电气系统特性[S]. 2004.

[32] 美国国防部接口标准 MIL - STD - 704F:飞机供电特性[S]. 2004.

缩　略　语

ACE	actuator control electronics	作动器电子控制器
AGCU	APU generator control unit	APU 发电机控制器
APB	APU power breaker	APU 电源断路器
APU	auxiliary power unit	辅助动力装置
ARPC	advanced remote power controller	先进的远程功率控制器
ASG	auxiliary starter generator	辅助启动发电机
ASSL	abnormal steady-state limits	非正常稳态极限
ATRU	auto-transformer rectifier unit	自耦变压整流器
ATU	auto transformer unit	自耦变压器
ATS	air turbine starters	空气涡轮起动机
BCA	bus control assemblies	汇流条控制组件
BCU	bus control unit	汇流条控制装置
BPCU	bus power control unit	汇流条功率控制器
BTB	bus tie breaker	汇流条连接断路器
CAC	cabin air compressor	座舱空气压缩机
CDU	control display unit	控制显示单元
CMSC	common motor start controller	通用电动机起动控制器
CSCF	constant speed constant frequency	恒速恒频
CSD	constant speed driver	恒速传动装置
EBHA	electrical back-up hydraulic actuator	电备份液压作动器
ECB	electronic circuit breaker	电子断路器
ECS	environmental control system	环控系统
EDP	engine drive pump	发动机驱动液压泵
EDU	EMPC distribution units	EMPC 配电装置
EEC	electronic engine controller	发动机电子控制器
EHA	electro-hydrostatic actuators	静电液作动器
ELCC	electrical load control contactor	电气负载控制接触器
ELCU	electrical load control unit	电气负载控制器
ELMC	electrical load management centers	电气负载管理中心

EMA	electro-mechanical actuators	机电作动器
EMPC	electro-mechanical power contactors	机电功率接触器
EOA	energy optimised aircraft	能源优化飞机
EPC	external power contactors	外部电源接触器
EPS	electrical power system	电源系统
ESSL	emergency steady-state limits	应急稳态极限
ERT	electrical remote terminal	电气远程终端
FBW	fly by-wire	电传操纵
FDEPS	fan driven emergency power source	风扇驱动的应急电源
FSDG	fan shaft driven generator	风扇轴驱动发电机
GCB	generator control breaker	发电机控制断路器
GCU	generator control unit	发电机控制器
GPU	ground power unit	地面电源,外部电源
GSCU	generator and system control unit	发电机和系统控制器
ICS	integrated cooling system	综合制冷系统
IDG	integrated drive generator	组合驱动发电机
IPS	ice protection system	防冰系统
IPU	integrated power unit	集成动力单元
IS/G	integral starter/generator	集成起动/发电机
LHC	local hydraulic center	局域液压中心
LRM	line replaceable module	航线可更换模块
MEA	more-electric aircraft	多电飞机
MEE	more-electric engine	多电发动机
MCE	motor control equipment	电机控制设备
MTBF	mean time between failures	平均故障间隔时间
NBPT	no-break power	不间断电源
NGS	nitrogen generation system	氮气发生系统
NSSL	normal steady-state limits	正常稳态极限
PBW	power by wire	功率电传
PCU	power control unit	功率控制单元
PFC	primary flight computer	主飞行计算机
PMG	permanent magnet generators	永磁发电机
PMSM	permanent magnet synchronous machine	永磁同步电动机
POA	power optimised aircraft	功率优化飞机
PPDS	primary power distribution system	一次配电系统,主配电系统
PSP	power system processor	供电系统处理机
RAT	ram air turbine	冲压空气涡轮
RAT GEN	ram air turbine generator	冲压空气涡轮发电机
RGLC	RAT generator line contactor	RAT 发电机的馈线接触器
RPC	remote power controllers	远程功率控制器

RPDS	remote power distribution system	远程配电系统
RPDU	remote power distribution unit	远程配电组件
RT	remote terminal	远程终端
SCU	start converter unit	起动转换器
SPCU	standby power control unit	备用电源控制器
SPDS	Secondary Power Distribution System	二次配电系统
SPDU	secondary power distribution unit	二次配电组件
SPWM	sinusoidal pulse width modulation	正弦脉宽调制方法
SSCB	solid state circuit breaker	固态电路断路器
SSPC	solid state power controller	固态功率控制器
SVPWM	space vector pulse width modulation	空间矢量脉宽调制方法
THD	total harmonic distortion	总谐波
TRU	transformer rectifier unit	变压整流器
VFG	variable frequency generator	变频发电机
VFSG	variable frequency starter/generator	变频交流起动/发电机
VSCF	variable speed constant frequency	变速恒频
WIPS	wing ice protection system	机翼防冰系统

索　　引

W

X

Y

Z

大飞机出版工程

书　　目

一期书目（已出版）

《超声速飞机空气动力学和飞行力学》（俄译中）
《大型客机计算流体力学应用与发展》
《民用飞机总体设计》
《飞机飞行手册》（英译中）
《运输类飞机的空气动力设计》（英译中）
《雅克-42M和雅克-242飞机草图设计》（俄译中）
《飞机气动弹性力学和载荷导论》（英译中）
《飞机推进》（英译中）
《飞机燃油系统》（英译中）
《全球航空业》（英译中）
《航空发展的历程与真相》（英译中）

二期书目（已出版）

《大型客机设计制造与使用经济性研究》
《飞机电气和电子系统——原理、维护和使用》（英译中）
《民用飞机航空电子系统》
《非线性有限元及其在飞机结构设计中的应用》
《民用飞机复合材料结构设计与验证》
《飞机复合材料结构设计与分析》（英译中）
《飞机复合材料结构强度分析》
《复合材料飞机结构强度设计与验证概论》
《复合材料连接》
《飞机结构设计与强度计算》

三期书目（已出版）

《适航理念与原则》
《适航性：航空器合格审定导论》（译著）
《民用飞机系统安全性设计与评估技术概论》
《民用航空器噪声合格审定概论》

《机载软件研制流程最佳实践》
《民用飞机金属结构耐久性与损伤容限设计》
《机载软件适航标准 DO - 178B/C 研究》
《运输类飞机合格审定飞行试验指南》(编译)
《民用飞机复合材料结构适航验证概论》
《民用运输类飞机驾驶舱人为因素设计原则》

四期书目(已出版)

《航空燃气涡轮发动机工作原理及性能》
《航空发动机结构强度设计问题》
《航空燃气轮机涡轮气体动力学:流动机理及气动设计》
《先进燃气轮机燃烧室设计研发》
《航空燃气涡轮发动机控制》
《航空涡轮风扇发动机试验技术与方法》
《航空压气机气动热力学理论与应用》
《燃气涡轮发动机性能》(译著)
《航空发动机进排气系统气动热力学》
《燃气涡轮推进系统》(译著)

五期书目

《民机飞行控制系统设计的理论与方法》
《现代飞机飞行控制系统工程》
《民机导航系统》
《民机液压系统》
《民机供电系统》
《民机传感器系统》
《飞行仿真技术》
《民机飞控系统适航性设计与验证》
《大型运输机飞行控制系统试验技术》
《飞控系统设计和实现中的问题》(译著)

六期书目

《民用飞机构件先进成形技术》
《航空材料连接与技术》
《民用飞机全生命周期构型管理》
《民用飞机特种工艺技术》
《飞机材料与结构检测技术》

《民用飞机大型复杂薄壁铸件精密成型技术》
《先进复合材料制造工艺》(译著)
《民用飞机复合材料构件制造技术》
《民用飞机构件数控加工技术》
《民用飞机自动化装配系统与装备》
《聚合物基复合材料——材料性能》(译著)
《复合材料夹层结构》(译著)
《ARJ21 飞机技术管理》
《新支线飞机设计流程》
《ARJ21 飞机技术创新之路》
《驾驶舱人素工程》
《支线飞机的健康监控系统》
《支线飞机的市场工程》

七期书目

《民机航空电子系统综合化原理与技术》
《民用飞机飞行管理系统》
《民用飞机驾驶舱显示与控制系统》
《民用飞机机载总线与网络》
《航空电子软件工程》
《航空电子硬件工程技术》
《民用飞机无线电通信导航监视系统》
《综合环境监视系统》
《民用飞机维护与健康管理系统》
《航空电子适航性设计技术与管理》
《民用飞机客舱与信息系统》